U0294494

A+U 高等学校建筑学与城乡规划专业教材

浙江省普通本科高校"十四五"重点立项建设教材

城市风热环境

樊一帆 葛坚 殷士 主编

中国建筑工业出版社

图书在版编目（CIP）数据

城市风热环境/樊一帆，葛坚，殷士主编. —北京：
中国建筑工业出版社，2024.7
    A+U高等学校建筑学与城乡规划专业教材　浙江省普
通本科高校"十四五"重点立项建设教材
    ISBN 978-7-112-29896-9

    Ⅰ. ①城…　Ⅱ. ①樊…②葛…③殷…　Ⅲ. ①城市环
境 – 热环境 – 高等学校 – 教材　Ⅳ. ①X21

    中国国家版本馆CIP数据核字（2024）第103880号

为了更好地支持相应课程的教学，我们向采用本书作为教材的教师提供课件，有需要者
可与出版社联系。
    建工书院：https://edu.cabplink.com
    邮箱：jckj@cabp.com.cn　电话：（010）58337285

责任编辑：柏铭泽　陈桦
责任校对：张惠雯

A+U高等学校建筑学与城乡规划专业教材
浙江省普通本科高校"十四五"重点立项建设教材
城市风热环境
樊一帆　葛坚　殷士　主编
　*
中国建筑工业出版社出版、发行（北京海淀三里河路9号）
各地新华书店、建筑书店经销
北京建筑工业印刷有限公司制版
建工社（河北）印刷有限公司印刷
　*
开本：787毫米×1092毫米　1/16　印张：13½　字数：320千字
2024年8月第一版　　2024年8月第一次印刷
定价：**45.00** 元（赠教师课件）
ISBN 978-7-112-29896-9
　　　（42351）

人类文明发展的历史，是人类的城市化史，同时城市也承载着人类文明发展的未来。随着工业革命和技术进步，单个城市的面积越来越大，超大城市（人口超1000万）和城市群（比如京津冀含雄安新区、长江三角洲、珠江三角洲、粤港澳湾区等城市群）的数量快速增加。根据联合国人居署发布的《2022年世界城市报告：展望城市未来》，2021年城市人口占全球人口总数的56%，到2050年，数据预计将增长至68%。城市产生了约70%的全球二氧化碳排放，同时，城市也是全球的经济引擎，产生了全球GDP的80%。

城市化进程为人类文明的发展奠定了基础、带来了机遇，但是同时也为人类健康舒适生活环境的营造带来了挑战。

由于建筑越来越高、越来越密集，城市范围越来越大，城市下垫面发生了巨大变化：包括不透水路面面积比例增加、水体面积比例减小、地表粗糙度增加、太阳反照率降低、天空视角系数减小、热容量增加，以及人为热排放显著等。由此，城市内的风环境和热环境相比于农村地区发生了很大的变化，形成了城市地区特有的气候，即城市气候。快速变化的下垫面引发了一系列城市气候问题，比如城市通风恶化、热岛效应显著、极端暴雨和热浪天气频发、空气污染加剧、建筑能耗增加等，严重威胁了经济稳定发展和居民生命健康、深刻影响着建筑运行能耗和碳排放。城市气候、建筑能耗和居民健康存在多尺度的复杂耦联关系。

本书尝试从城市热环境与风环境的形成机理和优化方法、城市环境与碳排放相互作用特征，以及从城市环境对人体健康影响的角度出发，总结相关研究进展，为营造低碳健康的城市风热环境提供理论支持与经验方法，打造城市的"呼吸系统"和"体温调节系统"。

本书将分为3篇，共7章。第1篇为城市热环境，包括第1章：城市热环境影响机理与调节方法；第2章：城市热岛。该篇将主要阐述城市热环境形成的物理规律，以及对热环境调节的相应技术手段和规划设计方法。

第2篇为城市风环境，包括第3章：城市尺度风环境；第4章：建筑—街区尺度风环境。该篇将主要分析城市内风环境的多尺度现象，介绍城市尺度风环境与建筑—街区尺度风环境的主要形成机理和研究手段，进一步明确各个尺度风环境相互作用特征和调节方法。

第3篇为城市风热环境与建筑碳排放和人体健康，包括第5章：城市风热环境与建筑能耗和碳排放；第6章：热环境对人体健康的影响；第7章：空气污染对人体健康的影响。该篇将系统分析城市风热环境与建筑能耗和碳排放的耦联作用规律，分析风热环境对人口死亡率和人体健康的影响。

本书主编团队樊一帆负责整部教材的构思，负责第1章、第2章和第3章的撰写，参与第5章和第7章的撰写。协调全体参编人员的编写进度，负责编写组内的沟通，以及最终的统稿。葛坚负责第5章和第6章的撰写，主要参与第4章的撰写。殷士负责第4章和第7章的撰写，主要参与第3章和第6章的撰写。主编团队全员参与教材校对、校正等工作。

本书的出版过程中得到了大量的帮助和支持。感谢浙江省"尖兵""领雁"研发攻关计划（2023C03152）、国家自然科学基金项目（52208130）和浙江省自然科学基金项目（LQ21E080014）的资助；感谢浙江省普通本科高校"十四五"首批新工科、新医科、新农科、新文科重点教材建设项目的支持；感谢中国建筑工业出版社编辑和出版团队的支持；也感谢浙江大学博士研究生滕小亮、丁笑天和张岩在图片处理与绘制、格式调整和文字校对等工作中所付出的努力。

本教材适用于建筑学、城乡规划和大气科学相关的本科生与研究生参考，可以作为"绿色建筑""城市微气候""大气边界层"等相关课程的教材参考用书。

当前，城市化已经逐渐从增量发展向存量更新转变，城市风热环境品质提升的需求日益显著。本书的编写是基于该领域最新的研究进展，以及作者团队对现有知识的理解。由于城市领域研究正快速发展，涉及多个学科的深度交叉内容，相关问题涉及的维度多、复杂度高，编写过程中难免存在疏漏和错误，期望广大读者给予批评指正。

目 录 Contents

Introduction

绪 论

城市承载了全世界 56% 以上的人口（世界银行，2023），消耗了 78% 的能源并排放了 60% 以上的温室气体（联合国，2018）。伴随着快速城市化，我国已拥有 6 个超大城市（人口大于 1000 万）、11 个特大城市（人口大于 500 万）和 77 个大城市（人口大于 100 万）（《中国城市建设统计年鉴 2021》，2021）。我国大城市人口密度明显高于国际知名大都市，北京、上海主城区人口密度均超过 2 万人 /km²，高密度城市成为我国城市发展的重要特征。清华大学建筑节能研究中心的报告指出，中国的城市化率在 2017 年已经超过全球均值达到 58%，并预计会在 2050 年达到 75%。城市面积和人口的高速增长，催生了越来越多的超大城市和城市群，比如：京津冀含雄安新区、长江三角洲、珠江三角洲、粤港澳湾区等城市群。相比于未开发的自然区域，城市下垫面发生了巨大变化，包括不透水路面面积比例增加、水体面积比例减小、地表粗糙度增加、太阳反照率降低、天空视角系数减小、热容量增加，以及人为热排放显著等。以往研究发现，从 2000 年到 2020 年，仅中国的城市面积就增加了 $7.33 \times 10^4 \, km^2$。大面积的下垫面改变造就了城市区域特有的城市气候特征，比如城市热岛、城市湿 / 干岛、城市 CO_2 岛、城市污岛等。快速变化的下垫面引发了一系列城市气候问题，比如城市通风恶化、热岛效应显著、极端暴雨和热浪天气频发、空气污染加剧、建筑能耗增加等（绪图 -1），严重威胁了经济稳定发展和居民生命健康、深刻影响着建筑运行能耗和碳排放。

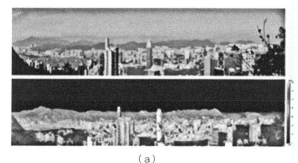

（a）   （b）

绪图 -1 城市气候问题
（a）城市热岛（拍摄于 2016 年 12 月，香港太平山顶）；
（b）城市"污岛"（洛杉矶雾霾）

2020 年国家主席习近平在第七十五届联合国大会上向全世界宣布，"中国将提高国家自主贡献力度，采取更加有力的政策和措施，二氧化碳排放力争于 2030 年前达到峰值，努力争取 2060 年前实现碳中和"。[①] 我国目前人均碳排放仅为美国的 1/3，但是由于人口基数大，我国碳排放总量已超过美国。城市是人类主要栖居地和减碳主战场。高密度大型城市的建设会加剧城市热岛效应，从而进一步影响城市碳排放。随着城镇化的快速推进，大量基础设施建成并投入运营，城市碳排放量节节攀升，我国城市碳排放已达到全社会总碳排放的 85%。城市是碳排放集中分布的区域，当前我国正处于城市化重要阶段，也是降低未来几十年城市运行碳排放的重要窗口期，城市化一旦完成，城市碳排放特征将很难改变。因此当前城市的低碳设计、建造和运行是实现国家和社会低碳发展、达成碳中和目标的重要

① 新华社. 习近平在第七十五届联合国大会一般性辩论上发表重要讲话［OL］. 中国政府网，2020-09-22.

抓手。

城市的高密度发展导致城市系统日益复杂，其碳排放展现出多维度（建筑、交通和工业不同领域的耦联）、多尺度（建筑、街区和城市不同尺度的耦联）和多阶段（设计、建造、运行、维护和拆除不同阶段的耦联）的耦联特征（绪图 -2）。

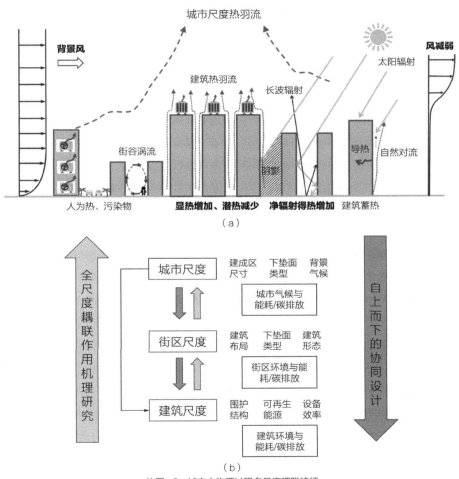

绪图 -2　城市内物理过程多尺度耦联特征
（a）城市能量平衡物理过程；（b）建筑—街区—城市多尺度碳排放耦联关系

城市内不同领域碳排放存在耦联关系。我国建筑、交通和产业碳排放比例各占 1/3，近年来，我国政府抓节能减排的措施主要是产业结构调整（压缩高能耗、高排放、高污染的产业，加速发展高科技产业和新兴产业）、发展绿色交通（公共交通、轨道交通、共享单车、电动汽车等）、推广建筑节能绿色建筑，总的形势是交通与产业的碳排放比例正

在递减，而建筑的比例可能达到 50% 左右。上述能耗和碳排放比例的改变将影响城市中人为热排放的时空分布，改变城市风热环境的时空特征。城市风热环境的非均匀分布会反过来改变建筑的运行能耗。

城市发展的不同阶段碳排放存在耦联关系。以建筑为例，建筑碳排放分为建材生产、建材运输、建筑施工、建筑运行、建筑维修、建筑拆解及废弃物处理 7 个环节，即全生命周期。建筑碳排放的 70% ～ 90% 都在运行阶段发生，比例大小与建筑的使用年限有关。世界各国的建筑耐久年限大致在 40 ～ 70 年间，而耐久年限越高，建筑运营的碳排放所占比例越高。一般来讲，建筑年龄越大，若保养维修不到位，其碳排放会大于初期的排放。如果提高建筑性能，初期建造阶段碳排放可能会增长，但是长达几十年的建筑运行碳排放将大大降低，从而实现全生命周期的低碳。城市碳排放的变化，在未来几十年的过程中改变全球气候，从而影响城市系统的运行碳排放。因此，城市系统碳排放的预测和全生命周期优化需要考虑未来气候下的城市风热环境。

城市内不同尺度上的碳排放存在耦联关系。由于城市下垫面的改变，城市内的能量平衡发生变化，从而形成城市热岛和城市局地微气候。城市气候的变化和建筑的布局显著影响建筑与交通的运行阶段碳排放。城市系统内建筑等能耗的变化影响城市能量平衡，进一步改变城市气候。

为了降低碳排放总量，全球范围内正在加速推进可再生能源的利用，如太阳能光伏发电、风力发电。太阳能和风能具有分布广泛、能量密度低、不稳定等特征，需要考虑建筑用能特征、储能，以及产能的实时匹配，从而提升系统运行的稳定性、韧性和安全性。建筑用能、太阳能和风能均与城市环境（热环境、风环境）息息相关，气候变化也对建筑用能在更长的时间尺度上产生影响。建筑表面安装光伏还会改变建筑围护结构热工性能，从而改变用能总量与特征，同时也会影响室外微气候；另外，能源系统的转换（传统能源到新能源）也涉及大量的基础设施建设与初始投资。因此，亟须综合考虑初始投资成本、运行维护成本、系统安全稳定、城市环境影响等进行多目标优化，从而以最小的成本实现最大的环境效益。

由于城市系统内复杂的耦联关系，目前基于工程单体的传统设计、建造和运维技术难以满足城市系统整体的低碳优化需求，亟须揭示城市系统碳排放耦联性内在机理。解决上述科学问题，基于系统思维开发相应低碳技术并建立技术体系，实现全生命周期的低碳是当前科学技术的前沿挑战，也是实现城市可持续发展的当务之急。

城市风热环境除了影响碳排放，也会对人体健康产生重要影响。在全球气候变化的背景下，极端高温热浪事件频发，热浪发生区域和持续时间都在不断增加，热浪与城市热岛效应的叠加，造成居民由于气温过高而死亡的情况。热浪会造成用电量激增，导致电力基础设施的投入增加，不利于节能减碳。极端热浪事件也会威胁电力系统的稳定，造成停电事故，从而对城市产生巨大的影响。最近几十年，由于高密度城市的发展，城市内的平均风速逐年降低、城市通风恶化，进而导致城市内空气污染物无法高效排出，造成居民暴露在浓度过高的空气污染物中，影响身体健康。

Chapter1
Influencing Mechanisms and Modulating Methods of Urban Thermal Environment
第1章 城 市 热 环 境 影 响 机 理 与 调 节 方 法

1.1　城市水体与热环境

城市水体通常也被称为**蓝色空间**（Blue Space）。城市水体元素在城市规划与建筑设计中都扮演着重要角色。在传统的建筑、城市选址中"背山面水"是常见的一条要素，也常常被认为是"风水宝地"。对于山、水这些要素的考虑，也往往蕴含着城市与建筑环境影响规律的科学问题。在山体，以及水体周边的城市会受到山谷风和海陆风的影响，形成独特的局地气候特征，如图 1-1 所示，对当地热环境，以及污染物扩散均有重要影响。

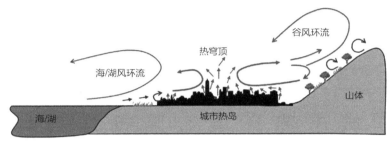

图 1-1　城市热穹顶与谷风环流，以及海／湖风环流的相互作用

水体有较大的比热容，以及蒸发降温作用，其上空的空气温度在白天会显著低于周边的城市建成区域。日间大面积水体上空与周边建成区域的温度差会引发自然对流（海风／湖风），从而将凉湿空气带入周边区域产生降温效应。自然对流引发的空气流动将改变周边污染物扩散特征。水体的存在本身也改变其附近区域的平均下垫面粗糙度，提供相对开阔空间，改善自然通风。在夜间，同样由于水体的大比热容特性，其温度会高于周边开阔地面，从而带来一定的加热效应。

水体加热或降温效应的影响程度和影响范围由其能量平衡物理过程决定。典型的物理过程，如图 1-2 所示。

对于较小的水体，如小池塘等，由于能完全混合，其水温通常均匀。如果池塘位于两个高层建筑之间，则水汽的扩散受到街谷涡流的显著影响，在街谷的一侧水汽含量将高于另一侧。在较大水体内部，温度存在明显的分层现象。根据水体的温度廓线特征，可以分为湖面温水层、温跃层，以及湖底静水层（图 1-2）。

湖面温水层内的水体湍流较大、有较强的混合能力和较均匀的温度分布。该层内的混合动力主要有三个来源：① 湖面的来流风可以与湖水相互作用。由于湖面处风速梯度较大，产生较大的风切应力，从而引发波浪和水体湍流，造成湖面层的水体混合。② 太阳辐射可以穿透一定的水体深度，通常可穿透最深 10 m。穿透水体的太阳辐射会对水体进行加热，产生自然对流，增加湖面层的水体混合。③ 湖水表面蒸发作用会导致湖面水温降低。表层低温的水体在重力作用下会向下运动形成对流，增强湖面温水层的混合作用。

在日间情况下，湖面温水层的能量来自太阳辐射（图 1-2 a）。其中一部分能量加热湖面温水层的温度，剩下的能量则通过与空气之间的对流换热（感热）、湖水表面的蒸发作用（潜热）、湖水表面向天空的长波辐射散热，以及向湖水更深层导热方式传递到大气边界层和深层湖水。由于湖面温水层以下区域的湖水湍流混合受限，以及来自温水层的导热作用，在温水层下会形成温跃层。温跃层内存在明显的温度梯度，而强温度梯度可形成稳定分层，进一步抑制湍流混合。温跃层以下则是湖底静水层。湖底层静水层内温度最低，同时由于湖底静水层温度基本无日变化，因此对周边空气的温度调节作用可以忽略。湖水温度对周边空气温度的调节作用（日变化时间尺度）由湖面温水层主导。

　　在夜间（图1-2b），湖水存储来自日间的太阳辐射的能量将进一步散发到周边大气环境中，产生加热效应。主要散热途径为感热、潜热和长波辐射散热，分别占比为11%、39%和43%。长波辐射散热占比最大，因此如果水体面积较小且周边受高层建筑遮挡（如位于街道峡谷的池塘），长波辐射散热将受到阻碍，存在高密度建筑遮挡区域的水

体温度比无遮挡农村地区的水体温度高出3℃。夜间的水体蒸发也将提升周边空气的相对湿度。在**高宽比**（H/W，H为建筑高度，W为建筑间距）大于3的区域，由于建筑遮挡，会在夜间导致暖湿空气在城市冠层内积聚，从而降低热舒适。

　　在水体的上风向边缘还会存在绿洲效应（图1-2a）。在水体上风向边缘，高温干燥的空气遇到低温高湿的水面附近空气将产生显著的蒸发驱动力（温度差，以及水汽含量差），此时蒸发效应，以及潜热通量最大。随着空气沿着水体向下风向移动，空气温度逐渐降低、湿度逐渐增高，蒸发驱动力有所减弱，因此感热通量呈现下降趋势。

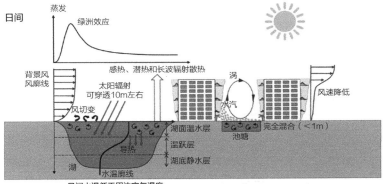

（a）

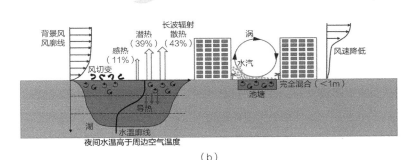

（b）

图1-2　城市水体对热环境影响的主要物理过程

（a）日间情况；（b）夜间情况

水体的深度对其内部温廓线特征有重要影响。通常当水深超过 3 m 时，湖面和湖底的水温温差可大于 1℃。阿巴斯等人（Abbasi et al.）研究发现在水深 1 ~ 4 m 的池塘内，湖面温度与 1.5 m 水深处温度差在日间 14:00 达到 2℃，而夜间情况池塘内温差可忽略，呈现良好混合状态。在 1 m 及以下的池塘，通常呈现良好混合状态，水温沿深度方向变化可忽略。

水体与周边空气相对温度存在明显的日变化特征，即日间水体温度低于周边空气温度，对周边有冷却效应，而夜间则高于空气温度，对周边有加热效应。在日间静风条件下，由于水体的降温作用，会形成辐散的气流（图 1-3 a），将冷空气和水汽输送到周边区域，降温效果可高达 6℃。不同研究中的降温效果有所区别。以往研究发现湖面积在 8800 m² 到 69 600 m² 之间的水体可产生 3℃ 的降温效果。另有相关研究结果表明 40 000 m² 水体可产生 1℃ 的降温效果。静风天气晴朗夜间水体上空可形成热穹顶湿热区（图 1-3 b），穹顶内的温湿度显著高于周边区域，温差通常在 1 ~ 3.5℃ 之间。

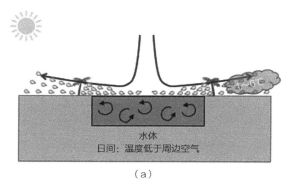
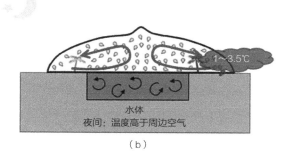

图 1-3　水体对周边热湿环境的影响
（a）日间情况；（b）夜间情况

水体在日间的冷却强度（水体上空空气温度与周边温度最大温差）随着水体面积的增加而增大，其冷却影响面积也逐渐增大，但是随着与水体距离的增加，冷却强度会逐渐降低。由于不同水体面积有较大差别，为了便于横向比较，以及热环境设计，提出了水体冷却效率的定义：即单位水体面积产生的冷却强度。以往研究发现，水体冷却强度随着水体面积增加，但是冷却效率逐渐降低（图 1-4）。

水体的分布特征与形状也影响冷却效果。研究表明，在总面积相同的情况下，虽然单个大面积水体的冷却强度强于多个小面积水体，但是多个小面积水体具有较大的平均冷却效率，以及影响范围。**水体的形状特征可用形状指数**（Landscape Shape Index，以下简称 *LSI*）量化。*LSI* 可由式（1-1）计算。

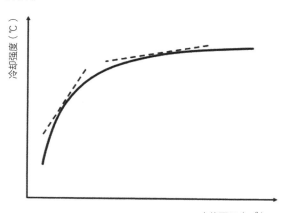

图 1-4　水体冷却强度和冷却效率与水体面积的关系
注：图中斜率代表冷却效率，即单位面积水体的冷却强度。

$$LSI = \frac{P}{2\sqrt{\pi A}} \qquad (1-1)$$

式中　P——为水体的周长，单位为 m，π 为圆周率常数；

　　　A——水体面积，单位为 m^2。

假如水体为理想圆形，LSI 值为 1。如果水体形状不规则，其 LSI 值通常大于 1。有研究表明圆形水体有较大的冷却强度，以及较低的冷却效率，此现象也表明圆形水体不利于冷气扩散到周边地区，从而有着较小的影响范围。

值得注意的是，虽然水体在日间有降低空气温度的作用，但是同时其也会增加空气相对湿度。在炎热夏季，降低空气温度有利于提高热舒适，而增加相对湿度则会降低热舒适。因此，水体对室外热舒适的综合影响需要精确地量化计算。目前，常用的两个参数为**湿球温度**（Wet Bulb Globe Temperature，以下简称 WBGT）以及**生理等效温度**（Physical Equivalent Temperature，以下简称 PET）。赵腾飞和方光辉通过对香港地区的数值模拟发现，由于高湿效应，水体存在在日间降低热舒适的风险。

目前，针对水体对城市热环境的影响研究方法主要包括实地测量、室外缩尺实验、风洞缩尺实验，以及数值计算。数值计算由于其可控的边界条件、低成本、高效率等特点，在实际规划设计阶段较多被采用。针对不同尺度问题，通常采用不同的数值模型。在城市尺度上，由于尺度较大，通常采用网格较稀疏（通常 500 ~ 3000 m）的中尺度数值模型，如天气研究和预报模式（Weather Research and Forecasting Model，以下简称 WRF）。针对街区尺度或建筑尺度，通常采用计算流体力学模型，如 Fluent，ENVI-met 等。数值计算模型通常需要缩尺实验或者实测数据的验证，从而保证模型的精度和模拟结果的可靠性。

1.2　绿色植物与热环境

城市绿色基础设施的建设对于气候变化、城市热岛问题，以及城市内涝等城市环境问题有重要作用。绿色基础设施和蓝色空间都属于**基于自然的应对气候变化的解决方案**（Nature Based Solutions）。绿色基础设施的建设是解决城市过密和城市环境恶化相关问题、实现联合国可持续发展目标的重要方法之一。绿色屋顶、绿色墙面、公园、行道树等均属于城市的绿色基础设施。研究表明，绿色基础设施的比例与降温效果存在显著的线性正相关关系，如图 1-5 所示。

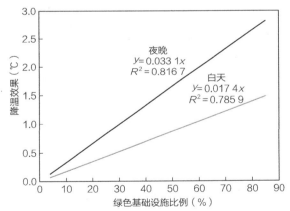

图 1-5　绿色基础设施比例与降温效果的量化关系
（数据来源：本书参考文献［43］、［80］）

城市中的大部分面积被建筑占据，绿色屋顶和绿色墙面是实现城市环境绿色化的主要途径。然而，由于绿色屋顶和绿色墙面通常需要增加额外成本投资，而其产生的直接效益（建筑节能）和间接效益（城市环境改善、热岛效应减缓、城市雨水管理）很难量化或转化为物业拥有者的收益，目前其在城市中的实际应用仍然十分缺乏。目前，不同地区存在一些针对绿色屋顶或墙面的激励政策。激励方式可以分为几类：减税、降低雨水管理费激励、现金奖励、贷款利率奖励、建造许可、可持续发展证书、法律强制执行或严厉的行政政策等。不同国家和地区可以根据实际情况采用不同的激励措施。目前已有的可持续发展相关证书包括绿色建筑评价标准里的加分奖励。美国纽约市出台相关减税激励政策。如果建筑业主在屋顶50%以上的面积实施绿色屋顶，则可以获得49美元/m²的减税激励（最高不超过10万美元）。波兰奖励绿色屋顶的实施者享有35%雨水管理费的折扣。

对于绿色基础设施的收益（建筑尺度直接收益、城市尺度环境和社会效应等）与其他城市环境改善措施的比较难以开展，主要瓶颈在于相关收益的量化。目前仍然缺乏绿色基础设施无形资产收益（比如提升生活质量和幸福感）的量化研究。不同研究中分析计算的收益和成本存在较大差别，主要因为建筑供能系统特性、围护结构特性、周围局地尺度环境、当地气象条件、背景气候条件、社会经济发展水平、产业结构等均会影响其收益和成本，评估方法也可能有所差异，从而不同研究的量化结果会产生偏差。

已有研究表明建筑绿色基础设施的建设可以增加物业售价或租金。根据已有文献统计，[①] 绿色屋顶或绿色墙面的建设可以平均增加8.24%的物业价格。绿色屋顶或墙面也会产生风险，增加额外投入，比如防火需求。如果缺乏维护，干死的植物存在较大的防火隐患，英国、美国等国家针对绿色屋顶或墙面的防火进行了相应规范。

1.2.1　绿色屋顶

绿色屋顶（Green Roofs），也被称为**生态屋顶**（Ecoroofs），如图1-6所示，可分为两类：**拓**

① 见本书参考文献[40]、[58]、[74]。

展型绿色屋顶（Extensive Green Roof）和**密集型绿色屋顶**（Intensive Green Roof）。拓展型通常土壤层较浅（76～150 mm，60～230 kg/m²），种植一些低矮植物，如草本植物景天属植物物种。此种绿色屋顶由于对建筑结构强度要求低，通常不需要灌溉，因此应用较为广泛。德国和英国的拓展型绿色屋顶占比分别达到了85%和90%。密集型屋顶绿化通常需要较深的土壤层（大于200 mm，大于230 kg/m²）来种植乔木和灌木，有较强的建筑结构承重需求，以及灌溉维护需求，除此之外，密集型绿色屋顶的防水更加困难。密集型绿色屋顶可以种植更多种类的植物，蓄积雨水的能力更强。实施绿色屋顶的屋顶坡面不能超过30°。对于既有建筑的绿色屋顶改造，拓展型绿色屋顶更合适，因为原有建筑通常可以承受此类绿色屋顶的额外承重。如果要实施密集型绿色屋顶，通常需要额外进行结构加固。

图1-6　绿色屋顶

绿色屋顶通常由以下主要几部分构成：植物、基层、过滤层、排水层、隔热层、根系阻挡层、防水膜等。

绿色屋顶的降温效果受到气候变量的影响，包括太阳辐射强度、环境温度和相对湿度、风速，以及降雨量。太阳辐射的频谱特征对绿色屋顶的作用也有一定影响。因为绿色植物冠层对辐射的透射、反射，以及吸收与入射光线的频谱特征相关。环境温度决定了对流散热特性，环境湿度与温度共同决定了潜热通量的比例。通常感热通量在冬季最低，夏季最高。背景风速对植物蒸腾作用，以及土壤蒸发作用有重要影响，因此影响潜热通量。研究表明，风速从 0.1 m/s 增加到 1 m/s，绿色屋顶的蒸腾作用可增加 10% ~ 30%。基层土壤的含水率直接决定了植物的蒸腾作用。当土壤中含水量低于萎蔫点时，植物无法发挥蒸腾作用从而枯萎甚至死亡。当含水量超过土壤容量后，过量的水可能会损坏植物根系。

绿色屋顶的反照率大小对其热岛移除能力有着决定性作用。对于有更高等效反照率的植物，其吸收的太阳辐射更少，转化为潜热的能量相应减少，从而进一步降低空气温度。**发射率**（Emissivity）为辐射散热的能力。绿色屋顶常见的发射率在 0.9 ~ 0.95 左右，随着植物的种类有所变化。植物吸收太阳辐射用于光合作用的比例越高，入射能量转化为土壤或者屋顶感热的能量比例就越低，因此植物的等效反照率就越高。绿色植物吸收太阳辐射的比例大概在 23%，绿色屋顶的等效反照率和绿色植物在屋顶空间分布的密度密切相关。覆盖浓密植物的屋顶的表面温度可以比稀疏植物屋顶平均表面温度低 10 K。裸露土壤温度甚至可能要高于无土壤屋顶。因此，绿色屋顶如果想要达到降温的效果，浓密的植物覆盖和良好的生长态势至关重要。

绿色屋顶的基质土壤层有较大的比热容，因此在白天可以存储一定的热量，存储热量的热流密度大概在 350 ~ 500 W/m²。存储热量会在夜间释放，一部分释放到空气中（60 W/m²），一部分导热进入室内。土壤层的蓄热特性对建筑夏季夜晚的节能不利。此特征也是绿色屋顶在炎热气候区域建筑节能效果劣于高反照率屋顶的原因之一。通过绿色屋顶进入室内的热量和无绿色屋顶相比平均被减少 50% ~ 70%。

绿色屋顶主要通过蒸发降温来降低建筑能耗与城市热岛效应，因此，在干燥炎热气候区，灌溉良好的绿色屋顶能提供最大的降温潜力。绿色屋顶对建筑的直接节能效果也与建筑本身有关。建筑屋顶自身隔热保温性能越好，绿色屋顶带来的直接额外节能效果会越小。绿色屋顶对密封较差、供暖制冷负荷主要来自漏风和太阳辐射的建筑节能效果影响较小。在不同气候区域和建筑类型上的绿色屋顶产生的节能效益在 1% ~ 40% 之间变化。事实上，在现代密封与保温隔热较好的建筑上，绿色屋顶产生的直接节能效益有限。但是，尽管如此，大范围建设绿色屋顶改变城市气候所带来的间接能耗收益、改善室外环境带来的健康收益，以及其他收益仍然有巨大潜力。

绿色屋顶带来的收益包括：减少建筑能耗，减缓城市热岛效应，提供景观和休闲场所，提供碳汇、城市雨水管理，与屋顶光伏协同作用提升光伏发电效率，减少紫外线过度照射从而提升屋顶材料寿命，吸收气态和颗粒污染物提升空气品质，吸收噪声，增加物种多样性等。下文将展开具体介绍。

1. 减少建筑能耗

绿色屋顶的植物相比于建筑屋顶原有的材料有更高的反照率，可减少城市表面对太阳辐射的吸收。植物的蒸腾作用也起到降温的作用。绿色屋顶表面温度可比常规屋顶低高达 30 ~ 60℃。基于能量平衡模型，可以模拟绿色屋顶对建筑能耗与热环境的影响。建立能量平衡模型需要考虑的因素包括：到达绿色屋顶的总辐射，被反射的短波辐射量（与绿色屋顶反照率有关），屋顶发射的长波辐射散热量，对流所产生的感热通量，植物蒸腾和土壤蒸发作用所产生的潜热通量，屋顶的导热通量。感热和潜热的比例与土壤的含水率，以及空气相对湿度有重要关系。绿色屋顶的传热传质特征决定了其对建筑热环境，以及冷热负荷的影响。

由于植物层的遮掩和隔热、保温等作用，顶层房间的能耗可被大量降低。降低比例与具体的建筑形态、用能特征、气候区域、天气情况等多种条件相关，已有的研究案例数据如下。在雅典一幢办公建筑，绿色屋顶降低了 40% 的制冷能耗。以往研究表明在多伦多，绿色屋顶可以降低建筑总能耗 73%（顶层）、29%（顶层下一层）和 18%（顶层下两层）。

通常，在所有气候区，绿色屋顶比黑色屋顶有更好的节能效果，尤其体现在屋顶本身隔热不好的建筑上。可以比传统黑色屋顶节约高达 84% 的制冷能耗，以及 48% 的供暖能耗。在**热带气候区**（Af），拓展型绿色屋顶比黑色屋顶建筑节能 63%。在处于**热带沙漠气候**（Bwh）的埃及，拓展型绿色屋顶比黑屋顶和高反照率屋顶分别节约 22% 和 52% 的供暖负荷，但是在减少夏季制冷负荷表现上不如高反照率屋顶。在**半干旱炎热气候区**（Bsh），绿色屋顶比传统屋顶节约 7.25% 的制冷能耗，但是效果不如高反照率屋顶。在**寒冷气候区**（Cfb 和 Dfb），所有类型的绿色屋顶均比黑色屋顶或高反照率屋顶可节约更多供暖负荷。

以往研究通过结合 ENVI-met 与 EnergyPlus，针对不同气候区的不同绿色屋顶类型评估了其降温潜力和节能潜力。研究表明，夜间会有 0.2℃ 以内的加热效果，白天有 0.05 ~ 1.4℃ 的降温效果。降温潜力与气候区密切相关，总体而言干热地区大于湿热地区大于温和地区。关于节能潜力，在干热地区最热天气情况下，可以降低 5.2% 的制冷负荷。

以往研究通过文献综述的方式发现，在位于温暖气候区如**热带草原气候**（Aw），**寒带半干旱气候**（BSk），**温带高原型季风气候**（Cwb），**亚热带地中海气候**（Csa）未经过屋顶隔热处理的建筑上应用绿色屋顶，可以降低 20% ~ 60% 的供暖负荷。在沙漠干旱气候区如**热带沙漠气候**（BWh），**温带**

沙漠气候（BWk），良好的灌溉对绿色屋顶发挥节能效果有决定性作用。如果灌溉不好，其节能效果可能消失，甚至出现负作用。另外，在所有已有研究的气候区内，绿色屋顶均能降低 10% ~ 75% 的制冷负荷。在此研究中也发现，单个绿色屋顶对街道上的温度几乎没有影响。因此，如果要实现城市冠层的有效降温，需要城市尺度的绿色屋顶的应用。该研究还发现，现有关于绿色屋顶的研究仍然只是覆盖了有限的气候区，未来需要更多来自不同气候区的研究，从而对绿色屋顶的热岛效应减缓效果、建筑节能效果进行综合全面的评价。

2. 热岛效应减缓

由于大部分的城市已经建成，很多热岛减缓措施只能在缓慢的城市更新过程中实施。绿色屋顶通过利用已有的屋顶资源，可以更加高效快速地通过既有建筑改造，提升绿色屋顶比例。另外城市土地有较高的经济价值、利用成本偏高，屋顶的利用也是很好的解决途径之一。但是，随着我国碳中和战略目标的制定，建筑屋顶也成为光伏发电的重要资源场所，需要找到太阳能光伏布置在绿色屋顶的合理配比，从而实现总体碳排放的最小化、城市环境改善最大化，达到屋顶资源的最大化利用。

绿色屋顶对城市热岛效应的减缓作用主要体现在三个方面：① 绿色植物反照率较传统屋顶高，减少过多太阳辐射的吸收。② 植物的蒸腾作用可以减少感热通量，从而降低环境温度。③ 绿色屋顶的隔热作用可减少建筑能耗，从而降低人为热排放对城市热岛的贡献度。

美国芝加哥市在绿色屋顶建造方面积累了较多经验和技术，在 2008 年，芝加哥市的绿色屋顶面积已经超过 5 万 m^2。通过耦合了城市冠层模型的 WRF 中尺度数值模型模拟，与没有绿色屋顶的情况相比，绿色屋顶情景（拓展型绿色屋顶，植物种类为草本植物）芝加哥城市温度在当地 19:00—23:00 的夜间时间可被平均降低 2~3 K，此研究中未考虑植物的蒸腾作用，只认为植物改变屋顶反照率的影响。针对纽约市的研究发现日平均温度可降低 0.3~0.55 K。综合已有研究，绿色屋顶的大规模应用可降低平均 1.34 K（1~2.3 K）的温度。

通过日本东京的模拟（建筑尺度绿色屋顶）发现，如果将拓展型绿色屋顶应用于中等或高层建筑，其对街道行人高度处温度的影响可忽略不计。类似的结论在香港也被证实。研究学者利用 ENVI-met 模拟 60 m 高建筑屋顶采用拓展型绿色屋顶或密集型绿色屋顶时（建筑尺度），其对街道温度的影响几乎为 0。上述研究表明，如果需要绿色屋顶在减缓热岛效应方面发挥有效作用，需要城市尺度上的广泛应用。单栋建筑或少量分散建筑屋顶采用绿色屋顶对室外温度的影响可以忽略不计。

3. 景观和休闲场所

人们更倾向于在绿色植物的区域休憩放松。绿色屋顶为办公场所（尤其是高密度建筑区域，公园可达性较差）提供宝贵的休息和交流场所。绿色植物除了有助于提供热舒适环境，还可以降低空气污染物，减少人们的压力和焦虑感。有研究表明，有绿色植物的场所，使用者的工作效率也有所上升。

4. 提供碳汇（固碳能力）

在德国一处拓展型绿色屋顶（主要以草本植物和景天属植物为主），通过涡动协方差测量系统 5 年实测数据测量发现，屋顶植物的碳汇能力为 -141.1（±15.5）$gC \cdot m^{-2} \cdot y^{-1}$。上述绿色屋顶的固碳能力也有显著的时间变化特征，最大值可达 $-189\,gC \cdot m^{-2} \cdot y^{-1}$，在干燥季节，固碳能力最低，在 $-95\,gC \cdot m^{-2} \cdot y^{-1}$ 左右。在不同地区和季节的研究中，拓展型绿色屋顶的固碳能力在 -36.5 ~ $-328.5\,gC \cdot m^{-2} \cdot y^{-1}$ 之间。在孟加拉国达卡市的

实测研究发现，其所在城市的绿色屋顶平均固碳量在 2060 ~ 12540 $gC \cdot m^{-2} \cdot y^{-1}$ 之间。

5. 绿色屋顶对城市雨水管理的作用

大量研究表明绿色屋顶有减少城市雨水径流量的作用，其对雨水管理的能力受绿色屋顶设计（屋顶坡度、种植土壤厚度、植物种类）、背景气候、降雨强度等因素的影响。绿色屋顶的雨水径流量管理能力可用**雨水留置率**（Retention Rate）[①]和**最大径流减少率**（Peak Flow Reduction or Attenuation Rate）等参数量化。拓展型绿色屋顶的雨水留置率在 10% ~ 100% 之间变化，平均数在 60% ~ 70% 之间。除了管理雨水径流，绿色屋顶还对雨水起净化作用，可以去除雨水中的污染物（如一些重金属元素等），也可以减少城市径流对淡水系统的污染。相比于需要花费数十亿美元的雨水存储和净化处理系统，绿色屋顶在雨水管理方面可产生更多收益。

6. 与屋顶光伏协同作用

在全球气候变化与我国碳中和目标的背景下，太阳能光伏的利用是降低碳排放、实现可持续发展的重要技术路线之一。在建筑与人口密集的城市，建筑屋顶成为重要资源。建筑屋顶与太阳能光伏发电相结合，建立分布式能源系统对减碳意义重大。光伏板组建，以及绿色屋顶均需要利用屋顶资源，这两者的有机结合将极高地提升资源利用效率。光伏板的发电效率与其环境温度相关，过高的温度会降低光伏发电效率，绿色屋顶恰好可以降低环境温度，实现光—电转化的高效进行。此时，需要利用可以适应建筑光伏板阴影环境生长的植物。在温暖气候区，光伏板产生的阴影甚至可能提高植物（喜阴植物）的生长质量。植物与光伏板的间距与光伏系统发电效率密切相关。拓展型绿色屋顶更方便与光伏系统的结合，低矮的植物既方便光伏板的安装，

① 一次降雨中被捕捉到的雨水的比例。

又更容易适应阴影下的生长环境。研究表明，绿色屋顶对光伏发电效率的提升比例在 0.5% ~ 3.4% 之间。

7. 其他收益

提升屋顶材料的使用寿命。由于绿色植物遮蔽大部分太阳辐射，建筑屋顶材料的老化速率可以大幅度降低。

绿色植物吸收气态和颗粒污染物提升空气品质，吸收噪声，提升城市与建筑的声环境，并增加物种多样性。绿色屋顶的隔声能力大概可以降低 5 ~ 20 dB 的噪声（对不同频率的噪声有所不同）。另外，基质和支撑结构的种类、含水量、植物的种类和生长阶段等都影响吸收噪声的效果。绿色屋顶对各类污染物的移除速率大概为：O_3[1.96 g/($m^2 \cdot a$)]，PM_{10}[1.47 g/($m^2 \cdot a$)]，NO_2[1.03 g/($m^2 \cdot a$)]，SO_2[0.41 g/($m^2 \cdot a$)]，CO[0.41 g/($m^2 \cdot a$)]。

8. 社会效应、成本相关

北京市为了减缓热岛效应，计划每年新增加 10 万 ~ 12 万 m^2 的绿色屋顶。建筑由于其产权问题，政府很难统一对绿色屋顶进行建设推广，需要社会的共同参与。一方面，可以通过加大宣传，让全体社会成员意识到绿色屋顶对减碳和城市可持续发展的重要性和重要意义。另一方面，可以组织制定相应政策，对绿色屋顶的建设给予一定的政策支持。研究通过问卷的方式调研北京居民对绿色屋顶成本分摊的付费意愿，结果表明目前北京居民平均每户愿意支付的额外成本为每年 148 元人民币。根据针对荷兰鹿特丹港市居民的问卷调研研究，居民能普遍意识到气候变化和城市环境的影响与重要性，但是他们不清楚绿色基础设施是否能改善上述问题。在告知居民绿色基础设施与气候变化的关系后，大部分（2/3 左右）居民的支付意愿为每年每户 15 欧元。

以往研究对美国华盛顿地区绿色屋顶成本收益进行了分析，在考虑绿色屋顶可减少雨水管理基础设施和维护成本、减少空气污染造成的损失两方面的收益，绿色屋顶可比传统屋顶净现值成本降低30% ~ 40%。全生命周期上计算，绿色屋顶和绿色墙面的成本要高于普通屋顶和墙面，但如果考虑到城市尺度上所产生的间接收益，绿色屋顶和墙面可展现一定的综合效益。

绿色屋顶和墙面的初始成本包括材料、运输和人力成本。相关成本在不同国家差别较大，拓展型绿色屋顶的平均安装初始投资为每平方米 112 美元，密集型绿色屋顶平均初始投资为每平方米 409 美元。相应的，拓展型和密集型绿色屋顶的维护成本分别为每年每平方米 4.84 美元和每年每平方米 6.37 美元，平均拆除成本分别为每平方米 14 美元和 29 美元。绿色外墙和生命墙的平均初始投资分别为每平方米 215 美元和 750 美元。绿色外墙和生命墙的平均维护成本分别为每年每平方米 6.29 美元和每平方米 21.45 美元，平均拆除成本分别为每平方米 107 美元和每平方米 270 美元。

1.2.2 绿色墙面

绿色墙面（Green Walls）是指在建筑垂直结构上（如墙面）实施的绿化系统，通常也被称作**垂直绿化系统**（Vertical Greening/Greenery Systems，VGS）。当代的绿色墙面 / 垂直绿化系统由 7 世纪古巴比伦的空中花园逐渐演化而来，如图 1-7 所示。

目前，绿色墙面可分为两类：**绿色外墙**（Green Facades）和**生命墙**（Living Walls）。绿色外墙指悬垂植物或攀缘植物覆盖于已经设计好的对植物起到支撑作用的建筑物表面，通常具有较低的墙体表面覆盖率。生命墙有独特蓄水系统，需要进行定期灌溉，所选择植株也以适合居室温度且易打理等

图 1-7　古巴比伦空中花园

注：左图为费利克斯·加登的 20 世纪 30 年代作品；右图为斯图亚特·博伊尔的 20 世纪 60 年作品。

特点为主，植物直接生长在墙体上。其中以常春藤、蕨类、苔藓、肉植、爬山虎、空气凤梨等为主。在地中海气候区域，通常用葡萄藤形成绿廊，来形成对建筑围护结构的覆盖效果。从 17—18 世纪开始，大部分英国和中欧地区开始流行用攀缘植物覆盖建筑外墙。19 世纪开始，在欧洲和北美城市经常将木质攀缘植物用作建筑围护结构的装饰物。

绿色墙面既可以用于新建建筑，也可以用于既有建筑的改造。绿色墙面的应用不仅具有节能效益，还能提升建筑美感，优化城市景观。我国目前存在大量非节能既有建筑，有强烈的改造需求。如果既有建筑的节能改造和绿色墙面结合，则可以在提升建筑本身性能的同时，还可以优化城市气候、提升城市景观、增加碳汇等。另外，绿色墙面不占用城市土地资源，可以在保证绿化率的同时，最大限度地实现土地的经济效益。另外，在视觉效果和行人视觉可达性方面，绿色墙面比绿色屋顶有着更好的表现，对于以高层建筑为主的城市而言，建筑墙面的可用面积也远远大于屋顶的可用面积。

绿色墙面的表面温度在夏季白天比传统墙面通常可以低 5～10℃。绿色墙面的降温效果与绿色屋顶类似，受到植物种类、生长状况、灌溉情况和基质含水率等影响。绿色墙面通常在夏季白天可以形成较低的墙面温度有利于降低制冷负荷，但是在夜间，墙面温度会比传统墙面可能偏高，可能会增加制冷负荷。虽然白天和夜间的作用不同，但是绿色墙面在白天减少制冷负荷的作用占主导，因此可以综合减少制冷负荷。在供暖季，绿色墙面同样在白天有降低墙面温度的作用，在夜间提高墙面温度，因此白天不利于降低供暖负荷，夜间有利于降低供暖负荷。在整个日变化中，夜间的保温效果（降低供暖负荷）占主导地位，因此在供暖季有降低供暖负荷的综合作用。

与绿色屋顶不同，绿色墙面可直接提升行人热舒适。由于其可以降低 5～10℃ 的建筑表面温度，行走在街谷中的行人受到的辐射温度会显著降低（降低 12.8℃，新加坡），从而提升热舒适水平。在不同地区的研究里，绿色墙面表面温度可以比常规墙面低 2.6℃（中国南京），4～12℃（新加坡），12～20℃（意大利）。另外，绿色竖直墙面的冷空气也会在重力作用下沿着墙壁流下进入街谷，将街谷空气温度降低 1.3℃（新加坡，Tan et al.，2014），2.5～2.9℃（西班牙马德里，夏季），< 1.5℃（西班牙马德里，秋季）。另一项针对新加坡绿色墙面的研究显示其对附近空气的降温幅度可以高达 3.3℃。上述空气温度的测量均在绿色墙面 1.5 m 范围内。有研究通过实地测量发现绿色墙面可以降低 2 m 范围内的平均辐射温度，幅度可达 10.9～12.9℃。一项湿润气候地区的研究发现绿色外墙（2 层居住建筑）在夏季中午 12：00 可以降低室外温度最高达 0.36℃。而绿色屋顶由于距离地面较远，且不会与行人直接迎面，对行人的热舒适影响可以忽略。

绿色墙面可提供一定的建筑节能潜力，因此可以作为一种被动式设计策略。绿色墙面在冬季可以作为围护结构保温性能的补充，减少热损失；在夏季可以起到遮阳的效果，以及蒸发冷却降温的效果，在全年时间段均可以对建筑节能作出贡献。在亚热带地中海气候区（Csa）的制冷季节，和传统建筑墙面相比，绿色外墙、生命墙可分别减少 34% 和 59%～66% 的制冷负荷。在温暖和炎热气候地区，绿色外墙可以提升建筑能效比例达到 20%～50%。基于已有研究的综述研究发现，绿色墙面在热带雨林气候（Cfa），温带海洋性气候（Cfb），亚热带地中海气候（Csa）和热带湿润季风（Cwa）四个气候区对能耗的影响表现最为明显。在热带湿润季风气候区（Cwa），降低制冷能耗的程度在 5% 以下，对供暖能耗的降低作用在 5%～60% 之间变化；在温带海洋性气候区（Cfb），降低制冷能耗的程度在 30%～70% 之间变化，对供暖能耗的降低作用在 5%～35% 之间变化；在热带雨林气候区（Cfa），降低制冷能耗的程度在 5%～18% 之间变化；在亚热带地中海气候区（Csa），降低制冷能耗的程度在 30%～45% 之间变化，对供暖能耗的影响在增加 3% 到降低 5% 之间变化。国外学者在法国拉罗谢尔市（海洋气候，Oceanic Climate）搭建了室外缩尺实验用于研究绿色墙面对建筑能耗的影响。缩尺模型与真实建筑采用 1∶10 比例搭建，模型安装热电偶与热流计监测不同位置的温度与热流密度。结果显示，绿色墙面在夏季可以显著节能，在冬季也有一定的减少供暖需求的作用。以往研究在气候湿润地区的夏季开展了实地测量与数值模拟研究，他们发现一栋 2 层高居民建筑的绿色外墙可以使室内温度和湿度分别降低 9% 和 32%。苏斯卡等人通过系统综述研究发现，在所有的气候区内，绿色墙面可以最高降低 16.5% 的热负荷、51% 的冷负荷，以及 5℃ 的城市热岛温度，在高密度地区深街谷形态下，绿色墙面的热岛移除潜力可高达 8℃；在低密度建筑地区，绿色墙面可以覆盖建筑的所有方向的围护结构，因此能展现出更好的节能效果；除此之外，如果仅可以布置在一侧外墙，大部分气候区内朝南向的外墙设置为绿色墙面的节能效果最为显著。

值得注意的是不同研究中绿色墙面对建筑能耗的影响差异较大，除了不同气候区位的影响之外（背景温度不同导致制冷和供暖需求总量不同），也与不同研究中的时间尺度存在差异有关。以对制冷负荷的影响为例，有的研究计算了整个制冷季节的影响，有的计量了 1 个月的效果，有的则只是研究了 1 天或几天的效果。由于天气状况、人员使用情况等对建筑供暖和制冷负荷影响较大，如果只进行 1 天或几天的测量／模拟，则结果中会包含较多的不确定因素所造成的影响。人员对建筑的使用行为也会产生显著影响，比如在夏季，如果房间的设置温度从 24℃ 降低到 18℃，绿色墙面对建筑制冷负荷的影响将会降低 30 个百分点。

在固碳方面，根据香港的一项研究，不同植物每年的固碳量大概在 61～253 gC·m^{-2}·y^{-1}，但是维护过程中（包括施肥、灭虫、灌溉的电耗等）的相关碳排放可以达到 196～434 gC·m^{-2}·y^{-1}，其产生的碳排放甚至可能超过植物本身的碳汇量。施肥和灭虫等除了产生额外的碳排放外，还可能造成水土污染的环境问题。绿色外墙的成本通常比生命墙要低。绿色外墙的成本大概在 75 欧元/m^2。模块化的绿色外墙之间的成本差异也较大，与支撑结构的材料有关。不锈钢支撑系统比 HDPE 材料要贵 4～8 倍。生命墙成本也与支撑材料种类和系统复杂度相关，可高达每平方米 1200 欧元。绿色墙面也可以降低 2～3 dB 的噪声。

综上，绿色墙面的选用要综合考虑建筑所处的气候区域、适合的植物种类、成本、全生命周期的收益和环境影响等因素。

1.2.3　公园

城市中的公园由于其蒸腾作用强、人为热排放低等特征，其内部温度均低于城市其他建筑密集区温度。公园在日间和夜间的温度均低于周边建成区域，但是公园的夜间冷却效果要明显高于日间，通常在午夜达到最大值。这是由于虽然植物在夜间蒸腾作用和遮阳作用产生的冷却效果消失，但是由于其夜间的长波辐射冷却速率显著高于城市地区（蓄热少、遮挡少），其与周边城市建成区温差仍会加大。公园温度可以比城市其他地区低 8 ~ 12℃（新加坡），7℃（葡萄牙里斯本），1.76℃（韩国首尔），0.6 ~ 2.8℃（中国北京，随时间变化，最大值在午夜达4.8℃），3 ~ 4℃（墨西哥墨西哥城），2℃（日本东京），3.4℃（比利时安特卫普），从而产生公园冷岛效应。湿热地区夏季（中国重庆）的研究发现，当风速小于 1.5 m/s 时，公园冷岛强度可以达到 2℃，冷岛中心会沿下风向方向移动，公园树荫下的平均辐射温度可以比暴露在阳光下的建成区域低30℃。鲍尔等人（Bowler et al.）综述研究发现，在覆盖了 1000 ~ 120 万 m² 的公园中，日间平均冷岛强度可达 0.94℃，公园尺寸越大、树木越多其冷却效果越强，对于中等尺寸的公园（50 万 m²），冷岛强度为 1.5 ~ 3℃。在严寒地区，公园冷岛强度呈现季节变化特征，夏季冷岛要高于冬季。

已有研究证据表明城市绿色空间的降温效果与公园的尺寸密切相关。在北京的一项研究中，公园的冷岛效应可以影响周边的范围是公园直径的 2 倍左右。在墨西哥城的研究表明，一个 500 万 m²（直径大概 2 km）公园的冷却效果可以达到其边界以外 2 km 左右处的区域，影响距离与公园直径相当，影响范围直径（包含公园）是公园直径的 3 倍左右。苏加瓦拉等人（Sugawara et al.）的实测中，公园

影响范围是其直径的 1.6 倍左右；在上述实测中作者对公园上空的边界层进行了测量并获得了温度垂直分布的廓线，结果表明公园上空可以形成冷空气池，高度上的影响范围至少有 50 m，冷空气池里的冷空气以重力流的形式扩散到周边地区形成公园风（Park Breeze）起到降温效果，重力流的边界层厚度在距离公园边界 31 m 处达到 16 m 左右。公园风的大小通常小于 1 m/s。因此，公园在其内部可以为居民提供热舒适环境，在其外部也有一定的降温效果。公园对周边温度的影响除了可以改善炎热天气的室外行人热舒适外，还可以降低周边建筑的制冷能耗。更高的树木的覆盖率和圆形的公园形状也会产生更低的公园内部的温度，产生明显冷却效果的公园面积应该大于 2 万 m²。圆形公园更倾向于把冷空气保持在公园内部，说明其对公园周边的降温能力则有所下降。形状对公园温度的影响这个特征与水体所产生的影响类似。在本书第 2.1节（水体对城市环境影响）中有研究表明圆形水体有较大的冷却强度，以及较低的冷却效率，此现象也表明圆形水体不利于冷气扩散到周边地区，从而有着较小的影响范围。水体和公园的冷却效果特征从这一点上看是一致的。由此也可以推断出圆形城市不利于散热和污染物扩散，从而可能导致更高的热岛强度与污染物浓度。城市形状对城市热环境、城市风环境和污染物扩散的影响机理还需进一步深入研究。公园在城市中如何分布（一个大公园还是多个小公园？）可以达到最大的冷却效果也值得确定。

除了公园本身的特征（面积、形状、树木覆盖率等），公园周边城市建筑特征（比如公园周边城市形态、天空可视因子、空间位置、街道朝向、道路交通情况、下垫面类型等）也会影响其降温效果和范围。在城市建筑密度较低的一侧，公园影响范

围较大，而在高密度城市的一侧，公园影响范围明显受到限制，因为高密度的城市建筑将阻止冷空气向深处渗透，并且高密度城区的热岛强度更高，使得公园流出的冷空气更容易受到加热从而失去降温效果。

1.2.4 行道树

树木对城市环境的影响主要包含几个方面：遮阳作用、蒸腾作用、对气态和颗粒污染物的吸收，以及风阻作用。其中遮阳和蒸腾作用会降低空气温度、辐射温度，以及生理等效温度，增加相对湿度，减小城市冠层内的平均风速并可能降低污染物扩散速率。上述提到的树木对环境的影响与树的种类，以及种植模式有密切关系。拥有较大的**叶面积指数**（Leaf Area Index，以下简称 LAI）树冠的种类有更强的将感热转化为潜热的能力。稀疏种植的树木比过密种植的树木可能有更好的冷却效果，因为稀疏种植的树木减少了树木之间的相互影响。树木对通风的改变形式也与树木的种类和种植模式密切相关。树木的遮阳和蒸腾作用可以在炎热夏季的白天改善热环境。降低辐射温度（减少直接太阳辐射、环境短波辐射的反射，以及周边环境的长波辐射）和空气温度从而提高行人热舒适性。同时，街道热舒适的改善也可以降低汽车空调的使用和能耗，从而减少碳排放。靠近建筑的树木可以产生遮阳作用，从而降低建筑制冷能耗。如果树木能遮盖建筑外墙，建筑节能比例可高达 11.1% ~ 76.6%，其中遮阳作用占主导，如果树木不能足以遮蔽大部分外墙，则节能效果较差，不同研究中存在较大差别，与所处气候区域、树木种类、季节、种植的排布、与建筑的距离等因素相关。

在树冠下，空气温度和生理等效温度可分别降低 0.6℃ 和 0.1 ~ 1.6℃（亚热带，香港）。有研究发现不同种类的树木在日间 10：00—14：00 之间可以减少 76% ~ 89% 的太阳辐射（树冠下，巴西坎皮纳斯市），同时降低 0.7 ~ 2.8℃ 的空气温度。相对湿度可以相应增加 0.5% ~ 10.4%。国外研究学者在印度班加罗尔的实测发现种植树木的路段和相邻的无树木的路段比，空气温度、路面温度和 SO_2 浓度最高可分别降低 5.6℃、27.5℃ 和 63%，悬浮颗粒物浓度也显著降低。格罗梅克等人（Gromke et al.）通过**计算流体力学**（Computational Fluid Mechanics，以下简称 CFD）方法研究了树木的蒸腾作用对荷兰阿纳姆一个街道的降温作用。结果表明在热浪期间，街道的树木可以平均降低 0.43℃ 空气温度（最高 1.6℃），而绿色墙面仅有 0.04℃ 空气温度（最高 0.3℃）的降温效果，绿色屋顶对街道的影响可以忽略不计。中国沈阳的一项研究表明，夏季街道树木可以将**生理等效温度**（Physiological Equivalent Temperature，以下简称 PET）从 46.3℃ 降低到 44.2℃，秋季从 36.4℃ 增加到 37.5℃；类似地，在该研究中树木对颗粒物扩散的影响也随季节变化：夏季减少颗粒物浓度，但是在秋季增加颗粒物浓度。除了季节的影响，街道与主导风向的相对关系也影响树木对污染物扩散的阻碍作用。如果主导风向与街道方向存在夹角（45°），由于树木会减少与外界大气的垂直交换，街道污染物可以被增加 12%。

树木对通风的影响体现在三个方面：① 树木冠层以下，树木产生遮挡作用导致污染源位于树冠以下的位置时，其浓度往往会积聚难以扩散（图 1-8）。图 1-8 中街道中种植了高大树木，树冠浓密，完全遮蔽了道路上空。同时树木的高度也和两侧的建筑相当。此种布置在炎热夏季白天可以降低太阳辐射和环境对人体的平均辐射温度、降低空气温度，整体上改善热舒适。但是在夜间，由于极低的天空可视因子、对背景风进入街道的阻挡，会产生街道散热困难的效果，可能造成夜间温度偏高，舒适性降低。同时，由于树冠下的道路存在交通，交通排放的污染物也很难散去（如氮氧化物等），造成行人暴露在过高的污染物中。② 由于树木的存在，增加边界层内的湍流混合，从而改善污染物扩散情况。这种作用与遮挡作用相反。因此何种作用作用于主导街道内污染物的扩散情况需要深入研究与界定，从而能为城市环境改善提供指导。研究表明，树木在狭窄街道（如果遮蔽街道），则会限制污染物扩散（图 1-9 a），在宽敞街道可以增加污染物的扩散从而降低街道内污染物浓度。树木在街道中也可以造成污染物非均匀分布：迎风面浓度降低，背风面升高堆积。因此，树木对通风和污染物的作用与城市形态、

污染源（一般为交通）相对位置也密切相关。通过利用**树木**和**树篱**（Hedges）将行人区与行车区隔离开，也有助于降低行人的污染物暴露（图 1-9 b）。③ 由于树木产生阻力效应，树冠以上部分的空气流速也因受到影响而降低，从而降低城市冠层、边界层内的整体风速，影响风廓线的形态。

图 1-8　杭州老城区一街道

（a）　　　　　　　　　　　　　　　　　　（b）

图 1-9　街道植物种植示意图
（a）高大树冠对街道污染物扩散的阻碍作用，增加行人暴露；
（b）树篱对交通污染物的阻隔作用，降低行人暴露

因此在讨论树木对城市环境、城市气候的影响中，需要考虑多方面的因素，包括对城市冠层能量平衡的影响、对城市冠层内风速和污染物扩散的影响等。总体而言，树木对热环境的影响（温度、辐射）主要局限在树木的周围，而对风环境和污染物扩散的影响可以在较远的地方。除了对气候环境的影响，树木对人的身心健康也有直接影响，比如降低焦虑、改善心情、减少精神疾病风险、增强免疫力等。另外值得注意的是，树木也会造成人的花粉过敏、哮喘、

鼻炎等健康问题，以及引起蚊虫增加的环境问题。树木也会释放挥发性有机物（BVOC），与环境中的氮氧化物等发生反应造成臭氧或颗粒物污染。

1.3　新型材料与热环境

新型材料主要通过改变对太阳辐射的反照率、长

波辐射的发射率等特性来改变城市下垫面能量平衡，从而影响城市热岛效应和城市热环境。相关材料主要包含几种类型：**白色涂料**，**橡胶材料**（Elastomeric），**聚氨酯**或**丙烯酸涂层**（Polyurethane or Acrylic Coatings），光催化高反照率材料，**白色单层**（White Single Ply）材料 [1]，荧光材料 [2]，热敏材料 [3] 等。

热敏材料分为两类：① 染料型热敏材料，如无色染料等（Leuco Dyes）；② 非染料型热敏材料，如量子点、等离子体、光子晶体、共轭聚合物、希夫碱、液晶等。染料型热敏材料目前面临的主要问题是在室外应用耐久性差。染料型包括染料—聚合物和染料—显影剂—溶剂两类。染料—聚合物的原理是聚合物会随着温度的变化，pH 值发生改变，进而选取随 pH 值变化而改变颜色的染料组成染料—聚合物热敏材料。染料—显影剂—溶剂系统可随温度展示出颜色和无色。当温度高于溶剂的凝固温度，溶剂开始融化并破坏染料—显影剂混合物，形成溶剂—显影剂混合物，整个系统颜色消失。非染料型热敏材料根据热敏原理也分为两类。一类是纳米尺度效应，如量子点、等离子体和光子晶体。另一类是分子重新排列效应，如共轭聚合物、希夫碱、液晶。量子点材料覆盖上 TOP/TOPO/AET 表面层后，会展现出热敏特性。

---

① 如 EPDM: Ethylene-Propylenediene-Tetrolymer Membrane; PVC: Polyvinyl Chloride; CPE: Chlorinated Polyethylene; CPSE: Chlorosulfonated Polyethylene; TPO: Thermoplastic Polyolefin.
② Fluorescence 或 Photoluminescence，比如红宝石 Ruby（Al_2O_3: Cr）可显示红色，且在深红色波段（694nm）和近红外波段（700~800nm）有高效的发射率，（Berdahl et al.，2016）。
③ Thermochromic coating，比如量子点（Quantum Dots），等离子体（Plasmonics），光子晶体（Photonic Crystals），共轭聚合物（Conjugated Polymers），希夫碱（Schiff Bases），液晶（Liquid Crystals）和纳米滤光片无色染料（Nano Optical Filters for Leuco Dyes）（Garshasbi and Santamouris，2019）。

应用上述材料建造的屋顶也被叫作**冷屋顶**（Cool Roofs）或者**反射屋顶**（Reflective Roofs）。第一代高反照率材料通常由自然材料取材制造而成，反照率很少能超过 0.75；第二代人工合成的材料具有较高的反照率，可高于 0.85。第三代材料中，为了多种场景的应用和美观，研发出了有颜色的高反照率材料，此种材料主要基于对红外光谱的反射。最近第四代材料也已通过测试，主要包括基于纳米附着技术制作的热变色涂料或瓦片，以及包裹相变材料的微胶囊材料。第四代热敏材料可以根据背景温度改变对太阳辐射的反射特性：夏季高温天气呈现高反照率特性，而冬季低温天气呈现低反照率特性，从而实现全气候类型下的建筑节能与城市气候调节，避免冬季过冷而产生的额外负荷，以及造成室外热舒适恶化问题。

1.3.1 建筑高反照率屋顶

整个城市的平均反照率每增加 0.1，环境日平均温度可以平均降低 0.3℃（在 0.1~0.5℃之间变化），日最高温和最低温可分别降低 0.02℃和 0.41℃。以往研究通过 NCAR MM5 中尺度气候模式模拟纽约市在夏天热浪天气下的高反照率屋顶所产生的降温效果。研究中整个城市的屋顶反照率设置为 0.5，通过模拟，降温效果在城市不同区域在 0.18~0.36℃（日平均温度）之间变化，同时，最高温度（下午 15：00）可降低在 0.31~0.62℃之间。在希腊雅典进行了两种反照率场景变化的研究。中等强度：反照率从 0.18 增加到 0.63，以及高强度：反照率从 0.18 增加到 0.85。两种强度的应用场景，模型预测城市 2 m 高气温可分别被降低 0.5~1.5℃，以及 1~2.2℃。降温效果从早上 9：00 开始可一直持续到晚上 20：00。在针对洛杉矶的研究中，通过把所有屋顶（1250 km²）的反照率从 0.15 提高到 0.5 后模拟，日最高温可以降低 1.5℃。高反照率材料的降温效果受其所处气候区域的影响。杰奥尔杰斯库等人（Georgescu et al., 2014）研究了**白屋顶**（White Roof，高反照率屋顶的一种）与绿色屋顶在未来 2100 年气候下的降温效果。通过建模预测，在美国加利福尼亚州、亚利桑那州、得克萨斯州、佛罗里达州，以及芝加哥、底特律等城市地区的居住区和商业区，白色屋顶的降温效果都优于绿色屋顶。但是白色屋顶在不同气候区表现不同。假如加利福尼亚州地区（干燥地区）的屋顶全部为白屋顶，城市平均温度将降低 1.2℃，但是在弗罗里达州（潮湿气候地区），其效果只有 0.2℃。以往研究通过 WRF 耦合城市冠层模型模拟了高反照率材料在洛杉矶的效果，模拟结果表明每升高 0.1 的反照率，街谷平均温度可降低 0.06 K。

由于地区差异、模型差异、模拟时间差异、参数设置差异等原因，不同研究的降温效果有一定的差别。关于不同研究中高反照率材料的降温效果总结，见表 1-1。

表 1-1　不同研究中高反照率材料对城市的降温效果

本书参考文献	城市	仿真工具	反照率变化（0-1）	初始／最终反照率	环境温度平均下降	峰值环境温度下降	反照率每增加 0.1 环境温度平均下降	反照率每增加 0.1 峰值环境温度下降
[76]	洛杉矶	科罗拉多州立大学中尺度模型	0.14	—	约 0.5 K	1.4 K	0.35 K	1.0 K
[72]	洛杉矶	科罗拉多州立大学中尺度模型	平均反照率：0.13 城市表面反照率：0.30	平均反照率：0.13/0.26 城市表面反照率上升至 0.50	约 0.8 K	3.0 K	0.61 K	2.3 K
[73]	洛杉矶	科罗拉多州立大学中尺度模型	屋顶反照率：0.35 路面反照率：0.25	屋顶反照率：0.15/0.5 路面反照率：0.05/0.3	—	1.5 K	—	0.5 K
[62]	美国各个城市	天气研究和预报	屋顶反照率：0.25 路面反照率：0.15（0 到 0.15）	—	约 0.11～0.53 K	—	0.05～0.26 K	—
[77]	费城	MM5 模型	0.1	—	约 0.3～0.53 K	—	0.3～0.5 K	—
[105]	亚特兰大	WRF-NOAH 模型	0.15 0.3	0.15/0.3 0.15/0.45	—	忽略 2.5 K	—	0.0 K 0.83 K
[84]	休斯敦	MM5 模型	屋顶反照率：0.2 壁面反照率：0.05 路面反照率：0.18	屋顶反照率：0.1/0.3 壁面反照率：0.25/0.3 路面反照率：0.08/0.2	约 0.3～0.53 K	2.5 K	0.23 K	2.0 K
[16]	纽约	MM5 模型	0.35	0.15/0.5	约 0.3 K	0.5 K	0.09 K	0.15 K
[85]	加利福尼亚州	PSU/NCAR MM5 模型	变量	场景 a：0.117～0.152/0.18～0.252 场景 b：0.117～0.152/0.199～0.374	场景 1：0.4 K 场景 2：0.8 K	场景 a：1.0 K 场景 b：2.0 K	场景 a：0.4 K 场景 b：0.55 K	场景 a：1.0 K 场景 b：1.3 K

（数据来源：本书参考文献 [79]）

将上述数据在图中画出（图 1-10），并拟合可得到城市表面平均反照率与日平均降温的关系见式（1-2）。

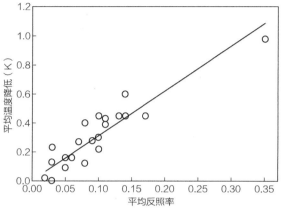

图 1-10　不同研究中城市平均反照率与平均温度降低的量化关系
（数据来源：本书参考文献 [79]）

$$T_{decrease} = 3.11\, a_{increase} \qquad (1-2)$$

式中　$T_{decrease}$——日平均降温值，单位为 K；

$a_{increase}$——城市平均反照率增加值

式中拟合度的 $R^{2①}$ 为 0.85。由式和图可见，反照率变化与城市平均温度的改变线性关系显著。平均每升高 0.1 反照率，平均温度可降低 0.311 K。

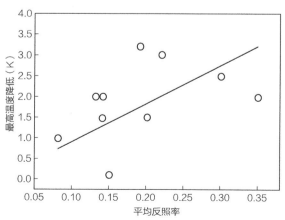

图 1-11　不同研究中城市平均反照率与最高温度降低的量化关系
（数据来源：本书参考文献 [79]）

① R^2 也叫作决定系数，是用来评估线性回归模型的拟合效果的"度量方式"。

与图 1-10 类似，图 1-11 展现了平均反照率升高与最高温度降低之间的量化关系。结果表明，城市平均反照率每升高 0.1，城市冠层最高温度可降低 0.9 K。最高温度降低相比于平均温度降低，与反照率的线性相关性偏低。

值得注意的是上述研究与结果分析均针对常规高反照率材料的降温效果。而针对第四代热敏材料的评估研究仍然缺乏。从定性上分析，第四代热敏材料将比传统材料有更高的建筑节能效果。因为传统材料在夏季减少制冷能耗，但是在冬季将增加供暖能耗。热敏材料由于可跟随背景温度自动调整反照率，可实现夏季和冬季均能降低制冷和供暖负荷的目的。同时，热敏材料在城市尺度上的应用可在夏季降低热岛强度，在冬季增加热岛强度，从而为不同季节的室外热舒适作出重要贡献。

有研究总结了不同新型材料 [高反射白色材料（HR）、红外反射彩色材料（IR）、红外反射沥青（IRB）、热敏材料（TC）、量子点材料（QD）、日间辐射降温材料（DRC）等] 的降温效果（包括壁面温度和空气温度），具体如图 1-12 所示。

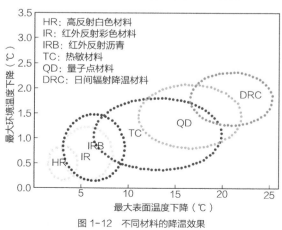

图 1-12　不同材料的降温效果
（数据来源：本书参考文献 [80]）

1. 高反照率屋顶与绿色屋顶的节能效果对比

虽然高反照率和绿色屋顶的热岛移除能力受多

种因素影响，有研究表明高反照率屋顶的热岛移除能力和成本均优于绿色屋顶。但是在寒冷气候区域，由于高反照率屋顶在夏季可以有助于节能，但是冬季对节能不利，而绿色屋顶则在冬季（保温）和夏季（隔热）均有利于节能，因此在寒冷地区绿色屋顶针对建筑的直接节能效果要优于高反照率屋顶。

2. 关于高反照率屋顶和绿色屋顶对建筑能耗的影响，以下案例在同一个研究框架和研究方法下进行了分析

案例一：苏斯卡等人（Susca et al.）针对纽约办公建筑的实测表明，绿色屋顶比白色膜屋顶节能 40% ~ 110%。

案例二：瑞雅和格利克斯曼（Ray and Glicksman）利用麻省理工学院（MIT）开发的"MIT Design Advisor"对比了绿色屋顶和高反照率屋顶的节能效果。他们模拟了美国和欧洲的不同城市，结果表明在温暖的气候区域，高反照率屋顶节能效果要优于绿色屋顶，而在寒冷地区，绿色屋顶节能效果则显著优于高反照率屋顶。原因为温暖地区，建筑负荷以制冷负荷为主，无供暖要求，因此高反照率屋顶表现优异。但是在寒冷地区既有供暖负荷又有制冷负荷的情况下，全年综合表现是绿色屋顶占优，因为绿色屋顶在夏季隔热的同时又能实现冬季的保温效果。

案例三：赛勒等人（Sailor et al.）利用 Energy-Plus 模拟了美国不同城市绿色屋顶的节能效果。研究基于不同叶面积指数（LAI）划分了九种不同的绿色屋顶。不同种类的屋顶中，LAI 在 0.5 ~ 5 之间变化，土壤基层厚度在 5 ~ 30 cm 范围内变化。高反照率屋顶设置为反照率为 0.65 的白色膜屋顶。结果显示，在温暖气候区域内，高反照率屋顶有更好的节能效果。然而，在寒冷气候区内绿色屋顶的节能效果更加显著。拥有大 LAI 的绿色屋顶的制冷能耗

显著低于小 LAI 屋顶。高反照率屋顶比大 LAI 绿色屋顶的制冷能耗更低，但是考虑供暖能耗后的总能耗则是大 LAI 绿色屋顶低于高反照率屋顶。

3. 关于高反照率屋顶和绿色屋顶对城市热岛效应的减缓效果，以及成本情况，以下案例在同一个研究框架和研究方法下进行了分析

案例一：有研究利用 NCAR MM5 中尺度模型分析了纽约市绿色屋顶与高反照率屋顶对城市热岛效应的减缓效果。模拟日期为 2002 年夏季热浪发生期间。研究对比了不同案例 2 m 高处的空气平均温度。在高反照率屋顶情况中，反照率设定为 0.5。绿色屋顶边界条件设定为温度边界，温度值假设与街道公园草坪温度相同。两种情况在下午 15:00 时对城市的降温作用均为 0.4 K。两种情况每降低 0.06 K 所需要投入的成本绿色屋顶（39.04 亿美元）显著高于高反照率屋顶（2.33 亿美元）。值得注意的是，虽然绿色屋顶的成本显著高于高反照率屋顶，但是其寿命也显著高于高反照率材料。建筑屋顶常见的防水膜材料的寿命是 10 ~ 20 年，但是绿色屋顶的服役期可以长于 50 年，平均达 40 年。位于德国的一座建筑，其绿色屋顶寿命长达 90 年。

案例二：舍尔巴等人（Scherba et al.）分析对比了高反照率屋顶、绿色屋顶的热岛移除能力。研究中选取了美国不同的城市作为不同屋顶的应用场景。在高反照率屋顶情况中，反照率设置为 0.7，绿色屋顶相关参数采用 EnergyPlus 中的默认值。结果分析对比不同情况下的屋顶表面温度。在绿色屋顶情况中，将其土壤温度作为绿色屋顶表面温度。白天期间，两类屋顶的温度几乎相等。但是，夜晚期间，绿色屋顶的表面温度比高反照率材料屋顶要高 1.5 ~ 2 K。主要原因为绿色屋顶的土壤（比热容较大）存储白天的热量，并且植物会遮挡土壤，减少夜晚对天空的长波辐射散热。高反照率屋顶夜间的热通

量为负值（空气传热到屋顶），而绿色屋顶由于较高的土壤温度，热通量仍为正值（土壤传热到空气）。两种情况日最高感热通量值（W/m²）几乎相等，而日总感热通量（W·h/m²）绿色屋顶是高反照率屋顶的将近 2 倍。该案例中高反照率屋顶在热岛移除能力方面比绿色屋顶更有效。但是值得注意的是绿色屋顶的降温效果受到多种因素的影响，包括植物种类、土壤含水率情况、季节、气候背景条件等。

案例三：有研究在美国纽约一栋办公建筑开展了实验测量对比白色膜屋顶（高反照率）、黑屋顶（低反照率）和绿色屋顶的效果。白色膜屋顶和黑屋顶的反照率分别为 0.6 和 0.05。绿色屋顶为拓展型绿色屋顶，有 10 cm 厚度基层。绿色屋顶的面积大概为 1000 m²，反照率为 0.2 左右。实验结果表明，白天绿色屋顶比白色膜屋顶温度低 1 ~ 8 K，夜间相反，白色膜屋顶比绿色屋顶低 1 ~ 5 K。此案例中绿色屋顶的热岛移除潜力高于白色膜屋顶。

基于能量平衡物理过程，高反照率屋顶主要通过将入射能量反射来达到降温效果，反照率的大小是其冷却效果的决定参数。绿色屋顶冷却效果有 4 点：① 植物表面材料反照率；② 植物蒸腾作用，增加潜热通量、降低感热通量；③ 植物光合作用吸收能量，将能量以化学能／生物质能的形式存储；④ 土壤的储热与热阻，减少日间向室内传热。其中第④点储热作用在夜间会释放热量，对夜间建筑减少制冷负荷不利。第①点和第③点可综合为植物的等效反照率。假如植物的等效反照率低于高反照率屋顶材料的反照率，那么需要蒸腾作用产生的潜热来弥补热岛移除能力的差距。综合已有研究数据来看，当高反照率屋顶反照率高于 0.7 时，其冷却效果通常优于同一地点的拓展型绿色屋顶（以草和低矮植物为主）。植物的蒸腾作用强度与叶面积指数（LAI）相关，通常 LAI 越大，蒸腾作用越强。而拓展型绿色屋顶

LAI 较小，产生的最大潜热量在 100 ~ 250 W/m² 左右。假如太阳辐射入射量为 900 W/m²，0.7 的反照率屋顶产生的热岛移除能力是 630 W/m²。对于拓展型绿色屋顶，按照 250 W/m² 潜热量估计，需要通过植物等效反照率排除的热量为 630 － 250 = 380 W/m² 才能达到高反照率屋顶的效果。此时的植物等效反照率为 0.42（380÷900）。根据已有研究总结的规律，拓展型绿色屋顶的效果要劣于反照率为 0.7 的高反照率屋顶，因此，拓展型绿色屋顶的等效反照率低于 0.42。当绿色屋顶的潜热通量可达到 400 W/m²（LAI 需要高于 4 或 5，密集型绿色屋顶）时，其热岛移除能力与 0.7 反照率的高反照率屋顶相当。此时的植物等效反照率为 0.26，即由（630 － 400）÷900 计算而得。另有研究表明，当高反照率屋顶的反照率为 0.5 左右时，绿色屋顶与其有相近的热岛移除能力。按照绿色植物等效反照率 0.26，以及潜热通量 250 W/m² 计算，绿色屋顶的热移除效果为 900×0.26 + 250 = 484 W/m²，与高反照率屋顶效果相当，即 900×0.5 = 450 W/m²。

虽然高反照率屋顶的热岛移除能力一般情况下优于绿色屋顶，但是随着使用时间的增加，高反照率屋顶面临反照率下降的问题。空气中的灰尘、颗粒物等积聚在屋顶后，反照率将显著降低。另外，紫外线、微生物、酸雨、湿空气的侵入、冷凝、风蚀等自然界的过程都会使高反照率材料老化，效果显著降低甚至失效。研究表明，空气中的黑炭颗粒是导致反照率降低的首要原因。绿色屋顶则没有上述问题。针对上述问题，还开发出了有自洁净功能的高反照率材料，表面包含疏水结构或材料，经过雨水冲洗后高反照率材料将恢复原有性能。

高反照率屋顶对建筑产生的直接节能收益量与建筑所处的气候区域密切相关。通常高反照率屋顶

可以在夏季高温天气最多降低 2℃室内温度，所降低的冷负荷比例在 10% ~ 40% 之间。同时由于过冷造成的冬季额外负荷增加在 5% ~ 10% 之间。因此全年综合能耗是升高还是降低取决于建筑所在区域主要是冷负荷为主还是热负荷为主。另外，高反照率屋顶也可减缓城市热岛效应，从而进一步改变建筑负荷，与此同时也改变城市热环境。高反照率材料应用在建筑壁面和道路，以及其他不透水表面时也可以降低城市空气温度，但是有将太阳辐射直接反射到行人身上的风险，从而造成行人热舒适的下降。因此，高反照率材料在城市中应用时要充分考虑其对建筑本身（建筑尺度）、建筑周边环境（街区尺度），以及城市整体环境（城市尺度）的影响。值得注意的是，高反照率屋顶与绿色屋顶类似，假如屋顶本身保温性能好（热阻高），则高反照率材料和绿色屋顶对建筑节能的直接效果将显著降低。

1.3.2　透水铺装

浅色铺装通过较高的反照率，减少对太阳辐射的吸收，从而降低路面温度和空气温度。但是浅色铺装或高反照率铺装的应用可能会导致太阳辐射被直接反射到行人，降低路面行人的热舒适。

透水铺装由于其良好的透水性能，使得雨水可以渗透到铺装下的蓄水层，降低路面积水和内涝风险，并对雨水有过滤作用，改善水质，起到城市雨水管理的作用，研究表明透水铺装可以减少暴雨事件下的**雨水径流**（Runoff）达到 30% ~ 65% 之间。透水铺装的雨水管理能力与多种因素相关，包括：降雨强度、降雨量、坡度、蓄水层厚度，以及最底基层的导水率。如果最底基层的导水率较低（一般小于 15 mm/h），可以通过**穿透型引流管**（Perforated Drainage Pipe）将位于蓄水层和基层的水有效的排出。一项位于停车场的透水铺装实验表明，当降雨强度大于 50 mm/h 时，透水铺装与非透水沥青表现类似，产生大量径流。当降雨强度小于 25 mm/h 时，透水铺装可以降低 40% ~ 50% 的径流总量，以及降低 90% 的最大径流量。长期来看，透水铺装在干旱地区的效果优于湿润地区，比如在纽约（干旱）可以降低将近 90% 的雨水径流，而在香港（湿润地区）则只能降低 70% 左右。铺装的坡度越大，径流量越大。

在晴朗天气，水蒸气可以透过透水铺装进入城市冠层，增加潜热通量的比例，降低路面与空气温度，改善城市气候。透水铺装通常比非透水表面高 16% 的蒸发速率。透水铺装蒸发干燥过程存在两个阶段。第一阶段是"湿润阶段"，此阶段内透水铺装基层的水分较为充足，液态水通过毛细作用等垂直运输到铺装表面，在表面处发生相变蒸发，从而实现最大的蒸发降温效果。因此，此阶段的主要特征是透水铺装的各层内相对湿度为 100%，存在液态水。当液态水大量蒸发，铺装孔隙内的水不能再充足地补给到表面后，则进入蒸发干燥的第二阶段。在这个阶段内，蒸发速率降低，液态水在基层深处发生相变，而水蒸气透过孔隙进入到外界空气中。因此，第二阶段内对表面蒸发降温的效果大大降低。为了实现透水铺装的最大降温效果，需要尽量将蒸发干燥过程维持在第一阶段，这就需要有充足的水分供应，水分可以来自基层的水分蓄存，也可以来自外界降雨或人工洒水。

透水铺装有多种形式，比如**透水混凝土**（Pervious Concrete）、**透水砖人行道**、**植草砖停车场铺装**（Turfstone）等。

透水铺装可以通过增加毛细层来加强蒸发作用形成增强型透水铺装，通过在中国上海地区实验测量发现，增强型透水铺装表面温度最高比传统透水铺装低 9.4℃，相比于不透水表面，温度可以低 15～35℃。在库比拉伊等人（Kubilay et al.）的研究案例中，街道透水铺装可以使表面温度降低 25℃（降雨速率 1 mm/h 持续 10 h 的雨后），由此产生的空气降温效果是 2℃。增强型透水铺装在雨后的蒸发降温效果可以保持超过 7 天，相比于不透水表面，透水铺装和增强型透水铺装可以额外蓄存 40%～90% 的雨水。透水铺装的效果受其最底基层下的土壤性质影响。如果地下水水位较高且土壤可透过性差，透水铺装的效果将会降低。透水铺装的降温效果与大气背景参数密切相关，空气的相对湿度、风速等会影响蒸发速度。假如当地常年是潮湿环境，那么通过蒸发降温的效果则不显著，另外，由于湿度的增加也会降低人体热舒适、增加人体热应力，因此即使透水铺装可能降低温度，但是对人体热舒适而言，最终可能甚至会是下降的结果。

需要考虑的是，透水铺装在干燥状态下，导致导热系数降低（孔隙中填充的空气有保温作用）；随着孔隙率的变化，透水铺装表面反照率也可能会降低（光线进入孔隙后进行多次反射，从而降低等效反照率）；材料本身由于孔隙的存在，在干燥状态下（孔隙中填充为空气而非水分），整体热容量也显著降低。上述三种因素（低导热系数、低反照率、低热容）导致干燥状态下的透水铺装表面温度升高。在长时间干燥情况下，透水沥青的表面温度甚至比非透水沥青或混凝土表面高 5～10℃。因此，干燥状态下较小的孔隙率有助于降低表面温度。但是，在雨水较多或湿润气候下，较大的孔隙率有更好的雨水管理能力（减小地表径流），以及更强的降温能力（水的导热系数高、热容大，较大的孔隙率有助于增加湿润状态下的液态水含量）。

透水铺装产生降温效应的重要前提是在铺装表面存在较高含水率，可以用于蒸发降温。在干燥天气或长时间未下雨的地区，可以通过铺装表面人工洒水的方式增加可用于蒸发降温的水量。随着气候变化，全球范围内的热浪天气越来越多，路面洒水是为数不多的适应性室外温度调节手段（动态方法），而绿色屋顶、公园等均为静态调节方法，需要提前设计且很难满足快速的调节需求。对于非透水路面，以往研究发现当洒水速率在 1 mm/h 时，蒸发速率为每小时 0.4～0.5 mm，剩下的（50%～60%）均通过排水系统流失。因此，在下午最热时间通常需要每 30 min 洒一次水来保障降温效果。因为非透水表面不能蓄水，以往研究认为非透水表面（如沥青或混凝土停车场）洒水后会有 80% 的水通过下水系统流失。有研究采用耦合了计算流体力学（CFD）、传热传湿模型（HAM）、辐射（Radiation）和风驱雨（WRD）四个模型的 OpenFoam 软件对透水铺装的蒸发降温过程进行模拟。研究发现，瑞士苏黎世地区热浪天气下在上午 8:00—10:00 洒水 10 min（6 mm 的洒水量）可以保证 1 天 24 h 内的最大降温效果。洒水的过程要尽量满足两个原则：① 洒水量要尽量少，但是要能保证至少 1 天 24 h 的降温效果，从而实现节约用水的效果并避免空气湿度过大造成的热舒适下降问题，以及建筑除湿负荷增加的问题；② 要在保证洒水尽量少流失的基础上，洒水速度实现最大化，从而降低对交通和其他生产生活活动的干扰。

透水铺装的孔隙堵塞也会造成相应雨水管理和降温效果的下降，低孔隙率和透过性的透水铺装材料的蒸发速率明显低于高孔隙率的材料，提高孔隙的直径并增加毛细作用有助于提高透水铺装的蒸发降温效果。

综上，浅色路面可以降低表面温度，以及城市空气温度，但是不合理的设置可能会将能量直接反射到人体身上，从而造成热舒适下降。透水铺装则可以同时实现雨水管理，以及热环境管理。但是需要注意的是透水铺装在不同气候区域的效果可能不同，需要的成本也有所差别：比如在干旱气候区的城市，透水铺装有最好的雨水管理效果和降温（铺装湿润状态）效果，但是缺少可利用的水（雨水和人工洒水）往往是干旱地区的主要瓶颈问题，而在干燥状态下，透水铺装的表面温度甚至会显著高于非透水表面；在潮湿气候地区，透水铺装的雨水管理效果会降低，因为降雨量大的同时，土壤由于本身水分较多而不能蓄存过多的雨水，造成地表径流增加。另外，潮湿地区空气中相对湿度原本就较大，而透水铺装进一步增加水分蒸发，导致相对湿度升高，可能造成热环境恶化。因此，在不同城市中的透水铺装的应用需要全面合理地规划与设计。另外，在极端热浪天气下，通过合理规划洒水量与洒水时间，可以最大限度地实现透水铺装的降温效果。

1.4　城市形态与热环境

通常高密度的城市形态被认为可以增加土地利用率、保留自然下垫面特征、减少交通距离从而减少对全球气候环境的影响。但是，高密度建筑形态可能会产生城市气候问题，比如城市热岛，从而改变建筑能耗；在全球变暖的趋势下，城市热岛也会增加居民热暴露风险，影响健康。过高的建筑为了满足消防等要求会增加电梯间等设施的占用面积，最终会降低可用空间的比例。高密度建筑也会消耗更多的单位面积需要的钢筋混凝土等建筑材料。另外，过密的建筑密度可能会造成交通拥堵增加出行时间、能耗，以及交通污染排放。高密度城市可以提高城市运行效率，但是在面对灾害（如热浪、洪水、地震

等）时，可能会造成更高的系统风险、产生无法承受的损失。因此在进行城市发展形态的战略规划之前，需要对相关变量造成的影响有全面系统的评估。

城市形态的变化对城市环境的影响主要通过多个物理过程发生作用。首先，建筑的高低错落、建筑密度与建筑迎风面积比例等会改变城市对太阳辐射的反射、多次反射、长波辐射散热等过程，从而改变城市能量平衡、影响室外热舒适。其次，上述参数也同时改变城市冠层内的通风，从而影响能量平衡（散热）与污染物扩散。城市形态对热舒适的影响体现在两个方面：直接影响和间接影响。在直接影响中，城市形态改变辐射温度、风速，从而改变热舒适。间接影响方面，形态的变化导致城市能量平衡和热岛强度的改变，从而在街道背景空气温度的方面影响热舒适。

在城市所需要承载人口数量一定的情况下，高密度紧凑城市的发展可以减小城市水平方向的尺寸。然而究竟是高密度紧凑城市对人体舒适健康的影响、碳排放的影响更大还是水平方向的延展对相应的环境的影响更大，仍然是值得深入量化研究的大课题。如果无论是高密度紧凑方向发展还是水平方向延展均会对环境造成重大影响，我们是否可以限制单个城市的尺寸（水平和竖直）而通过增加城市的数量来解决相关问题也值得研究与探讨，此时的科学问题将从城市尺度跨越到区域城市群尺度。

本章拓展阅读

Chapter2

第2章 城市热岛

Urban Heat Island

2.1　城市热岛形成机理

　　城市热岛是指城市温度显著高于周边农村地区，属于城市气候的显著特征之一。热岛现象首次由卢克·霍华德教授发现并描述研究。随着全球快速城市化进程，以及气候变化，城市热岛问题逐渐突出。首先，城市热岛影响范围广，直接影响 50% 以上的城市人口。其次，热岛与气候变化引发的极端热浪天气相互作用，产生城市极端高温，对居民的生命健康造成严重威胁，产生巨大经济损失。另外，城市热岛现象往往与城市内其他物理过程（比如污染物扩散、极端降雨、雾霾等）发生耦合作用，产生复杂多因素协同的城市气候问题。

　　城市热岛产生的原因主要可以分为以下三类：

① 城市表面物性参数发生变化，从而对城市能量平衡造成影响。② 城市表面建筑几何形态改变城市能量平衡。③ 居民生产生活活动产生废热，增加城市温度。下面将针对上述三类过程具体分析。

1. 城市表面物性参数变化

　　由于大量建筑物、道路和其他不透水表面（如广场等）的建造，植物比例降低，造成蒸发及植物蒸腾降温作用的降低，导致温度升高。除此之外，城市表面的热工性能与自然表面不同，太阳反照率（Albedo）降低，从而吸收更多的太阳辐射，导致城市表面温度升高（图 2-1a～c）。图 2-1（a）中显示，城市冠层内的温度显著高于周边山体和水体的温度。城市人造表面和自然表面的常见材料的反照率数值见表 2-1。太阳反照率降低造成的地表温升可快速反映在红外卫星图片中。图 2-1（b）和

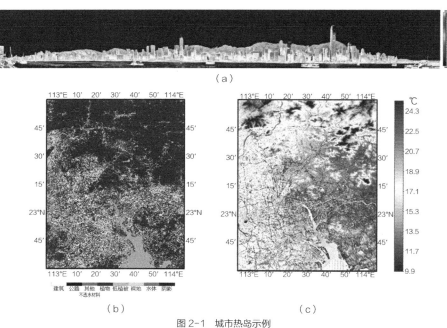

图 2-1　城市热岛示例

（a）香港岛区域红外照片（拍摄于 2016 年 12 月，香港尖沙咀星光大道码头）；
（b）广州地区地表类型数据（基于广州卫星图片的深度学习模型识别）；
（c）广州地区红外卫星图片反演地表温度（2021 年 1 月 19 日上午 10:00[①]）

①　数据来源：Ladsat 卫星。

图 2-1（c）分别是广州地区地表类型图，以及地表温度图。由图中可以看出在广州北部，主要以绿色植物为主，因此地表温度也偏低。然而，在广州南部，由于大量的建筑、道路等不透水路面的建设，地表温度显著高于北部：2021 年 1 月 19 日上午 10：00 左右卫星拍摄时刻，广州境内地表温差达 15℃以上。城市地表温度与农村地表温度的温差被定义为**城市地表热岛**（Surface Urban Heat Island，以下简称 SUHI）。**城市地表热岛强度**（SUHII）受太阳辐射影响最大，显示出日间城市地表热岛强度显著高于夜间的特征。

表 2-1　城市下垫面常见材料物性参数
(a) 单个城市和自然材料以及城市区域的反照率

表面	反照率 α
自然表面	
裸地[①]	
土壤（深色，潮湿）	$0.05 \sim 0.10$
土壤（深色，干燥）	$0.10 \sim 0.13$
土壤（浅色，潮湿）	$0.12 \sim 0.18$
土壤（浅色，干燥）	$0.18 \sim 0.30$
沙漠沙地	$0.20 \sim 0.45$
低植被	
草（长到短）	$0.16 \sim 0.26$
庄稼	$0.18 \sim 0.25$
湿地	$0.07 \sim 0.19$
苔原	$0.08 \sim 0.19$
森林	
落叶（裸到叶）	$0.13 \sim 0.20$
果园	$0.07 \sim 0.15$
松柏	$0.11 \sim 0.13$
水体[②]	
太阳高度角 $\beta > 60°$	$0.03 \sim 0.10$
$10° < \beta < 60°$	$0.10 \sim 0.50$
阴天	$0.05 \sim 0.10$
雪和冰[③]	
清新、寒冷、干净的雪	$0.80 \sim 0.90$
潮湿、干净的雪	$0.50 \sim 0.75$
陈旧、多孔、肮脏的雪	$0.40 \sim 0.50$
多年海冰	$0.55 \sim 0.75$
海冰	$0.30 \sim 0.60$
冰川冰	$0.20 \sim 0.40$

续表

表面	反照率 α
城市表面材料	
道路	
沥青（新鲜到风化）	$0.05 \sim 0.27$
混凝土[④]	$0.10 \sim 0.35$
墙壁	
混凝土	$0.10 \sim 0.35$
砖（颜色：红色到白色）	$0.20 \sim 0.60$
灰色和红色石头	$0.20 \sim 0.45$
石灰岩	$0.40 \sim 0.64$
木材	0.22
屋顶[⑤]	
瓷砖（黏土：旧到新）	$0.10 \sim 0.35$
瓦片（暗到亮）	$0.05 \sim 0.25$
焦油和砾石、沥青	$0.08 \sim 0.18$
板岩	$0.10 \sim 0.14$
杂草	$0.15 \sim 0.20$
波纹铁	$0.10 \sim 0.16$
镀锌钢（风化到新）	$0.37 \sim 0.45$
窗户	
透明玻璃	0.08
$\beta > 50°$	$0.09 \sim 0.52$
$10° < \beta < 50°$	$0.40 \sim 0.80$
绘画颜料	
白色，石灰水	$0.50 \sim 0.90$
红色、棕色、绿色	$0.20 \sim 0.35$
黑色	$0.02 \sim 0.15$
金属	
抛光金属	$0.50 \sim 0.90$
城市地区	
市区（无雪）	0.14
	$0.09 \sim 0.23$
市区（有雪）	$0.14 \sim 0.41$
郊区（无雪）	0.15
	$0.11 \sim 0.24$
城乡差异	$\Delta\alpha$U-R
城市—农村	-0.05
	$-0.09 \sim +0.03$
城市—农村（有雪）[⑥]	$-0.55 \sim +0.11$

注：① 如果粗糙、耕作，则降低；
　　② 如果表面搅拌，则降低；
　　③ 取决于晶体结构、密度和污染；
　　④ 混凝料和污物造成变动；
　　⑤ 高反照率屋顶材料值将提高到 0.4～0.8；
　　⑥ 雪增加了反照率，但比农村地区少。

（b）乡村和建筑材料的典型热性能

材料	状态	热容 C （MJ · m^{-3} · K^{-1}）	热导率 K （W · m^{-1} · K^{-1}）	热扩散系数 k （m^{-2} · S^{-1} · 10^{-6}）	热纳 μ_s （J · m^{-2} · s$^{-1/2}$ · K^{-1}）
\multicolumn{6}{c}{天然材料（农村和未开发城市场地）}
沙土 （40%孔隙度）	干燥 饱和	1.28 2.96	0.3 2.2	0.24 0.74	620 2550
黏土 （40%孔隙度）	干燥 饱和	1.42 3.10	0.25 1.58	0.18 0.51	600 2210
泥炭土 （80%孔隙度）	干燥 饱和	0.58 4.02	0.06 0.5	0.10 0.12	190 1420
雪	新鲜 老旧	0.21 0.84	0.08 0.42	0.10 0.40	130 595
冰	0℃，纯净	1.93	2.24	1.16	2080
水[①]	4℃，静止	4.18	0.57	0.14	1545
空气[①]	4℃，静止 4℃，湍流	0.001 2 0.001 2	0.025 0～125	21.5 0～10×10^6	5 390
\multicolumn{6}{c}{干燥状态下的建筑和建筑材料（已建场地）}
沥青路面	范围 典型	1.92～2.10 1.94	0.74～1.40 0.75	0.38～1.04 0.38	1205～1960 1205
混凝土	透气 密集	0.28 2.11	0.08 1.51	0.29 0.72	150 1785
石头	典型	2.25	2.19	0.97	2220
砖块	典型	1.37	0.83	0.61	1065
黏土砖	石碴	1.50	0.57	0.38	922
陶土瓦	—	1.77	0.84	0.47	1220
石碴	40% 空隙	1.30	0.86	0.66	1058
木材	轻 重	0.45 1.52	0.09 0.19	0.20 0.13	200 535
钢	—	3.93	53.3	13.6	14 475
玻璃	—	1.66	0.74	0.44	1110
灰泥	石膏	1.40	0.46	0.33	795
石膏板	典型	1.49	0.27	0.18	635
绝缘	聚苯乙烯 软木	0.02 0.29	0.03 0.05	1.50 0.17	25 120

注：① 性能取决于温度。

（数据来源：本书参考文献 [67]）

建筑和道路所使用的材料（如混凝土、水泥、沥青等）具有更大的比热容，可以在城市下垫面内蓄积大量热量，导致更多能量存储在城市下垫面并释放到空气中。常见材料的热工参数（如比热容、发射率、密度、导热系数等）见表2-1。基于城市与农村空气温差，可以定义**城市冠层热岛**（Canopy Urban Heat Island，CUHI）。城市下垫面的高蓄热特征也会导致在高密度城市（如香港等）上午时段升温较慢，从而出现城市空气温度短暂时刻低于农村温度的**城市冷岛现象**（图2-2）。图2-2中λ_p代表建筑面积比例，实线代表高密度城市，虚线代表中密度城市，空心圆代表农村地区。由图中可以看出，上午时间内由于城市的蓄热作用，城市冠层内的昼夜温差显著小于农村地区的昼夜温差，此现象随着建筑面积比例的上升更加明显。因此，高密度城市显示出早晨时段内空气温度低于农村温度，产生城市冠层冷岛现象，而夜晚冠层热岛达到全天最大值。其他研究表明，高密度城市在日间蓄积的热量会在晚上逐渐释放到空气中，导致城市冠层热岛在夜晚出现最大值，显著高于日间的冠层热岛强度。城市大量水泥、混凝土、沥青等建筑道路材料的应用产生了极强的蓄热能力，造成城市空气温度与地表温度的日变化特征产生相位差，因此，冠层热岛与地表热岛强度的最大值分别出现在夜间和日间。

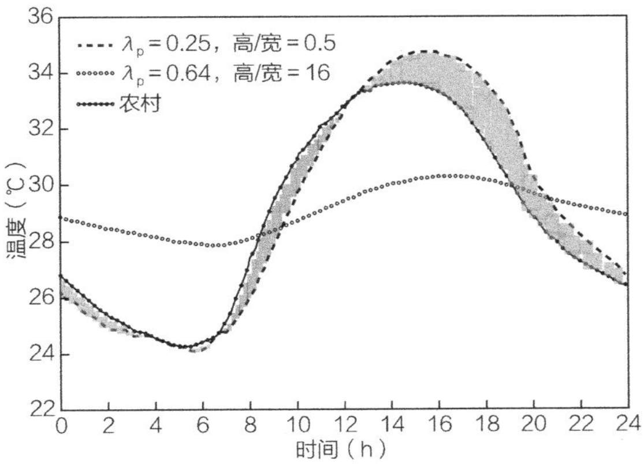

2. 城市表面几何形态改变

城市表面几何形态的变化对城市能量平衡造成两方面的影响。一方面，城市表面净辐射热流密度被改变，从而改变能量平衡；另一方面，由于建筑遮挡、地表粗糙度增加，造成大气边界层内风速发生改变，从而降低通风换热量。

由于建筑相互遮挡，导致**天空可视因子**（Sky View Factor，以下简称SVF；图2-3）降低。天空可视因子随着建筑密度的增加而降低。太阳短波辐射进入城市冠层后，会在建筑壁面间产生多次反射，城市冠层的整体反照率因此降低。城市冠层的整体反照率被定义为**等效反照率**（Effective Albedo）。等效反照率与建筑密度是非线性关系，随着建筑密度的增加有一个先降低后增加的过程（图2-4）。以香港所处地理位置为例，当建筑面积比例λ_p在0.5左右时，夏季等效反照率最低（图2-4），此时

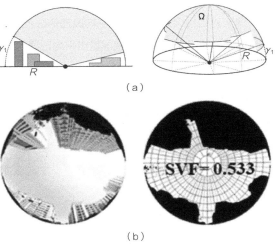

（a）

（b）

图2-3　天空可视因子定义和测量示意图
（a）天空可视因子计算示意图，浅灰色区域为可视面积；
（b）利用鱼眼相机实测城市街谷中的天空可视因子值，该测量点的
SVF值为0.533
（图片引用自：本书参考文献［47］）

图2-2　城市冷岛现象（图表 x 轴：时间（h）0–24，y 轴：温度（℃）22–36；图例：$\lambda_p = 0.25$，高/宽 = 0.5；$\lambda_p = 0.64$，高/宽 = 16；农村）

图2-2　城市冷岛现象
（图片修改自：本书参考文献［96］）

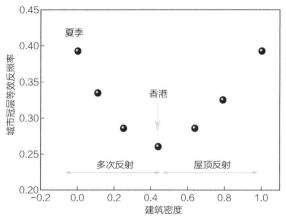

图2-4　建筑密度与城市冠层等效反照率的关系
（数据来源：本书参考文献［95］）

不利于城市冠层的降温。城市冠层等效反照率也与城市所处经纬度、街道朝向、建筑围护结构及街道的材料构成、太阳高度角等因素相关。天空可视因子的降低也会造成城市表面对太空的长波辐射散热受阻，从而降低长波散热。因此，城市短波辐射吸收能量的增加，以及长波辐射释放能量的降低综合导致城市冠层净辐射得热增加，为热岛的形成提供主要能量来源。

建筑遮挡也会造成城市内平均风速的降低，根据全国气象站点监测数据，我国城市平均风速自20世纪70年代以来逐年降低（图2-5）。

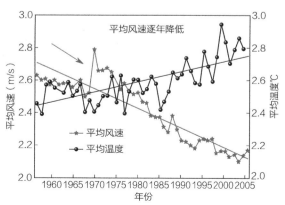

图2-5　我国城市平均风速逐年降低、气温逐年升高
（数据来源：本书参考文献［42］）

城市平均风速降低会减弱城市散热与污染物扩散的能力。城市对流散热降低进一步加剧城市热岛现象。如图2-1（a）所示，由于高层建筑顶部有较好的通风散热，以及长波辐射散热条件，建筑表面温度相比于城市冠层中近地面处的温度较低。

3. 居民生产生活活动产生废热

居民生产生活活动所释放热量主要分为三个主要领域：建筑、交通和工业。建筑中电器的使用、供暖空调，以及通风设备的运行、照明、人体新陈代谢放热等都会排放热量到城市大气环境中。如图2-6所示，城市中的**人为热**（Anthropogenic Heat）排放有显著的周变化、年变化周期性特征。图2-6中人为热总量在冬季明显高于夏季，且主要受天然气用量冬夏季的差异影响（天然气用量在夏季接近为0），说明该城市以供暖为主要能源需求的城市。该城市用电需求也在冬季存在略高于夏季的情况。除此之外，交通排热也占较大比例。图2-6中表明交通排热无年变化周期，只在每周中存在规律变化，说明交通通勤和假期对交通量可能存在显著影响。由于电动车的热—功转化效率高于燃油车，电动车占比的提升有助于交通排热的降低。工业排热主要包括工业生产过程中用到的燃料燃烧、化学反应，以及用电过程所释放的热量。

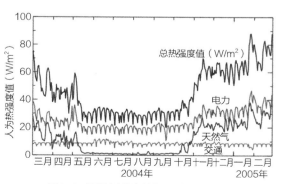

图2-6　法国城市图卢兹的人为热排放特征
（数据来源：本书参考文献［67］）

表 2-2 城市中典型区域人为热强度值

（a）城市（中尺度）

	每年	冬季	夏季
高密度城市	$60 \sim 160 \, \text{W/m}^2$	$100 \sim 300 \, \text{W/m}^2$	$> 50 \, \text{W/m}^2$
中密度城市	$20 \sim 60 \, \text{W/m}^2$	$50 \sim 100 \, \text{W/m}^2$	$15 \sim 50 \, \text{W/m}^2$
低密度城市	$5 \sim 20 \, \text{W/m}^2$	$20 \sim 50 \, \text{W/m}^2$	$< 15 \, \text{W/m}^2$

（b）街道（局部尺度）

	局地气候区（LCZ）	每小时值
高密度，城市中心	1，2	$100 \sim 1600 \, \text{W/m}^2$
中密度，城市中心	3	$30 \sim 100 \, \text{W/m}^2$
低密度，低层	6	$5 \sim 50 \, \text{W/m}^2$
重工业区	10	$300 \sim 650 \, \text{W/m}^2$

（数据来源：本书参考文献［67］）

上述各个领域产生的人为热排放总量在不同类型城市中可由表 2-2 中数据估计。在高密度城市、中等密度城市和低密度城市年平均人为热分别在 $60 \sim 160 \, \text{W/m}^2$，$20 \sim 60 \, \text{W/m}^2$，和 $5 \sim 20 \, \text{W/m}^2$ 左右。冬季人为热排放强度显著高于夏季，在高密度城市平均冬季人为热可高达 $300 \, \text{W/m}^2$。在同一城市的不同建成区域和时间，人为热也有较大变化。在高密度城市中心区域，最高小时人为热排放可高达 $100 \sim 1600 \, \text{W/m}^2$。

城市冠层热岛强度（UHII）与多个因素呈现显著相关关系，比如人口数量、背景风速、云量、气候背景。有研究表明，人口数量与热岛强度呈正相关关系，如图 2-7 所示。热岛强度与背景风速和云量呈负相关关系，即在晴朗夜间微弱背景风条件下热岛强度最大。气候背景也在热岛的形成过程中扮演重要角色，在干旱地区，城市热岛强度更加显著。

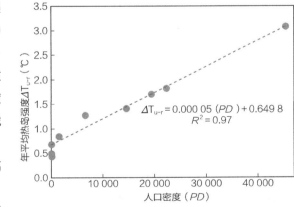

图 2-7 年平均热岛强度与人口密度的量化关系

（数据来源：本书参考文献［70］）

2.2 静稳天气下城市热岛影响范围

静稳天气时，在城市热岛的驱动力作用下，城市上空形成穹顶状热空气聚集区，我们将其命名为热穹顶（图 2-8）。热穹顶内空气流动由自然对流主导，浮力为主要驱动力。热穹顶不仅可以影响城市区域，还可以导致其周边的农村区域气温升高。

因此，确定热穹顶的水平延展范围有助于明确热穹顶能影响的区域。

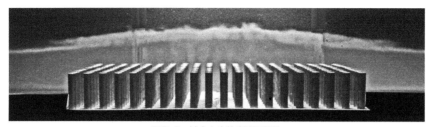

图 2-8 城市上空热穹顶可视化
注：深色代表温度高，浅色代表温度低，黑色区域未受到热穹顶影响（背景温度）

城市热穹顶流动（Urban Heat Dome）也被称为**城市热岛环流**，主要在静稳天气下形成。热穹顶流动特征是在近地面形成由农村到城市的**辐合**流动，[①] 在城市上空以湍流热羽流的形式向上升起，在远地面形成由城市到农村的辐散流动。整个流场和温度场形成一个穹顶的形状，因此被命名为热穹顶。在静稳天气下，热穹顶流动特征主导城市内的散热、通风与污染物扩散。热穹顶的垂直发展高度已经有较全面的研究，但是其水平延展范围仍然难以量化。主导热穹顶水平延展的机理和主要驱动因素仍然不明晰，没有物理模型来解释和预测热穹顶的水平尺度。

由于城市化的进程，城市与城市之间的距离越来越近形成城市群，比如我国的京津冀含雄安新区、长江三角洲、珠江三角洲、粤港澳湾区等城市群。城市群中每个城市都会形成一个热穹顶，相邻城市热穹顶之间可以发生相互作用，导致污染物的传输与扩散。因此，热穹顶的水平延展大小决定了相邻热穹顶是否会相互作用，对研究区域尺度上的热浪与污染物扩散有重要作用。热穹顶的发展是一个随时间变化的过程，通常在日出后 4 h 或日落 4~6 h 左右达到稳态。处于非稳态转变过程的热穹顶流动在本部分中不考虑。下文主要展示热穹顶水平延展相关计算的建模方法。

2.2.1 能量平衡模型

在假设热穹顶边界的湍流、能量扩散，以及潜热通量可以忽略的情况下，热穹顶与其所处下垫面的能量平衡模型可由式（2-1）描述。

$$\iint_{A_{pu}} H_u dA_{pu} = \iint_{A_{pr}} - H_r dA_{pr} \qquad (2-1)$$

式中　H_u——城市地区地表的热流密度，单位为 W/m^2；

　　　H_r——城市周边郊区区域的热流密度，单位为 W/m^2。

A_{pu}、A_{pr}——城市和周边郊区面积。

由于认为热穹顶处于稳态，因此热穹顶边界的卷吸增长作用忽略不计。城市由表面传递到空气中的正向热通量为热穹顶的维持提供动力见式（2-1）的左侧，夜间空气向郊区地面的负向热通量将能量耗散见式（2-1）的右侧。该过程如图 2-9 所示。

D（m）和 D_d（m）分别代表城市直径和热穹顶直径。T_{su}（K）和 T_{sr}（K）分别代表城市与郊区的平均地表温度。T_u（K）和 T_r（K）分别代表城市与郊区的平均空气温度。z_r（m）为反转高度。q（m³/s）为辐合流动的流量。因为假设稳态，辐合流与辐散流的流量相等。

---

① 辐合：由四周向中心的聚合；辐散：由中心向四周的发散。

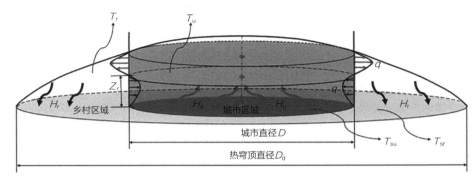

图 2-9 热穹顶能量平衡模型示意图

热穹顶能量平衡的控制方程如式（2-2）至式（2-5）（Fan et al., 2017）所示。

$$\rho c_p q (T_r - T_u) + h_c A_{tu} (T_{su} - T_u) + q_a A_{pu} = 0 \tag{2-2}$$

$$A_{tu} \lambda_M \sum_{\substack{j=-\infty \\ j \neq 0}}^{+\infty} \frac{1+i}{d_{ju}} \tilde{T}_{su}(j\omega) \exp(ij\omega t) = (1-\alpha_u) A_{pu} q_{sol} - h_c A_{tu} (T_{su} - T_u) - A_{tu} q_{rad,u} \tag{2-3}$$

$$\rho c_p q (T_u - T_r) + h_c A_{pr} (T_{sr} - T_r) = 0 \tag{2-4}$$

$$A_{pr} \lambda_M \sum_{\substack{j=-\infty \\ j \neq 0}}^{+\infty} \frac{1+i}{d_{jr}} \tilde{T}_{sr}(j\omega) \exp(ij\omega t) = (1-\alpha_r) A_{pr} q_{sol} - h_c A_{pr} (T_{sr} - T_r) - A_{pr} q_{rad,r} \tag{2-5}$$

式中　ρ——空气密度，单位为 kg/m³；

　　　c_p——比热容，单位为 J/（kg·K）；

　　　h_c——对流换热系数，单位为 W/（m²·K）；

　　　T_{su}——城市平均地表温度，单位为 K；

T_{sr}——郊区的平均地表温度，单位为 K；

T_u——城市平均空气温度，单位为 K；

T_r——分别是郊区平均空气温度，单位为 K。

对于理想圆形城市，热穹顶在地面的投影仍然为圆形。$A_{pu} = \dfrac{\pi D^2}{4}$（单位为 m²）和 $A_{pr} = \dfrac{\pi D_d^2}{4} - \dfrac{\pi D^2}{4}$（单位为 m²）分别是城市面积和郊区面积。$A_{tu} = A_{pu} + A_{wu}$（单位为 m²）是城市全表面积（包括建筑墙面、屋顶和非建筑区域地面）。A_{wu}（单位为 m²）是全部建筑壁面面积。q（单位为 m³/s）是辐合流或辐散流流量。q_a（单位为 W/m²），q_{sol}（单位为 W/m²），$q_{rad,u}$（单位为 W/m²）和 $q_{rad,r}$（单位为 W/m²）分别是人为热热流密度、太阳辐射热流密度、城市长波辐射热流密度和郊区长波辐射热

流密度。α_u 和 α_r 分别是城市和郊区的等效反照率。λ_M [单位为 W/（m·K）] 是下垫面的导热系数。d_{ju}（单位为 m）和 $\tilde{T}_{su}(j\omega)$（单位为 K）分别是城市的温度穿透深度和温度波动幅度。d_{jr}（单位为 m）和 $\tilde{T}_{sr}(j\omega)$（单位为 K）分别是郊区的温度穿透深度和温度波动幅度。i 是虚数单位。ω（单位为 rad/s）是角频率。

基于杨等人（Yang et al.）的研究，控制方程可以通过定义以下参数的方式进行简化，从而更容易求解，并揭示其内在影响的物理规律。定义 $f_w = \dfrac{A_{wu}}{A_{pu}}$ 为建筑墙面总面积和城市平面面积的比值。

$\lambda = \dfrac{h_c A_{pu}}{(\rho \cdot c_p \cdot q)}$ 为无量纲对流换热系数。$\lambda_{sky,u} =$

$\dfrac{h_{rad,u} \cdot A_{pu}}{(\rho \cdot c_p \cdot q)}$ 和 $\lambda_{sky,r} = \dfrac{h_{rad,r} \cdot A_{pu}}{(\rho \cdot c_p \cdot q)}$ 分别是城市

和郊区的天空辐射无量纲传热系数，其中 $h_{rad,u} = h_{rad} \cdot F_{svf}$（W/m²）和 $h_{rad,r} = h_{rad}$（单位为 W/m²）分别为城市和郊区的辐射对流换热系数；h_{rad}（单位为 W/m²）是辐射对流换热系数。$q_{rad,r} = h_{rad,r}$（$T_{sr} - T_{sky}$）和 $q_{rad,u} = h_{rad,u}$（$T_{su} - T_{sky}$）为辐射换热量。F_{svf} 城市地区平均天空可视因子。T_{sky}（单位为 K）天空背景温度。由各类热源（人为热、城市太阳辐射、

城市显热、郊区太阳辐射）产生的温度增量定义如下：

$$\Delta T_a = \frac{q_a \cdot A_{pu}}{(\rho \cdot c_p \cdot q)}, \quad \Delta T_{sol,u} = \frac{(1 - \alpha_u)\, q_{sol} \cdot A_{pu}}{(\rho \cdot c_p \cdot q)},$$

$$\Delta T_u = \frac{H_u \cdot A_{pu}}{(\rho \cdot c_p \cdot q)}, \quad \Delta T_{sol,r} = \frac{(1 - \alpha_r)\, q_{sol} \cdot A_{pu}}{(\rho \cdot c_p \cdot q)}。$$

城市和郊区地区的显热通量可以分别表示为

$$H_u = \frac{[h_c \cdot A_{tu}(T_{su} - T_u) + q_a \cdot A_{pu}]}{A_{pu}} \ \text{和}$$

$$H_r = h_c (T_{sr} - T_r)。$$

基于以上简化及参数的定义，式（2-2）至式（2-5）可以表示为式（2-6）至式（2-9）：

$$\lambda (1 + f_w) T_{su} + T_r + \Delta T_a = [1 + \lambda(1 + f_w)] T_u \qquad (2\text{-}6)$$

$$\frac{1}{1 + f_w} \Delta T_{sol,u} = (\lambda + \lambda_{sky,u}) T_{su} - (\lambda \cdot T_u + \lambda_{sky,u} T_{sky}) \qquad (2\text{-}7)$$

$$\lambda \cdot A_{pr} \cdot T_{sr} + A_{pu} T_u = (A_{pu} + \lambda \cdot A_{pr}) T_r \qquad (2\text{-}8)$$

$$\Delta T_{sol,r} = (\lambda + \lambda_{sky,r}) T_{sr} - (\lambda \cdot T_r + \lambda_{sky,r} \cdot T_{sky}) \qquad (2\text{-}9)$$

上述控制方程的解析解如下所示：

$$T_u = \frac{(\lambda + \lambda_{sky,u})(\Delta T_a - \Delta T_u) + \lambda[(1 + f_w)\lambda_{sky,u} \cdot T_{sky} + \Delta T_{sol,u}]}{(1 + f_w)\lambda_{sky,u} \cdot \lambda}$$

$$T_{su} = \frac{\Delta T_a - \Delta T_u + (1 + f_w)\lambda_{sky,u} \cdot T_{sky} + \Delta T_{sol,u}}{(1 + f_w)\lambda_{sky,u}}$$

$$T_r = \frac{(\lambda_{sky,u} + \lambda)\Delta T_a + \lambda[(1 + f_w)\lambda_{sky,u} \cdot T_{sky} + \Delta T_{sol,u}] - [\lambda + \lambda_{sky,u} \cdot \lambda(1 + f_w) + \lambda_{sky,u}]\Delta T_u}{(1 + f_w)\lambda_{sky,u} \cdot \lambda}$$

$$T_{sr} = \frac{(\lambda_{sky,u} + \lambda)\Delta T_a + \lambda[(1 + f_w)\lambda_{sky,u} \cdot T_{sky} + \Delta T_{sol,u}] + \lambda_{sky,u}(1 + f_w)(\lambda_{sky,r} \cdot T_{sky} + \Delta T_{sol,r})}{(1 + f_w)(\lambda_{sky,r} + \lambda)\lambda_{sky,u}} -$$

$$\frac{[\lambda + \lambda_{sky,u} \cdot \lambda(1 + f_w) + \lambda_{sky,u}]\Delta T_u}{(1 + f_w)(\lambda_{sky,r} + \lambda)\lambda_{sky,u}}$$

$$\frac{D_d}{D} = \sqrt{\frac{\begin{array}{l}(\lambda_{sky,u} + \lambda)\Delta T_a \lambda_{sky,r} + \lambda \cdot \lambda_{sky,r}\Delta T_{sol,u} - (1 + f_w)\lambda \cdot \lambda_{sky,u}\Delta T_{sol,r} \\ (\lambda_{sky,u} + \lambda)\Delta T_a \cdot \lambda_{sky,r} + \lambda \cdot \lambda_{sky,r}\Delta T_{sol,u} - (1 + f_w)\lambda \cdot \lambda_{sky,u} \cdot \Delta T_{sol,r} - \lambda_{sky,r} \cdot \Delta T_u[\lambda + \lambda_{sky,u} + \lambda \cdot \lambda_{sky,u}(1 + f_w)] \\ \Delta T_u\{\lambda_{sky,u}[\lambda_{sky,r} \cdot f_w + (1 + f_w)\lambda] - \lambda \cdot \lambda_{sky,r}[1 + \lambda_{sky,u}(1 + f_w)]\}\end{array}}{(\lambda_{sky,u} + \lambda)\Delta T_a \lambda_{sky,r} + \lambda \cdot \lambda_{sky,r}\Delta T_{sol,u} - (1 + f_w)\lambda \cdot \lambda_{sky,u}\Delta T_{sol,r} - \lambda_{sky,r}\Delta T_u[\lambda + \lambda_{sky,u} + \lambda \cdot \lambda_{sky,u}(1 + f_w)]} \;+}$$

在夜间情况没有太阳辐射，因此，包含 $\Delta T_{sol,r}$ 和 $\Delta T_{sol,u}$ 项的值为 0。热穹顶直径和城市直径的比值可以简化为下列表达式

$$\frac{D_d}{D}=\sqrt{\frac{1+(B-A)\Delta T_u}{(C\cdot\Delta T_a-A\cdot\Delta T_u)}}=\sqrt{\frac{1+(B-A)H_u}{(C\cdot q_a-A\cdot H_u)}},$$

其中 $A=\lambda_{sky,r}[\lambda+\lambda_{sky,u}+\lambda\cdot\lambda_{sky,u}(1+f_w)]$，$B=\lambda_{sky,u}(\lambda+\lambda_{sky,r})(1+f_w)$，$C=\lambda_{sky,r}(\lambda+\lambda_{sky,u})$。由上述结果可见，热穹顶与城市直径的比值 $\frac{D_d}{D}$ 与城市显热通量和人为热有关。由于城市显热，以及人为热排放均会影响城市和郊区温度，进一步影响郊区显热通量，因此郊区的显热通量也是影响比值结果的重要因素。

夜间城市人为热的典型值为 $q_a=45\,\mathrm{W}\cdot\mathrm{m}^{-2}$。城市直径假设为 $D=40\,\mathrm{km}$。根据杨等人的研究结果，城市反照率、郊区反照率、天空背景温度、建筑墙面比例等可分别设置为 $\alpha_u=0.2$，$\alpha_r=0.3$，

$T_{sky}=293.15\,\mathrm{K}$，和 $f_w=\dfrac{A_{wu}}{A_{pu}}=0.8$。城市的平均天空可视因子设置为 $F_{svf}=0.12$。典型背景分层的浮力频率为 $N=0.015\,\mathrm{s}^{-1}$。典型辐射换热系数和对流换热系数分别为 $h_{rad}=5\,\mathrm{W}\cdot\mathrm{m}^{-2}\cdot\mathrm{K}^{-1}$ 和 $h_c=18\,\mathrm{W}\cdot\mathrm{m}^{-2}\cdot\mathrm{K}^{-1}$。热穹顶的流量可以通过 $q=\int_0^{z_r}\pi D\cdot u_D\cdot\mathrm{d}z$ 估算，其中 $u_D=\left[\dfrac{g\cdot\beta\cdot D\cdot H_u}{\rho\cdot c_p}\right]^{\frac{1}{3}}(\mathrm{m/s})$ 是热穹顶速度尺度，$z_r=\dfrac{1.03\,u_D}{N}$（单位为 m）是逆转高度。

基于上述参数值，结果可通过表达式 $\dfrac{D_d}{D}=$ $\sqrt{\dfrac{1+(B-A)\Delta T_u}{(C\cdot\Delta T_a-A\cdot\Delta T_u)}}=\sqrt{\dfrac{1+(B-A)H_u}{(C\cdot q_a-A\cdot H_u)}}$ 计算。结果如图 2-10～图 2-12 所示。

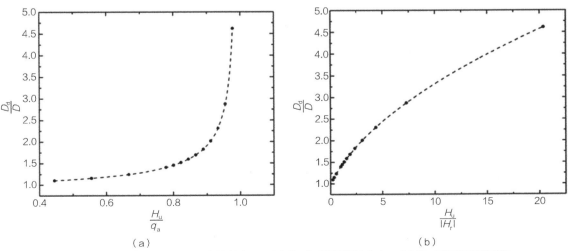

（a）　　　　　　　　　　　　　　　　　（b）

图 2-10　当城市直径 $D=40\,\mathrm{km}$，浮力频率 $N=0.015\,\mathrm{s}^{-1}$，建筑墙面占比 $f_w=0.8$ 时，显热通量比值关系
（a）热穹顶与城市直径的比值与城市显热通量和人为热通量比值的关系；（b）城市与郊区显热通量比值的变化关系
（图片引用自：本书参考文献 [19]）

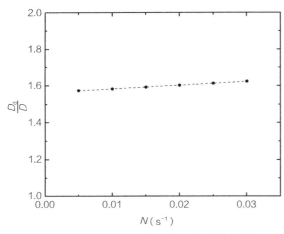

图 2-11 热穹顶与城市直径的比值与浮力频率的变化关系
（图片引用自：本书参考文献 [19]）

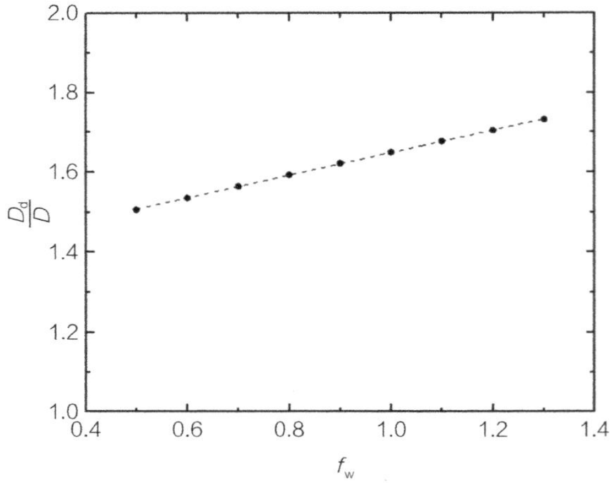

图 2-12 热穹顶与城市直径的比值与建筑墙面占比的变化关系
（图片引用自：本书参考文献 [19]）

基于图 2-10 到图 2-12 中的结果，可分别拟合得到下述关系式：$\dfrac{D_d}{D} = \sqrt{1 + \dfrac{0.265 \dfrac{H_u}{q_a}}{1 - \dfrac{H_u}{q_a}}}$，$\dfrac{D_d}{D} =$

$\sqrt{1 + \dfrac{H_u}{|H_r|}}$，$\dfrac{D_d}{D} = 2.00\,N + 1.56$，$\dfrac{D_d}{D} = 0.28\,f_w + 1.37$。

根据以往研究典型的城市与郊区显热通量如图 2-13 所示，基于上图数据可以计算得到 $\dfrac{H_u}{|H_r|}$。

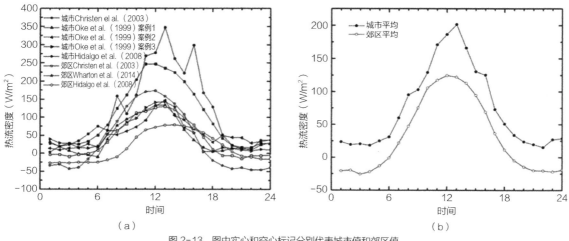

图 2-13 图中实心和空心标记分别代表城市值和郊区值
（数据来源：本书参考文献 [15]、[38]、[66]、[90]）

基于图 2-13 中数据，夜间 $\dfrac{H_{\mathrm{u}}}{|H_{\mathrm{r}}|}$ 在 1～10 左右，因此根据能量平衡方程解，可得 $\dfrac{D_{\mathrm{d}}}{D}$（热穹顶直径与城市直径比值）在 1.5～3.5 左右。尽管 $\dfrac{D_{\mathrm{d}}}{D}$ 随着浮力频率和建筑墙面比例的增加而增加，但是变化并非很大（图 2-11、图 2-12）。增加建筑墙面比例会导致城市内对流换热增加，更多能量在城市区域释放到热穹顶内，为热穹顶的发展提供动力，因此也需要更大的热穹顶直径在郊区进行能量释放。

2.2.2　线性模型

在无背景风情况下，武科维奇（Vukovich）提出了线性模型用于计算热穹顶流动。该方法通过把控制方程中的对流项替换为摩擦项来实现方程线性化。线性化后的控制方程可用式（2-10）和式（2-11）表示。

$$\frac{\partial \cdot u}{\partial \cdot t} + Ku = -\frac{1}{\rho_0} \cdot \frac{\partial \cdot p}{\partial \cdot x} \quad (2-10)$$

$$\frac{\partial \cdot w}{\partial \cdot t} + Kw = -\frac{1}{\rho_0} \cdot \frac{\partial \cdot p}{\partial \cdot z} - \frac{\rho}{\rho_0} \cdot g \quad (2-11)$$

式中　u——水平速度的波动值，单位为 m/s；

　　　w——垂直速度的波动值，单位为 m/s；

　　　t——代表时间，单位为 s；

　　　K——摩擦系数，单位为 s^{-1}；

　　　ρ_0——参考密度，单位为 kg/m^3；

　　　ρ——密度波动值，单位为 kg/m^3；

　　　p——压力波动值，单位为 Pa；

　　　x——横坐标，单位为 m；

　　　z——纵坐标，单位为 m；

　　　g——重力加速度，单位为 m/s^2。

通过定义流线方程 $u = \dfrac{\partial \psi}{\partial z}$ 和 $w = -\dfrac{\partial \psi}{\partial x}$，上述控制方程可以化简为如下式（2-12）。

$$\left(\frac{\partial}{\partial \cdot t} + K \right)\left(\frac{\partial^2 \cdot \psi}{\partial \cdot x^2} + \frac{\partial^2 \cdot \psi}{\partial \cdot z^2} \right) + \frac{\partial \cdot g'}{\partial \cdot x} = 0 \quad (2-12)$$

式中　$g' = -\dfrac{\rho g}{\rho_0}$，单位为 m/s^2。

能量守恒方程可写作式（2-13）。

$$\frac{\partial \cdot g'}{\partial \cdot x} - N^2 \cdot \frac{\partial^2 \cdot \psi}{\partial \cdot x} = q' \cdot \cos(kx) \cdot H(h-z) \quad (2-13)$$

式中　$N = \sqrt{\dfrac{g}{\theta_0(\partial \cdot \theta / \partial \cdot z)}}$——浮力频率，单位为 s^{-1}；

　　　$q' = \dfrac{Q' \cdot g}{\theta_a}$——热流强度；

　　　Q'——波动的热流强度变化率。城市中热流密度假设为正弦曲线变化，且限制在混合高度 h 以下；

　　　$H(h-z)$——赫维赛德函数（Heaviside unit Function）

　　　$k = \dfrac{\pi}{D}$（D 为城市直径），因此在城市边缘处（$x = \dfrac{D}{2}$）热流密度为 0。

将式（2-13）代入式（2-12），并忽略项 $\dfrac{\partial^2 \cdot \psi}{\partial \cdot x^2}$，可以得到式（2-14）。

$$\left(\frac{\partial^2}{\partial \cdot t^2} + K \cdot \frac{\partial}{\partial \cdot t} \right) \frac{\partial^2 \cdot \psi}{\partial \cdot z^2} + N^2 \cdot \frac{\partial^2 \cdot \psi}{\partial \cdot x^2} = q' \cdot k \cdot \sin(kx) \cdot H(h-z) \qquad （2-14）$$

式中　Z——计算域的上边界。

上述方程的边界条件为：在 $z=0$ 和 $t \geq 0$ 时，$\psi=0$；在 $z=Z$ 和 $t \geq 0$ 时，$\psi=0$，以及在 $0 \leq z \leq Z$ 和 $t=0$ 时，$\psi=\dfrac{\partial \cdot \psi}{\partial \cdot t}=0$。通过加入边界条件，可求解式（2-14）得到流线方程式（2-15）。

$$\psi = \sum_{i=1}^{n} \left(-\frac{2 c_{pi} \cdot q'}{k \cdot N_2^2 \cdot N_1} \right) \left\{ 1 - \frac{c_{pi} \cdot k}{\sqrt{c_{pi}^2 \cdot k^2 - \left(\frac{K}{2} \right)^2}} \exp\left(-\frac{K}{2} t \right) \sin\left[t \sqrt{c_{pi}^2 \cdot k^2 - \left(\frac{K}{2} \right)^2} + \phi \right] \right\}$$

$$\sin(kx) \left[1 - \cos\left(\frac{N_1 h}{c_{pi}} \right) \right] \left\{ \left(\frac{N_1}{N_2} \right)^2 h + \frac{(Z-h)\sin^2\left(\dfrac{N_1 \cdot h}{c_{pi}} \right)}{\sin^2 \left[\dfrac{N_2(h-Z)}{c_{pi}} \right]} \right\}^{-1} \sin\left(\frac{N_1 \cdot z}{c_{pi}} \right); \quad 当 0 \leq z \leq h 时$$

$$\psi = \sum_{i=1}^{n} \left(-\frac{2 c_{pi} \cdot q'}{k \cdot N_2^2 \cdot N_1} \right) \left\{ 1 - \frac{c_{pi} \cdot k}{\sqrt{c_{pi}^2 \cdot k^2 - \left(\frac{K}{2} \right)^2}} \exp\left(-\frac{K}{2} t \right) \sin\left[t \sqrt{c_{pi}^2 \cdot k^2 - \left(\frac{K}{2} \right)^2} + \phi \right] \right\}$$

$$\sin(kx) \left[1 - \cos\left(\frac{N_1 \cdot h}{c_{pi}} \right) \right] \left\{ \left(\frac{N_1}{N_2} \right)^2 h + \frac{(Z-h)\sin^2\left(\dfrac{N_1 \cdot h}{c_{pi}} \right)}{\sin^2 \left[\dfrac{N_2(h-Z)}{c_{pi}} \right]} \right\}^{-1} \sin\left(\frac{N_1 \cdot h}{c_{pi}} \right) \qquad （2-15）$$

$$\sin\left[\frac{N_2(z-Z)}{c_{pi}} \right] \sin^{-1}\left[\frac{N_2(h-Z)}{c_{pi}} \right] \quad 当 h \leq z \leq Z 时，$$

式中　N_1——0 到 h 之间的浮力频率；

　　　N_2——h 到 Z 之间的浮力频率；

$$\phi = \frac{\sqrt{c_{pi}^2 k^2 - \left(\dfrac{K}{2} \right)^2}}{\dfrac{K}{2}} 以及 c_{pi} 是下列方程（2-16）的解。$$

$$N_1 \cdot \cot\left(\frac{N_1 \cdot h}{c_{pi}}\right) + N_2 \cdot \cot\left[\frac{N_2(Z-h)}{c_{pi}}\right] = 0 \qquad (2\text{-}16)$$

水平速度分量可以通过式（2-15）得到。对于常见的边界层高度，可以由 $h = -\dfrac{|x|}{20} + 1000$（单位为 m）假设。城市中心为坐标原点中心，城市直径 D 假设为 20 km。摩擦系数 K 为 $1 \times 10^{-4}\,\mathrm{s}^{-1}$。时刻 t 选择 1800 s。加热速率为 $Q' = \dfrac{1}{1800\,\mathrm{K \cdot s}^{-1}}$。计算域上边界 $Z = 10$ km。城市中心的边界层高度 h_0 假设为 1 km。不同高度的浮力频率 N_1 和 N_2 假设一样为 $0.0179\,\mathrm{s}^{-1}$。参考温度 $\theta_0 = 300$ K。

将上述参数代入式（2-15）、式（2-16）可得结果如图 2-14 所示。

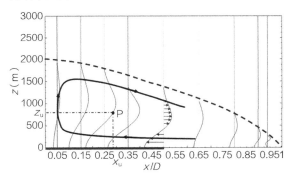

图 2-14　城市不同位置处的水平速度廓线分布图
（图片引用自：本书参考文献［19］）

基于线性模型得到的热穹顶水平尺度是城市直径的 2 倍（图 2-14）。基于式（2-15），当 $x = D$ 时，式中 $\sin(kx)$ 项为零，表明热穹顶直径为 2 倍的城市直径。

2.2.3　结论

城市热穹顶由城市热岛驱动，将升温作用从城市区域扩展到相邻的郊区。除了温度会受到热穹顶影响，污染物也在热穹顶范围内进行扩散，扩大影响范围。本章节中，基于提出的能量平衡模型和线性模型分析发现，热穹顶的水平尺度通常为城市直径的 1.5 ～ 3.5 倍。该项研究首次从物理机制的角度揭示了城市热穹顶对城市以外地区的风热环境和污染物扩散的影响规律，并量化了热穹顶的影响范围。

2.3　中国城市热岛特征

城市热岛是城市气候的其中一种表现形式。由于城市热岛现象，城市内的温度与郊区温度存在显著差异，产生不同建筑的供暖制冷负荷特征，以及室外热舒适特征。城市热岛存在明显的日变化规律（通常白天低于夜间），季节变化规律，并且不同城市的城市热岛强度也会表现明显差异。除此之外，城市热岛与背景气候也存在关联，产生可能的协同作用。比如热浪对城市热岛强度有放大作用。城市热岛特征对建筑能耗的影响也与背景气候有关。例如，处于严寒地区的城市，通常具有显著的供暖负荷，此时城市热岛有助于降低供暖负荷。相反，处于热带地区的城市，城市热岛无论对于建筑能耗还是室外热舒适都会产生显著的负面影响。

高时空分辨率热岛强度的量化对评估城市热岛对建筑能耗的影响至关重要。热岛通常有两种量化方式：**城市冠层热岛强度**（UHII）和**地表热岛强度**（SUHII）。地表热岛强度可以通过卫星遥感红外图片获取，并且在城市尺度上有着较高的空间分辨率（最高可达 30 m，如 MODIS 和 LandSat 卫星产品等）。然而，卫星遥感数据的主要限制在于时间分辨率较低，通常一天内最多只有 1 个时刻或者 2

个时刻有卫星处于待观测点上空。另外，由于云层遮挡和雾霾等天气原因，也会影响卫星成像数据。当使用地表热岛强度（SUHII）数据进行建筑能耗相关模拟时，也会造成较大的误差。因此，城市冠层热岛强度（UHII）是用于建筑能耗模拟的理想参数，并且城市冠层热岛强度所体现的空气温度直接影响建筑冷热负荷。在本节中，将系统研究和展示我国不同气候区、不同城市的热岛特征，从而为精准建筑能耗模拟和健康低碳舒适的城市气候设计提供参考。

2.3.1　主要方法

我国幅员辽阔，具有不同特征的气候区。不同气候区内平均温度、湿度、降水等均有差异。基于当地气候特征和建筑用能特征，我国划分了 5 个建筑气候分区：**严寒地区**（Sever Cold Region，以下简称 SCR），**寒冷地区**（Cold Region，以下简称 CR），**夏热冬冷地区**（Hot Summer Cold Winter Region，以下简称 HSCWR），**夏热冬暖地区**（Hot Summer Warm Winter Region，以下简称 HSWWR）**和温和地区**（Mild Region，以下简称 MR）。我们收集了 2019 年各个城市相关气象站点的小时气象数据用于城市热岛强度的计算。对于同一个城市的热岛计算，必须包含代表城市气温的气象站点（城市站）和代表农村气温的气象站点（农村站），我们称为"站点对"。站点对的选取标准如下：① 城市站应该位于建成区域，且在 1 km 范围内无大面积的公园和水体。② 站点对的海拔高度差应该小于 100 m，从而避免由于海拔高差引起的温度变化。③ 农村站应该位于对应城市的农村区域，距离农村建成区域超过 2 km，距离对应的城市站应该小于 100 km。④ 城市站和农村站均应该距离海岸线 5 km 以上。⑤ 气象站点的数据完整度在 95% 以上，对于满足标准且缺失数据的站点将采用插值的方法获得。基于上述标准，61 个地级市和 136 个县级市存在满足上述要求的站点对，可以进一步计算相应的城市热岛强度。典型的站点对（宝鸡市）选取如图 2-15 所示。

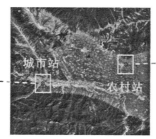

图 2-15　典型站点对及周边下垫面特征的示意图
（图片引用自：本书参考文献 [27]）

城市热岛强度（$UHII_t$）计算方法如式（2-17）所示。

$$UHII_t = U_t - R_t \qquad (2\text{-}17)$$

式中　$UHII_t$——t 时刻的城市热岛强度；

U_t——t 时刻的城市空气温度，单位为℃；

R_t——t 时刻的郊区空气温度，单位为℃。

城市热岛强度通常表现出昼夜变化特征。由于天气条件复杂，不同日期的城市热岛强度日变化曲线存在差异。因此，本书提出了热岛强度合成**日变化曲线**（Synthetic Diurnal UHII Profile），即用 $UHII_{SD}$[参见式（2-18）]表示，从而展示典型的热岛强度日变化特征。

$$UHII_{\text{SD}} = \frac{\sum_{n=1}^{N} UHII_{\text{t}}(n)}{N} \quad （2\text{-}18）$$

式中　$\sum_{n=1}^{N} UHII_{\text{t}}(n)$——热岛强度在一年当中第 $n(n=1\sim365)$ 天，一天 24 小时中某个特定时刻 $t(t=0\sim23)$ 的数值

某日的日平均热岛强度由式（2-19）定义。

$$UHII_{\text{d}} = \frac{\sum_{t=0}^{23} UHII_{\text{t}}}{24} \quad （2\text{-}19）$$

类似地，月平均热岛强度、季节平均热岛强度、年平均热岛强度均可按照此规律定义。

2.3.2　我国主要城市热岛强度时空分布特征

各大城市的年平均热岛强度范围为 0.03～3.1℃。其中 52.3% 城市的年均热岛强度温度在 0.5～1℃之间。分析了不同城市年均热岛强度与日均热岛强度的最大值或日均热岛强度的中位数之间的关系，结果如图 2-16 所示。结果表明年均热岛强度与日均热岛强度中位数（图 2-16a），以及日均热岛强度最大值（图 2-16b）呈正相关关系。其中日均热岛强度中位数中的 $R^2=0.97$，其可以很好地代表年均热岛强度。与图 2-16（a）相比，图 2-16（b）中更分散的数据点表明，日均热岛强度最大值与年均热岛强度的相关性较弱（$R^2=0.26$）。这表明大尺度背景天气，如极端热浪、强对流天气等，偶尔会影响日均热岛强度，导致日均热岛强度出现极端值。日均热岛强度最大值与年均热岛强度的偏差较大，这表明在城市规划和决策中应考虑极端天气条件，以避免造成严重破坏和损失。

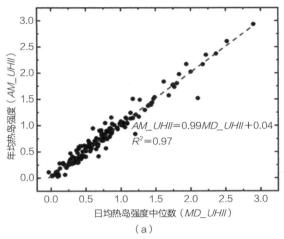

（a）

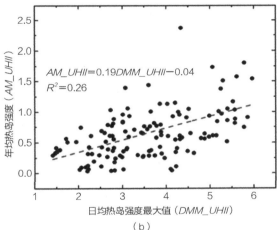

（b）

图 2-16　城市年均热岛强度与日均热岛强度之间的关系
（a）年均热岛强度与日均热岛强度中位数的关系；
（b）年均热岛强度与日均热岛强度最大值的关系
（图片引用自：本书参考文献 [89]）

热岛强度的时间变化特征如图 2-17 所示。图 2-17（a）给出了基于严寒地区城市全年数据的合成日热岛强度日变化特征。大多数城市呈现"U"形变化规律，即夜间高，白天低。$UHII_{\text{SD}}$ 在日出后 6:00 左右开始下降，因为农村地区气温由于其相对较低的热容量而迅速升高，从而导致城市与农村地区的差值减小。在 10:00—14:00 期间，$UHII_{\text{SD}}$ 达到最低值，并在 16:00 左右太阳辐射急剧下降时开始升高。至于季节平均热岛强度（图 2-17b），

夏季呈现最低值，冬季呈现最高值。由于建筑物的供暖需求，太阳辐射强度值相对较低和人为热排放量较高，导致冬季热岛强度显著高于其他季节。春季热岛强度值与秋季相似。需要说明的是，其他城市合成日热岛强度的时间变化规律与图 2-17 所示的严寒地区典型城市相似。

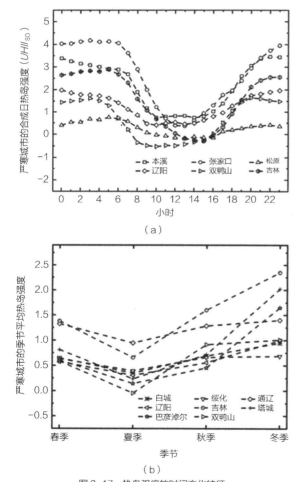

图 2-17　热岛强度的时间变化特征
（a）严寒城市合成日热岛强度值（$UHII_{SD}$）；
（b）严寒城市季节平均热岛强度
（图片引用自：本书参考文献 [89]）

2.4　城市地表信息识别

2.4.1　背景介绍

建筑面积密度、绿色（植被）或蓝色（水）空间比例、道路面积／比例，对于建筑环境分析和管理、城市和区域规划等城市地表类型信息非常重要。不同的土地覆盖类型对城市风／热环境、空气质量和碳源／汇具有显著影响。室外风／热环境和空气污染不仅影响室内环境，而且影响建筑能耗。例如，城市绿地不仅对附近地区有冷却作用，而且对减少空气污染物也有影响，进一步会影响居民对空调和空气净化装置的使用。土地覆盖信息可以为城市规划者和决策者提供有价值的参考。卫星图像等遥感数据是获取土地覆盖信息的理想数据源，因为它可以覆盖大范围，并具有高空间和时间分辨率。基于卫星图像的土地覆盖分类系统和产品已经建立并得到广泛使用，例如，中国国家土地利用／覆盖数据库（NLUD-C）和中分辨率成像光谱仪土地覆盖产品。然而，这些产品通常具有 30 m 或更粗的空间分辨率。为了在大范围内获取更高空间分辨率的土地覆盖信息，**高空间分辨率**（HSR）卫星影像开始被采用。详细的地表信息，如建筑物和汽车，可以在 HSR 卫星影像中识别出来。然而，巨大的数据量和复杂的城市表面组成阻碍了大尺度（从城市尺度到区域和全球尺度）的快速识别和信息提取。最近，基于机器学习和深度学习的方法具有高精度和高效率的特征，因而被开发并开始在自动城市表面识别场景中应用。

基于对象的**图像分析**（OBIA）方法是一种基于机器学习的技术，这种技术已经得到了广泛应用，它被应用于卫星图像绘制土地覆盖图。OBIA 的第一步是将影像分割成空间和光谱相似的像素组。然后，这些像素组将被构造为对象。以下分类程序是基于对这些对象而不是像素的分析。机器学习分类器，例如**决策树**（DT）和**随机森林**（RF），经常被用来将图像中的对象分类到某些类别中。通常情况下 OBIA 方法的效果会受到许多因素影响，例如初始目标分割尺度的选择、每个光谱带的权重，以及特征的选择，这些都需要专业知识。因此，很难获得适合所有图像的通用配置。让某些图像识别精度最高的最佳参数配置很可能会造成过拟合现象，限制模型的通用性。

深度学习在生物医学图像处理和自然语言处理中的成功应用，启发了高空间城市地表分类领域的应用。OBIA 方法需要手动设计特征提取框架，而深度学习模型可以从大型数据集中自动提取有意义的特征。此外，深度学习方法，比如卷积神经网络（CNN），可以在训练过程中实现最佳的模型参数配置。因此，深度学习模型可以避免许多不确定性，并获得更好的识别结果。

深度学习方法在城市地表识别中的应用仍面临一系列挑战。首先，需要大量的训练数据集，包括图像和相应的标签，即真实地表类型。真实地表类型一般通过人工标注获得，耗时较长。如果用于训练的数据集数量不足，模型将训练不足，并遭受过拟合问题。在确定训练数据大小方面，一种常见的策略是扩大数据集，直到新添加的训练样本很难提高训练效果。训练数据集的质量也很重要，错误标记或不匹配的掩码会降低模型预测准确性。手动创建庞大规模的数据集将耗费大量的人力和时间。研究表明，仅仅标注每平方公里道路就需要 8 个小时，而标记 450 km² 的建筑需要 6 个月。缺少足够的训练数据集已经成为深度学习方法应用的主要障碍之一。

不同的卫星图像在获取时间、区域和拍摄传感器方面通常存在不一致，这会影响模型的跨场景应用。在某些带标注的图像上训练的深度学习模型将很难应用于不同传感器或同一传感器在不同时间或区域拍摄的图像。对于不同时间拍摄的图像，可能会受到不同的大气条件、太阳方位角、太阳仰角、土地覆盖变化和成像条件的影响而造成模型失效。例如，严重的霾或雾会降低图像的能见度。不同的光照条件会导致相同的阴影区域在另一个时刻处于阳光直射而没有阴影。模型跨区域应用不仅会受到不同采集时间带来的数据差异的影响，还会受到地理位置变化带来的影响。包括建筑物和植被在内的土地覆盖在不同地区可能有所不同。例如，在距离很远的两个地区，城市形态、建筑材料和建筑风格可能有所不同。不同纬度地区的植被类型（如树种）也会有很大差异。此外，水、道路材料和土壤的颜色特征也可能存在区域差异。为了提高模型标准化能力，研究人员将注意力集中在使用数据标准化方法来提高数据质量。组合的多时空训练数据集也可以提高标准化能力。"迁移学习"是深度学习中常用的策略，可以在不需要太多额外的训练数据集的基础上，增加模型标准化能力。

在本章节，我们主要介绍一种新的基于深度学习的复杂城市地表信息识别的标准化工作流程，该流程有助于提高城市地表识别的准确性和效率。具体包括：

① 在训练集制作过程中尽可能减少人力工作，提高制作训练数据集过程的效率；

② 提高深度学习模型在城市地表信息识别中的准确性；

③ 评估和提高深度学习模型的通用性，主要变量包含不同时间拍摄图片、不同地区图片，以及不同传感器所获取的图片。

2.4.2　主要研究方法

1. 总体工作流程

总体工作流程如图 2-18 所示。图 2-19 为

主要步骤的简要图示，包括三个主要步骤：原始数据预处理、制作训练数据集和模型训练与评估。

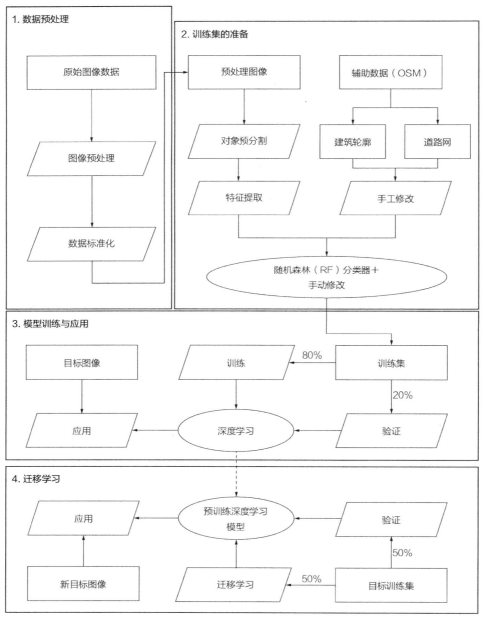

图 2-18　基于深度学习的城市地表识别工作流程图
（图片引用自：本书参考文献 [26]）

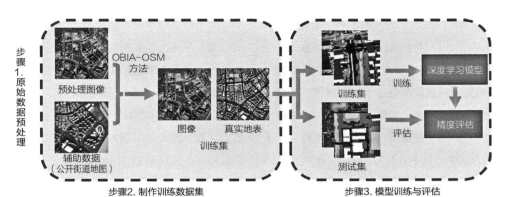

图 2-19　原始数据预处理、制作训练数据集，以及模型训练与评估过程的示意图
（图片引用自：本书参考文献［26］）

为提高数据质量，首先需要对原始数据进行预处理，包括卫星图像预处理和数据标准化。卫星图像预处理的目的是将原始数据转换成标准的图像产品。具体来说，图像预处理包括辐射定标、大气校正、正射校正和数据融合。数据标准化旨在通过重新调整数据比例或将数据频谱转换为相似的分布来进一步提高数据质量。具体的数据标准化方法包括**最大值标准化**（MN）和**Z值标准化**（ZSN）。在制作训练数据集时，卫星影像的手动标注既费时又费力。可以利用基于机器学习的方法来减少人工干预。采用基于对象的 OBIA 方法，并辅之以**公开街道地图**（OSM）的辅助数据，可以显著提高数据集制作效率，该方法在本研究中被命名为 OBIA-OSM 方法。OBIA 方法中，首先需要完成两个步骤，即对象预分割和特征选择。通过 OBIA 提取建筑物覆盖区和道路网络，然后对获得的数据集（真实地表类型）进行人工修改，以提高数据集质量。

在模型训练与评估过程中，将数据集分为训练集和测试集两部分。训练集用于训练深度学习模型，测试集用于训练后的模型预测准确度评估。根据以往的研究，80% 的训练数据集用于训练（训练集），另外 20% 用于评估（测试集）。当深度学习模型被训练和评估具有令人满意的效果时，该模型可以被应用于目标图像。"迁移学习"可以用于通过额外的小训练数据集来提高模型的通用性和可移植性。因此，它可以减少制作大量训练数据集的工作，当训练数据集规模有限时，迁移学习也可以体现出其优势。如图 2-18 的第 4 部分所示，预先训练的模型（通常之前在足够的数据集上进行训练）通过在目标影像上构建的附加训练数据集进行"微调"（特定的迁移训练方法）。然后，"迁移"的模型可以被应用于目标图像。与传统的训练过程不同，"迁移学习"不需要很多训练样本。因此，在本研究中，随机选择 50% 的额外数据集作为训练集，而其余的用作测试集。

2. 研究数据

本研究采用**高分二号**卫星（以下简称 GF2 卫星）图像产品来进行模型训练和分析。GF2 卫星是由**中国国家航天局**（CNSA）发射和管理的高分辨率光学地球观测卫星之一。GF2 卫星配备两个**高分辨率传感器**（PMS），总扫描宽度为 45 km^2。GF2 卫星的有效空间分辨率对于多光谱波段（MSS、红、绿、蓝和近红外）为 4 m，对于**全色波段**（PAN）为 1 m。本研究还获取了其他来源卫星的图像以测试模型的通用性，包括 Worldview-2（WV2）和 Worldview-3（WV3）卫星图像。WV2 和 WV3 的空间分辨率更高，分别为 2 m（MSS）/0.5 m（PAN）和 1.2 m（MSS）/0.3 m（PAN）以及 8 个光谱波段。[①]

为了减少大气条件和视角方面的数据不均匀性，我们期望同时获取覆盖整个识别区域的图像。由于卫星条带宽度有限，图像通常是在不同的日期获得的。我们选择了覆盖杭州市主要区域的 9 个无云 GF2 卫星图像。其中 6 张是在 2019 年 12 月 11 日拍摄的（图 2-20 中虚线右部），而另外 3 张是在 2016 年 3 月 1 日拍摄的（图 2-20 中的左部）。所有在杭州的 GF2 卫星影像都是在某一天的上午 11:00 左右拍摄的。

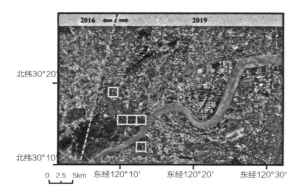

图 2-20　杭州市主城区 GF2 卫星影像
注：实线方框和虚线方框分别为区样本和郊区样本；
虚线的左侧和右侧分别是 2016 年和 2019 年拍摄的 GF2 卫星图像
（图片引用自：本书参考文献 [26]）

考虑到主训练数据集中的数据一致性，样本图像选自同一天（2019 年 12 月 11 日）采集的杭州 GF2 卫星影像。选取总面积约为 33.5 km² 的 8 幅样本图像构建主训练数据集，以下命名为 GF2-HZ 数据集。每个样本图像具有大约 4.2 km²（2048 m×2048 m）的固定大小（图 2-20）。人口密集的城市区域更加复杂，因此我们所选取的训练集图像更多位于城区。5 个样本（实线方框）选在城区，另外 3 个样本（虚线方框）选在郊区。

---

① 沿海、蓝、绿、黄、红、红边、近红外 1（NIR1）和近红外 2（NIR2）。

为了评估模型的跨场景通用性，我们选择了不同时间、不同区域和不同传感器（统称为跨场景）拍摄的图像用于模型测试。表 2-3 列出了所用图像数据的详细信息，图 2-21 也对相应卫星图像进行了举例说明。选取了杭州市 2016—2019 年土地覆被变化最小的 1 km² 区域进行模型跨时间应用的通用性测试。分别于 2016 年 3 月 1 日和 2019 年 12 月 11 日获取的同一地区的 2 个 GF2 卫星图像用于比较，分别被命名为 GF2-HZ-2016 和 GF2-HZ-2019。需注意的是 GF2-HZ-2019 不是从 GF2-HZ 数据集中选取的，并且与 GF2-HZ 数据集中最近的训练样本相距 7 km。对于跨区域应用测试，选择了北京的 2 个 GF2 卫星图像（分别为 8.4 km² 和 4.2 km²）。另外，还使用了北京地区的卫星图像进行本研究中的"迁移学习"测试，该测试包括训练和评估过程。基于北京地区卫星图像建立的数据集被命名为 GF2-BJ 数据集。为了研究卫星图像空间分辨率的影响，以及跨传感器通用性测试，我们选取了杭州市区的 WV2 和 WV3 卫星图像。WV2 和 WV3 卫星图像所拍摄地区与 GF2-HZ 数据集的样本图像之一（4.2 km²）相同。上述卫星图像分别被命名为 WV2-HZ 和 WV3-HZ。

表 2-3　卫星图像数据详细说明

名称	卫星	位置	获取日期	面积（km²）	用途
GF2-HZ	GF2	杭州	2019-12-11	33.5	模型训练和评估
GF2-HZ-2016	GF2	杭州	2016-03-01	1	跨时间应用测试
GF2-HZ-2019	GF2	杭州	2019-12-11	1	跨时间应用测试
GF2-BJ	GF2	北京	2019-08-16	8.4	跨区域数据集应用测试
WV2-HZ	WV2	杭州	2020-02-23	4.2	跨传感器应用测试
WV3-HZ	WV3	杭州	2017-08-24	4.2	跨传感器应用测试

（数据来源：本书参考文献 [26]）

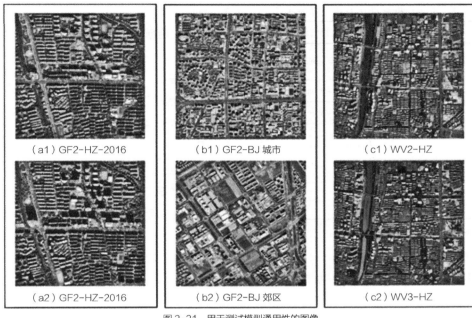

图 2-21　用于测试模型通用性的图像
（a1-a2）GF2-HZ-2016 和 GF2-HZ-2019 图像；（b1-b2）GF2-BJ 数据集，包括城市和郊区图像；
（c1-c2）杭州同一区域的 WV2 和 WV3 图像
（图片引用自：本书参考文献［26］）

3. 数据预处理

卫星图像在可以进行识别和数据集制作之前需要预处理。我们对原始卫星图像进行了辐射校正、大气校正和正射校正。采用 Gram—Schmidt 全色锐化方法融合 MSS 图像（4 m）和全色图像（1 m），生成空间分辨率为 1 m 的多光谱图像。

数据标准化可以通过把数据转换成具有相似频谱分布的图像来提高数据质量，从而提高深度学习的识别精度和模型通用性。该过程在城市地表识别研究中尤为重要，通常为了覆盖研究所需的时间和空间跨度，需要不同来源的卫星图像。

我们选择了三种典型的数据标准化方法来分析数据标准化如何影响深度学习模型的效果，即：最大标准化法（MN 法）、**均值中心标准化法**（MC 法）和 Z 值标准化法（ZSN 法）。这些方法各有优缺点。最大标准化法可以将数据重新标度到相同的范围内，

这可以保持数据原有的相对关系，但对极端值和异常值敏感。均值中心标准化法和 Z 值标准法有助于减少异常值的影响，但无法将数据重新调整为相同的分布，因为图像会随时间和地理位置而变化。因此，在选择理想的标准化方法之前，需要仔细分析数据。所有这三种方法都是基于标准化参数计算的，包括可以基于全局或局部计算的最大值、平均值和标准偏差。例如，如果利用全局值进行标准化（Global），可以通过减去整个数据集的平均值。通常情况下，由于计算机内存限制，训练数据集中的大图像被分成数百或数千个小的图片。因此也可以减去单个小图片（Local）中数据的平均值。各种标准化方法的公式，见表 2-4（Fan et al.，2021）。其中 $max\,global$ 表示数据集的最大值。$\mu\,global$ 和 $\sigma\,global$ 表示整个训练数据集的平均值和标准差。对于基于局部值的方法，$\mu\,i$ 和 $\sigma\,i$ 表示每个小图片中的平均值和标准偏差。

表 2-4 不同数据标准化方法计算公式

标准化方法	详细公式
Max Normalization, global（MN-global）	$x' = x/max\,global$
Max Normalization, local（MN-local）	$x' = x/max\,(x)$
Mean Centered, global（MC-global）	$x' = x - \mu global$
Mean Centered, local（MC-local）	$x' = x - \mu i$
Z-score Normalization, global（ZSN-global）	$x' = (x - \mu global)/\sigma global$
Z-score Normalization, local（ZSN-local）	$x' = (x - \mu i)/\sigma i$

（数据来源：本书参考文献［26］）

4. OBIA-OSM 方法

卫星图像首先被预分割成作为分析单元（即对

象）的同质像素组。光谱特征被用来对不同的目标进行分类，包括**标准化差异植被指数**（NDVI）、**差异植被指数**（DVI）和**标准化差异水体指数**（NDWI）。在分类过程中，每种地表类型的样本被用来训练机器学习分类器（在本研究中为随机森林），然后利用训练好的分类器对图像进行分类。为了优化数据集质量，需要手动调整识别结果。辅助数据可以提供额外的信息，来提高 OBIA 过程中识别准确度。开源辅助数据 OSM 可以提供一部分关于建筑占地面积、土地利用和道路网络的数据。从 OSM 提取的建筑物足迹、河流和道路信息也被用于帮助制作训练数据集。在这项研究中，城市地表分为八类，见表 2-5。

表 2-5 城市地表信息类别

编号	类别	描述	在训练集中所占的比例
1	建筑	建筑物，包括住宅、公共和工业建筑物，以及在建建筑物	24.4%
2	公路	交通道路，包括水泥和沥青道路	15%
3	其他不透水材料	除建筑和道路外的所有不透水表面，如停车场、施工区和运动场	6.6%
4	植物	树冠茂密的所有树种，包括森林和行道树	19.5%
5	低植被	草和灌木，农作物或蔬菜少的农业区	6.8%
6	裸地	裸露土地或无植被土壤的自然表面	1.8%
7	水体	开放的天然或人造水体，包括河流、溪流、池塘、湖泊和室外游泳池	2.6%
8	阴影	被建筑物和树木等高大物体阴影遮蔽的区域	23.3%

（数据来源：本书参考文献［26］）

类别的划分方法会影响分类结果。把树和草分开会增加识别的难度，导致整体准确率较低。在以往的研究中，它们通常被归为一类，即绿地或植被。然而，在遮阳效果、蒸腾效果和对风的阻挡方面，树的特性与草的特性有很大不同。因此，尽管存在挑战，我们还是把树和草分成不同的类别，即"树"和"低矮植被"。卫星图像以及相应的真实地表类型将被用作深度学习模型的训练集。通常，卫星图像会包含随时间变化的云和阴影。这些问题将导致辐射测量信息的部分甚至全部丢失，并因此导致对阴影或云后面的物体的分类失败。这项研究中使用的图像是无云的。阴影信息可用于反推建筑物高度信息，对城市地表类型识别有重要作用。因此在我们的研究中将其单独列为一类（"阴影"）。此外，阴影或云的移除在图像处理中是比较复杂的，因此不在本研究中讨论。通过 OBIA-OSM 方法，我们建立了总面积为 33.5 km² 的多标签训练集，即 GF2-HZ 数据集。对于一个有经验的研究人员来说，用此方法的制作速度是 8 h/km²，这比手动标注要快得多。手动标注仅标注道路就要花费相同的时间。

5. 深度学习模型

本研究中采用全连接网络（FCNs）和 UNet 模型（均属于卷积神经网络）。在传统的 UNet 或 FCN 模型中，通常利用 Visual Geometry Group Networks（VGG）作为整个神经网络架构的编码器部分。由于残差网络（ResNet）具有更深的网络结构，可以提高整个遥感数据的语义分割效果。因此，我们用 ResNet（50 层 ResNet）替换了原 FCN 和 UNet 模型中的 VGG 网络，并将新模型分别命名为 Res-FCN 和 Res-UNet。另外，inception 模块也可以提高模型的整体识别准确度，并且花费的额外计算量较小。因此我们也将 inception 模块附加到 Res-UNet 中获得 Res-UNet + inception 模型。在结果部分，我们将比较传统的 FCN 和 UNet 模型在复杂城市表面识别方面的效果，并与本研究中建立的 Res-FCN、Res-UNet 和 Res-UNet + inception 进行对比分析。

为了减少对计算机内存的依赖，我们将每个训练样本进一步分成 64 个小样本（每个小样本为 256 m×256 m）。训练集的 80%（408 个小样本，26.7 km²）用于训练，剩余的 20%（104 个小样本，6.8 km²）用于模型的效果评估。数据扩充是深度学习训练中使用的一种常见策略，尤其是在训练数据集

不足的情况下。对原有图像旋转、裁剪、缩放等可以生成新的图像用作训练集。在这项研究中，我们通过随机水平和垂直翻转来扩充我们的训练集。本文结果采用整体准确度（Overall Accuracy，OA）来评估模型的准确性。OA 的定义见式（2-20）。

$$OA = \frac{T_P + T_N}{N} \qquad (2-20)$$

式中　T_P 和 T_N——为识别的正确像素点的个数；

N——为像素点总数。

T_P 和 T_N 的区别由下文所示。假如某像素点真实值为建筑，且模型也识别其为建筑，此像素点记为 T_P。假如某像素点真实值不是建筑，且模型也识别其为非建筑，此像素点记为 T_N。

2.4.3　结果

基于 GF2-HZ 数据集测试的不同深度学习模型效果列于表 2-6（Fan et al., 2021）。

根据表 2-6 中的结果，具有新型 ResNet 编码器的模型（Res-FCN 和 Res-UNet）比基于原始 VGG 编码器的模型（FCN 和 UNet）具有更好的表现。inception 模块的加入进一步提高了模型的效果，即 Res-UNet + inception 的 OA 最高，为 83.1%。因为 Res-UNet + inception 具有最好的 OA，我们利用它对整个杭州市进行识别，结果如图 2-22 所示。Res-UNet + inception 模型的识别速度约为 2 km²/s，具有实时识别应用的潜力。

表 2-6　不同模型的识别效果（OA）

类别	FCN	Res-FCN	UNet	Res-UNet	Res-UNet + inception
城市地区（OA，%）	79.8	81.8	84.3	84.0	84.8
郊区地区（OA，%）	67.6	75.7	77.5	79.0	80.1
全部地区（OA，%）	75.3	79.6	81.8	82.2	83.1

（数据来源：本书参考文献［26］）

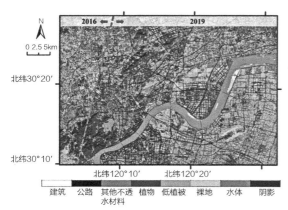

图 2-22 Res-UNet ＋ inception 模型对杭州市
地表信息识别的效果
（图片引用自：本书参考文献 [26]）

的识别准确度较低。

Res-UNet ＋ inception 模型的准确度在城市和郊区的OA都超过了80%,并且城市地区(84.8%)的效果相对好于郊区（80.1% ）。这可能是因为农村／郊区的建筑和道路组成通常比城市地区更复杂和不规则。如图 2-23 所示，郊区的建筑物通常是低层建筑，并且与相邻建筑物不规则地相连，这比市区的建筑物更难区分。此外，郊区的建筑和道路通常用相同的材料建造，例如水泥，并连接在一起。对于空间分辨率为 1 m 的卫星图像，即使有人工干预，也很难区分郊区的建筑物和水泥路。模型对图 2-22[①]中右侧图像（2019 年数据）的识别效果要优于左侧（2016 年数据）。这是因为训练集是基于 2019 年拍摄的图像上建立的，而训练好的模型在 2016 年拍摄的图像上的准确度有所降低。为了提高模型对 2016 年拍摄的图像的识别准确度，需要针对原始数据进行标准化处理。

针对"低矮植被"和"其他不透水表面"两类的识别准确度较低，这主要是由于相关样本量较小、类内差别较大和类间相似性较高的原因。"低矮植被"具有较高的类内差别，因为草地、低农业植物和灌木都包括在这一类别中。"其他不透水表面"包括停车场和建筑区域，它们通常使用与"建筑物"和"道路"相似的材料，因此类间相似性可能导致该类别

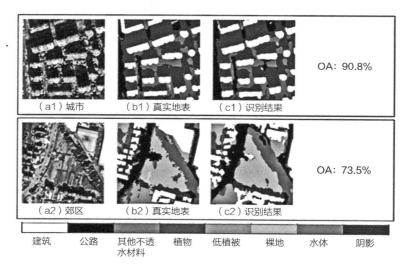

图 2-23 城市和郊区识别比较
（ a1，a2 ）城市和郊区的两个卫星图像样本 ;（b1，b2 ）对应的真实地表类型 ;（c1，c2）对应的模型识别结果
（图片引用自：本书参考文献 [26]）

---

① 数据来源：本书参考文献 [26]。

卫星图像通常包含多个光谱带。GF2 卫星图像包含 4 个多光谱波段,包括蓝色(450 ~ 520 nm)、绿色(520 ~ 590 nm)、红色(630 ~ 690 nm)和近红外(NIR,770 ~ 890 nm)。WV2 和 WV3 卫星图像包含 8 个波段。一般来说,光谱波段越多的图像提供的信息越多,每个光谱波段在地表信息识别中的重要性和用途也各不相同。土地覆盖类别具有不同的光谱特征,可用于相互区分。例如,用于植被检测的 NDVI 是基于红色和 NIR 波段计算的。我们在本研究中测试了不同波段组成对 Res-UNet + inception 模型识别准确度的影响。表 2-7(Fan et al.,2021)展示了不同波段情况下的模型识别效果。用 4 波段(R/G/B/N)图像训练的模型的 OA 高于用 3 波段图像训练的模型。不同波段组合的图像结果显示了精度损失的差异。当近红外波段缺失时(R/G/B),准确度损失最大(-7.6%),随后是绿色、红色和蓝色。当 NIR 波段(N)缺失时,对"树""低矮植被""道路"和"其他不透水表面"的分类效果显著下降。这表明,近红外波段不仅对于区分植被很重要,而且对于除"建筑物"以外的一些人工表面的识别也很重要。缺少红色波段(R)会导致包括"建筑""道路""其他不透水表面"在内的识别略有下降。

表 2-7　针对不同波段图像的模型识别效果
(R, G, B, N 分别代表红色、绿色、蓝色和近红外波段)

类别	R/G/B/N	G/B/N	R/B/N	R/G/N	R/G/B
整体准确度 (OA,%)	83.1	81.4	81.9	82.3	78.8
准确度损失 (OA loss,%)	0	-2.9	-2.5	-1.5	-7.6

(数据来源:本书参考文献 [26])

不同卫星传感器拍摄的图像在光谱组成、空间分辨率和数据结构方面会有所不同。例如,经过预处理的 GF2 卫星图像空间分辨率为 1 m,而 WV2

和 WV2 卫星图像的空间分辨率更高,分别为 0.5 m 和 0.3 m。然而,很少针对研究不同图像空间分辨率对深度学习模型效果的影响。我们在此研究中对 WV2-HZ 和 WV3-HZ 卫星图像进行了实验,这些图像与 GF2-HZ 数据集的样本图像拍摄的地理位置重叠,如图 2-24 所示。

由于该对比区域的土地覆盖几乎没有变化,GF2-HZ 数据集中的真实地表类型可以用于评估对 WV2 和 WV3 卫星图像的识别效果。WV2 和 WV3 卫星图像原本有八个波段,为了与 GF2(四波段)对比,WV2 和 WV3 卫星图像中也在此部分只利用了和 GF2 相同的四个波段。

结果表明,在 GF2-HZ 数据集上训练的模型无法直接用于 WV2 和 WV3 卫星图像的识别。在经过数据标准化(ZSN- 全局标准化)之后,用 GF2 卫星图像训练的 Res-UNet + inception 模型可以识别 WV2 和 WV3 卫星图像。为了研究我们训练的模型的最佳空间分辨率,使用最近邻方法将 GF2 和 WV2、WV3 卫星图像重新调整为不同分辨率后进行识别。如图 2-24 和图 2-25 所示,当图像的空间分辨率为 1 m(与原始 GF2-HZ 数据集相同)时,获得了最佳识别效果(WV3 卫星图像的 63.0% 和 WV2 卫星图像的 56.9%)。这表明用某一空间分辨率训练的模型不应直接应用于具有不同空间分辨率的图像。

进一步,我们测试了数据标准化对提高模型通用性(跨场景应用)的效果。测试步骤如下:首先,我们将训练的 Res-UNet + inception 模型在未经数据标准化的图像上进行测试作为基准案例。然后在不同的标准化方法标准化后的 GF2-HZ 数据集上重新训练 Res-UNet + inception 模型。测试图像也相应地进行标准化。最后,比较标准化数据训练的模型的通用性。

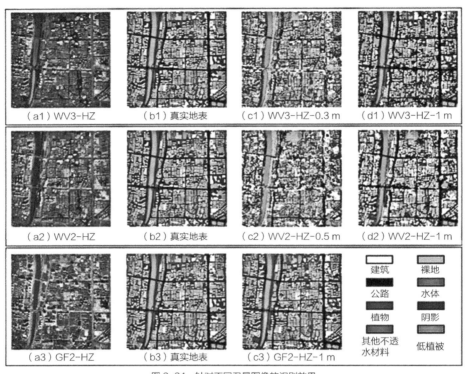

图 2-24 针对不同卫星图像的识别效果
（a1-a3）杭州同一城区的 WV3、WV2 和 GF2 图像；（b1-b3）对应的真实地表类型；
（c1-c3）原始空间分辨率为 0.3 m、0.5 m 和 1 m 的相应识别结果；
（d1-d2）把 WV3 和 WV2 卫星图像分辨率降低到 1 m 后的识别结果
（图片引用自：本书参考文献 [26]）

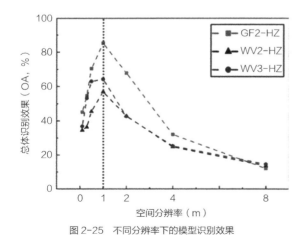

图 2-25 不同分辨率下的模型识别效果
（模型由 1 m 分辨率图像训练集所训练）
（图片引用自：本书参考文献 [26]）

2019）、跨区域（GF2-BJ 数据集）和跨传感器（WV2-HZ 和 WV3-HZ 图像分辨率调整为 1 m，并命名为 WV2-HZ-1 m 和 WV3-HZ-1 m）情况下测试了重新训练的模型的效果。提取 GF2-HZ-2016、GF2-HZ-2019 和 GF2 BJ 数据集的相应真实地表类型进行模型评估。测试结果列于表 2-8。

"失败"结果表示在我们的研究中 OA 低于 30% 的情况。当识别失败时，整个图像通常只被分类到一个类别中。即使在"失败"的情况下，OA 仍然会高于零，这取决于特定类别在整个图像中所占的比例。在我们训练集中，某个类别的最高比例接近 30%。因此，我们将 OA 低于 30% 的结果定为识别失败。

此后，在跨时间（GF2-HZ-2016 和 GF2-HZ-

表 2-8　不同标准化方法对模型通用性的影响

标准化方法	目标图像的 OA					
	GF2-HZ dataset	GF2-HZ-2016	GF2-HZ-2019	GF2-BJ datase	WV2-HZ-1 m	WV3-HZ-1 m
基准	83.1	失败	84.9	63.4	失败	失败
MN-全局法	82.5	失败	84.9	61.5	失败	失败
MN-局部法	79.4	失败	82.6	57.5	失败	失败
MC-全局法	82.5	失败	85.6	67.0	失败	失败
MC-局部法	80.3	失败	83.9	63.0	失败	失败
ZSN-全局法	81.2	失败	83.8	61.1	失败	失败
ZSN-局部法	77.4	65.0	84.4	59.5	56.9	63.0

（数据来源：本书参考文献［26］）

在表 2-8 中，OA 在基准案例下最大，这表明了标准化降低了模型在 GF2-HZ 数据集中的 OA。ZSN- 局部法造成的 OA 损失最大，其次是 MN 法和 MC 法。局部标准化造成的精度损失比全局方法更多。这可能是因为经过训练的模型高度适应了 GF2-HZ 数据集，而额外的数据标准化增加了数据复杂性。更复杂的标准化算法可能会造成增加数据集的复杂性。局部执行的标准化也会导致数据集中出现更多差异。结果，GF2-HZ 数据集上的模型表现降低，并且随着标准化方法的复杂性而下降。因此，标准化可能会损害模型在其原有训练数据集上的表现。标准化方法的影响因目标图像而异。尽管 ZSN- 局部法在 GF2-HZ 数据集中 OA 最低，但它是唯一通过对 GF2-HZ 数据集之外的图像进行测试的方法。对于 GF2-HZ-2016、WV2-HZ-1 m 和 WV3-HZ-1 m 图像的跨时间跨传感器应用测试，使用 ZSN 局部标准化方法训练的模型具有最佳的通用性和泛化能力。我们通过图像中像素值分布直方图（图像像素灰度值的出现频率分布）比较了 ZSN- 局部法与其他局部执行方法的影响。如图 2-26 所示，可以从简单的像素点值频率分布中观察到 GF2-HZ-2016 和 GF2-HZ-2019 图像之间的数据差异性（图 2-26 a）。

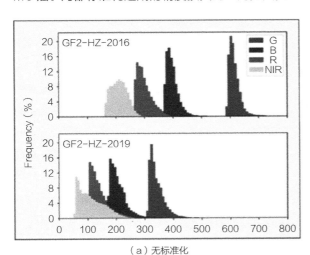

（a）无标准化

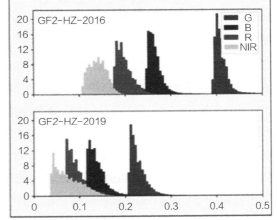

（b）MN-局部标准化

图 2-26　图像像素灰度值的出现频率分布
（a）原始图像像素点频率分布的影响；（b）MN- 局部法；
（图片引用自：本书参考文献［26］）

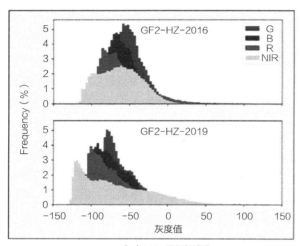
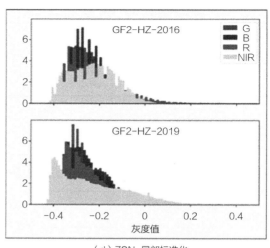

（c）MC-局部标准化   （d）ZSN-局部标准化

图 2-26　图像像素灰度值的出现频率分布（续图）

（c）MC- 局部法；（d）ZSN- 局部标准化后 GF2-HZ-2016 和 GF2-HZ-2019 图像的 4 波段图像像素值频率分布直方图

（图片引用自：本书参考文献［26］）

　　显然，GF2-HZ-2016 和 GF2-HZ-2019 这两个图像之间的频谱分布差别不能通过 MN- 局部法来缓解（图 2-26 b）。MC- 局部法和 ZSN- 局部法似乎都可以有效地消除数据偏移。与只能去除数据偏移的 MC 方法相比，ZSN 方法具有更好的处理异常值和极值的能力。因此，ZSN 局部法可以缓解数据差异，从而提高模型的通用性和泛化能力。

　　至于 GF2-HZ-2019 和 GF2-BJ 数据集，数据标准化没有太大影响。只有 MC- 全局标准化将 OA 提高了 0.7%，而其他方法均降低了准确度。在跨区域测试中获得了类似的结果，其中 GF2-BJ 数据集上的 OA 使用 MC- 全局增加了 3.6%。所有模型在 GF2-HZ-2019 和 GF2-BJ 数据集上都没有失败，这表明 GF2-HZ 数据集与 GF2-HZ-2019 影像、GF2-BJ 数据集影像之间的数据差异小于其他情况。较大的采集时间间隔可能比地理位置间隔导致更多的数据差异。数据归一化方法对提高标准化能力的有效性因目标数据而异。由于数据复杂性的增加，数据归一化可能会削弱模型在其原始训练数据集上的效果。对于差异很小的目标图像，如 GFHZ-2019 和 GF2-BJ 数据集，更简单的标准化方法如 MC- 全局法可能获得的结果更好，而其他复杂的方法则具有负面影响。当像素值差异很大时，如在 GF2-HZ-2016 和 WV 卫星图像上的测试，ZSN- 局部法被测试为在提高标准化能力方面更有效。研究者应根据训练数据集和目标任务之间的差异选择标准化方法。当不需要跨场景应用时，标准化方法可能不是必需的，因为效果全被标准化削弱。

　　我们还测试了"迁移学习"技术在跨区域应用中提高模型泛化能力的效果。在没有进行标准化的 GF2-HZ 数据集上训练的 Res-UNet + inception 模型被作为预训练模型。然后，使用 GF2-BJ 数据集的训练集（4.2 km²）对预训练模型进行"微调"，并在其测试集上进行评估。经过"迁移学习"后，GF2-BJ 数据集上的 OA 从 63.4% 提高到 81.5%，高于 MC- 全局法（67.0%）。迁移模型在 GF2-BJ 数据集上的效果已经达到与预训练模型相似的水平。GF2-BJ 数据集的附加训练集（4 km²）几乎是

GF2-HZ 数据集的训练集（26.7 km²）的 1/6。通过额外引入少量训练数据集，"迁移学习"是比数据标准化更有效地提高模型泛化能力和通用性的方法。然而，额外目标训练集的制作仍然消耗大量的时间和人力。研究者首先要考虑根据目标任务的数据特性，使用合适的模型通用性提升方法。

2.4.4　结论

　　本章节介绍了一种新的基于深度学习的高分辨率卫星图像识别工作流程。OBIA-OSM 方法首先用于高效和准确地制作训练集。利用该方法，一个有经验的研究人员可以以 8 h/km² 的速度建立训练集。新建的 Res-UNet + inception 模型在杭州 1 m 空间分辨率的 GF2 卫星图像上进行了测试。Res-UNet + inception 模型的 OA 达到 83.1%，优于原始的 FCN 和 UNet 模型。

　　研究进一步分析了原始数据相关因素的影响，包括波段组成和卫星图像的空间分辨率。对于波段组成，用全 4 波段图像训练的模型具有最佳识别效果。近红外波段（N）的缺失对模型识别效果影响最大，OA 可降低 7.6%。近红外波段缺失主要影响植被（"树木"和"低矮植被"）和人工表面（"道路"

和"其他不透水表面"）的识别效果。对于图像空间分辨率的影响，最佳的空间分辨率应该与原始训练集相同。随着空间分辨率差异的扩大，深度学习模型识别效果逐渐降低。

　　当原始数据结构和频谱分布差异较大时，ZSN-局部标准化方法能有效提高模型通用性和泛化能力。然而，由于增加的数据复杂性，当原始数据差异很小时，标准化可能降低模型识别准确度。数据标准化可以增强深度学习模型的泛化能力，但需要仔细分析目标数据集特征以选择合适的标准化方法。"迁移学习"技术在提高模型泛化能力方面更有效，但需要额外制作针对目标任务的训练集。研究人员应首先考虑使用适当的数据标准化方法，因为制作额外的训练集将花费更多时间。

本章拓展阅读

Part 2
Urban Wind Environment

第2篇 城市风环境

Chapter3
Wind Environment at the City Scale

第3章 城市尺度风环境

3.1　城市尺度风环境特征与研究方法

城市尺度（10 ~ 50 km）介于区域尺度（100 ~ 1000 km）和建筑尺度（100 m）之间，对区域大气环境，以及建筑周边微气候均有重要影响。区域尺度气候或天气情况为城市尺度风热环境提供背景条件，大量建筑的聚集也会反过来影响城市尺度的流场，因此城市尺度的物理过程与更大尺度和更小尺度均产生双向耦合作用。已有的全球尺度气候模式在流场模拟时通常忽略城市的影响。建筑尺度的流场解析需要高分辨率的网格（10 cm ~ 1 m），如此密集的网格如果应用于整个城市尺度，现有计算机难以满足巨量运算，因此针对建筑尺度的数值模型很难应用到整个城市尺度从而考虑大量建筑对城市环境的影响。现有关于城市尺度风环境研究大多结合多种方法，包括缩尺实验（水槽/水箱）、外场实测、数值模拟（中尺度模式，如 WRF 和计算流体力学软件，如 Fluent）、理论模型（能量平衡模型等）。

基于物理规律的理论概念模型和实验室缩尺模型通常通过合理假设简化研究问题，抓住相关科学问题的主要矛盾，获取城市尺度风环境主要特征与变化规律（适用于理想条件和理想几何尺寸）。简化的物理模型或缩尺实验模型能帮助量化分析各种变量对城市风环境的影响，但是相似性分析通常是关键问题，在缩尺模型中也比较难以考虑地转偏向力的影响。如果将上述模型与数值模型相结合，可以实现更加接近真实城市环境的结果。

随着技术的进步，外场实测方法或设备越来越丰富，包括 LIDAR、气象塔、高分辨率卫星遥感数据等。相关测量获得的数据可以提供城市或郊区区域的真实环境参数。相比于其他方法，外场实测成本最高且需要付出更多的人力成本和时间成本。另外，外场实测过程中，背景条件无法控制，使得测量结果的解读和分析面临困难，也难以开展针对特定参数的参数化对比实验。

下文分别总结应用不同方法的相关研究。

3.1.1　理论模型

有研究基于水静力假设，通过求解总体连续性方程、动量方程和能量守恒方程计算了热穹顶内部流动特征，模型可获得城市边界处水平速度的垂直分布廓线。控制方程对流项线性化方法也可以获得热穹顶流动理论解。通过流线方程可以降低未知变量个数，经过傅里叶变换后可以求解微分方程。以往研究基于线性方法求解了热穹顶内部流动结构。相关学者用非线性相似性分析描述了热穹顶随时间的发展过程。流动发展可以分为三个状态：湍流扩散状态，近地面重力流状态和混合高度以上的重力波状态。如果热穹顶的空间分布有足够大的水平尺度，其流动将会受到地转偏向力的影响。

3.1.2　外场实测

外场实测是研究城市上空，以及城市冠层内流动特征的最直接的方法。有研究提出了外场测量实验设计的指引方针、数据收集方法和测点选取方法。然而，外场实测很难从测量结果中提取出某一种流动特征，因为直接测量获得的流场往往是由于多种物理过程共同作用的结果。研究者对于测量过程中可能产生的物理过程保持清醒充分的认识对于测量是至关重要的。意识到测量过程可能出现的各类物理过程有利于帮助获取有用的数据、选取合适的数据处理方法，以及获得有意义且合理的分析结果。统计方法和工具已经被用于城市热穹顶流动实测研究。比如，巴拉格和库特勒（Barlag et al.）、埃利亚松和霍尔（Eliasson and Holmer）和施雷弗勒（Shreffler）结合了数值模拟与外场实测实现了互相验证。上述研究均证实了热穹顶流动在白天和夜晚均会发生，而且表明这些流动特征对城市通风和污染物扩散有重要影响。

外场实测根据测量设备的布置方式可以分为固定法、移动法，以及跟随气流法。固定法中设备通常固定在某一点，长期监测该点的气象参数，比如气象站、气象观测塔等。该方法通常适用于大尺度气象参数的长期监测。移动法通常把测量设备安装在移动装置上，如汽车、飞机、船舶等。该方法通常是为了测定某一特定气候或天气现象，测量路线需经过合理设计。跟随流动法，通常测量设备跟随气流自由飘动，如气象气球等。随着科技的进步，越来越多的高性能设备可以用于外场实测。如**大尺度粒子图像测速技术**（Large Scale Particle Image Velocimetry）、**气象遥感卫星**、**气象雷达**（LIDAR，RADAR，SODAR 等）、**搭载轻质传感器**（气溶胶测量传感器、气态污染物传感器、红外成像仪等）**的无人机、SF₆ 示踪气体法**等。

3.1.3　缩尺模型

已有缩尺模型主要分为空气箱缩尺模型和水箱缩尺模型。以往研究通过烟熏法在空气箱中发现了热穹顶流动现象。在上述研究中，城市区域被假设成为一个二维线状热源，研究主要针对热穹顶流动进行了定性描述。在学者诺托（Noto）的研究中，烟熏法被进一步细化。研究利用空气箱发现了热穹顶流动的不同结构与形状：在背景温度分层较强、

热源热流密度较小时，会形成较大尺度的热羽流结构；当背景温度分层较弱、热流密度较大时，表现出小尺度热羽流或股流结构（Puffs）。股流结构也容易在低热容和热导率的地面出现。尽管线状热源产生的流动结构与面状热源（代表城市）不同，但是上述空气箱仍然为研究热穹顶流动提供了重要的基础。空气箱研究中有一定的局限性：很难确保模型和所要研究的足尺原型之间的相似性。在空气箱中，弗劳德数（**Froude 数**，Fr_L）、雷诺数（**Reynold 数**，Re_L），以及瑞利数（**Rayleigh 数**，Ra_L）难以实现相似。由于空气比热容较低，加热后系统升温较快，因此也难以在空气箱中达到准稳态而用于实验研究，在高温状态下 **Boussinesq 假设**也将难以确保合理。由于上述的局限性，水箱缩尺实验方法被开发用于相关研究。

以往研究通过水箱实验，[①] 以及造影技术对理想圆形城市的热穹顶流动结构特征进行了定性分析，并通过热电偶与图像处理技术对温度场和速度场进行了定量测量。通过研究，提出了用于无量纲化的温度尺度、速度尺度和长度尺度。上述研究的实验测量结果与数值模拟、理论和数学模型，以及外场实测进行了比较，结果吻合较好，充分表明了水箱缩尺模型在研究热穹顶流动结构中的可行性。在切内代塞和蒙蒂（Cenedese and Monti），法拉斯卡等人（Falasca et al.），莫罗尼和切内代塞（Moroni and Cenedese）关于热穹顶的相关研究中，采用了新的测量技术粒子图像测速技术（Particle Image Velocimetry，PIV），进一步提高了测量精度和时空分辨率。在水箱实验中的稳定背景分层可以通过加热法或者盐溶液法实现。水箱实验也存在一定的局限性。包括：① 水箱中模拟的热穹顶流动为非稳态，

---

① 水箱实验：通过玻璃箱中的水的运动模拟反映城市大气中气流流动的实验方法。

随时间变化，但是由于变化较慢可以当作准稳态进行分析研究。如果在实验中持续加热而没有热汇，那么热穹顶的尺寸理论上会不断增长。然而在实际大气环境中，地表会在夜间向外辐射散热，从而对热穹顶起到降温效果。② 水箱缩尺模型和真实足尺模型之间的比较受到水箱尺寸的限制。弗劳德数、瑞利数和雷诺数等均与真实大气有所区别。③ 在实验中热流密度通常是假设均匀的，且不考虑城市冠层中建筑的阻力等因素，这与真实城市下垫面的情况有所区别。

3.1.4　数值模型

　　针对流动和能量平衡存在多尺度问题，因此也有不同的数值模型解决相应尺度的问题。比如，在全球尺度上有 Global Circulation Model（GCM），包括，CMNR CM5，HadGEM2-AO，HadGEM2-ES&IPSL-CM5 A-LR 等十几种。全球尺度 GCM 通常空间分辨率在 100～500 km，具有预测全球未来几十年气候参数的能力。全球尺度气候模型空间分辨率无法满足具体城市的模拟需求，区域尺度的数值模型（中尺度模式）可以实现特定城市气象参数的模拟，比如 WRF 等。WRF 网格划分的**多层嵌套结构**（Nesting）可以实现从 100 m 到 3 km 分辨率的高效模拟。然而，中尺度模式空间分辨率仍无法满足单个建筑及其周边微气候的模拟和优化，且无法显性模拟特定建筑，只能利用参数化模型（如城市冠层模型、建筑参数化模型）等代表城市下垫面和建筑对城市气候的影响。

　　为了实现城市与建筑尺度的耦合研究，逐渐开发建立"中尺度数值模式耦合 CFD 方法"（比如 WRF + Fluent）和"中尺度数值模式耦合城市冠层模型／建筑能耗模型"（比如 WRF + BEP +

BEM）方法。其中在中尺度数值模式耦合 CFD 方法中还可以进一步耦合建筑能耗模拟模型，从而实现跨尺度多因素模拟（比如 WRF + Fluent + Designbuilder），提高预测精度和分辨率。例如，在 COSMO 与 OpenFoam 耦合研究中，结果表明耦合后精度提高。但是值得注意的是，该耦合模型在极端热浪天气表现有所下降，主要是因为热羽流主导情况下模型预测精度受到较大影响。

城市冠层模型

　　城市对大气边界层有着复杂而显著的影响，相关**城市冠层模型**（Urban Canopy Models, UCM）的开发有助于在中尺度模型、全球气候模型中体现城市对大气边界层和全球气候的影响。城市冠层模型是一个统称，代表着能模拟城市效应的一系列物理模型或基于经验的参数化模型。随着对城市各类效应相关研究的深入，城市冠层模型种类逐渐增多、可模拟的物理过程更加复杂。城市冠层模型可以反映城市中辐射过程、动量交换过程、传热传质过程，以及水汽交换过程等。城市冠层模型可以被简化为**单层模型**（Single Slab）或者更复杂的反映城市三维结构的模型。单层模型主要求解城市各个表面与一个空间假想点之间的传热传质和流动等过程，求解出的假想点的各个物理参数（如风速、温度、湿度等）所反映城市冠层状态的值。因为整个城市冠层的物理状态和影响均由这一个假想点代替，所以也称为单层模型。城市冠层模型中有名的**城市天气生成器**（Urban Weather Generator, 以下简称 UWG）、**街谷空气温度模型**（Canyon Air Temperature, 以下简称 CAT）等即为单层模型。其计算的一点的结果就代表了其街区尺度范围内的情况。UWG 和 CAT 需要其附近气象站点的气象数据（参考站点，通常为郊区气象数据）作为输入值驱动模型运行。**城区能量**

平衡模型（Town Energy Balance Model，以下简称 TEB）也属于单层模型。但是 TEB 与 UWG、CAT 的不同是，TEB 需要城市区域上空的气象数据作为背景输入参数驱动模型运行。**多层城市冠层模型**（Multi-layer Models）可以在竖直方向提供更高的分辨率，即城市冠层中不同高度处的参数（温度、风速、湿度等）差异可以体现出来。比如 **Building Effect Parametrization**（以下简称 BEP）模型和 **Building Energy Model**（以下简称 BEM）模型均为多层模型。BEP 和 BEM 模型通常集成在中尺度模型 WRF 中来代表城市的影响。WRF 中也有集成使用的单层城市冠层模型 **Single-layer Urban Canopy Model**（以下简称 SLUCM）。除此之外，莫拉迪等人（Moradi et al.）开发了**竖直城市气象生成器**（Vertical City Weather Generator，以下简称 VCWG v2.0.0）。VCWG 除了可以模拟城市冠层内的能量过程，还增加了水文学模型（水蒸发、土壤蓄水等）。VCWG 同 UWG 类似，也是通过位于郊区的气象站点作为输入数据驱动模型运行。虽然 VCWG 也可以提供城市冠层不同高度处的参数，但是由于其通过的是参数化得到的曲线，不能将不同高度的建筑参数不同等考虑进去，因此严格定义也属于单层城市冠层模型。

3.2　静稳天气下城市风环境（城市热穹顶）

城市尺度自然对流对城市风热环境和污染物扩散至关重要，尤其当大气背景环境处于静稳天气时。城市热岛可以引发城市尺度自然对流，并且形成一个笼罩在城市和周边农村地区上空的穹顶状高温区域，因此被命名为**城市热穹顶流动**。城市热穹顶流动以近地面由城市周边农村区域向城市中心的辐合流动、远地面城市中心向四周的辐散流动和城市中心的竖直向上热羽流为特征。城市的发展由于地形、经济、土地利用政策、历史、文化和气候等条件的限制，会展现出不同的发展形状。在以往的水箱实验研究中我们发现，城市热穹顶流动在理想正方形城市上空将会展现非均匀特征：近地面辐合流动主要沿着对角线的方向，而远地面的辐散流动则只存在于垂直于边的方向。这对城市内的通风、污染物扩散和温度分布具有重要影响。北京的城市规划较为方正，可近似参考为正方形城市，在另外一项针对北京市的外场实地测量研究中，也展现出了类似的对角线流动较强的趋势。

我们可进一步作出假设，城市形状显著影响热穹顶流动特征，多边形城市会展现独特的流动结构。因此，在本节中，我们将通过实验的方法分析三角形城市、正方形城市、长方形城市和圆形城市上空的热穹顶流动状态。为了凸显热穹顶流动特征，我们将热穹顶流动简化为不同形状理想加热平板在稳定密度分层下的自然对流。这些简化已经在以往的文献[①]中证实了一定的合理性，且理想水平平板表面自然对流的传热已有大量研究。传热系数可以用式（3-1）表示。

$$Nu_L = C \cdot Ra_L^n \qquad (3\text{-}1)$$

式中　Nu_L——努塞尔数；

　　　Ra_L——瑞利数，具体在式（3-2）和（3-3）中定义。

　　　C——系数，n——指数常数，具体数值可以参考表 3-1。

$$Nu_L = \frac{h \cdot L}{\lambda} \qquad (3\text{-}2)$$

———————————
① 见本书参考文献［20］、［54］。

$$Ra_L = \frac{g \cdot \beta \cdot \Delta T \cdot L^3}{(\nu a)} \qquad (3-3)$$

式中　g——重力加速度，单位为 m/s^2；

　　　β——流体热膨胀系数，单位为 K^{-1}；

　　　ΔT——换热表面与流体之间的温差，单位为 K；

　　　L——特征尺寸，在本章节中，为热源的水力直

径，单位为 m（Hydraulic Diameter）；

ν——流体的运动黏度，单位为 m^2/s；

a——热扩散系数，单位为 m^2/s；

h——对流换热系数，单位为 W/（m$^2 \cdot$ K）；

λ——流体的导热系数，单位为 W/（m $\cdot$ K）。

表 3-1　文献里努塞尔数（Nu_L）与瑞利数（Ra_L）关系的总结

本书参考文献	流体	源形状（mm）	L（mm）	Ra_c	Ra_L	C	n
[30]	稳定背景（$N = 0.90 - 2.56$ s^{-1}）空气	圆形（$D = 100$）	$L = D$	不适用	$3 \times 10^6 < Ra_L < 7 \times 10^6$	0.6	0.29
		正方形（$S = 100$）	$L = S$				
[37]	中性背景　空气	正方形（$S = 600$）	$L = S$	2×10^7	$10^5 < Ra_L < 2 \times 10^7$（层流）	0.54	$\frac{1}{4}$
					$2 \times 10^7 < Ra_L < 3 \times 10^{10}$（湍流）	0.14	$\frac{1}{3}$
	空气	矩形（$H = 504$；$W = 200$）	$L = H$	不适用	$770 < Ra_L < 2.1 \times 10^8$	0.135	$\frac{1}{3}$
[29]	水	矩形（$H = 300$；$W = 150$）	$L = H$	不适用	$5 \times 10^8 < Ra_L < 6 \times 10^{10}$	0.13	$\frac{1}{3}$
		矩形（$H = 100$；$W = 50$）	$L = W$	不适用	$7 \times 10^6 < Ra_L < 2 \times 10^8$	0.16	$\frac{1}{3}$
[31]	萘在空气中的传质	圆形（$D = 12.7 \sim 203$）	$L = \frac{A}{P} = \frac{D}{4}$	不适用	$1 < Ra_L < 200$		$\frac{1}{6}$
		正方形（$S = 12.7 \sim 202$）	$L = \frac{A}{P} = \frac{S}{4}$			0.96	
		矩形（$W = 20.3 \sim 58.4$；$AR = 7$）	$L = \frac{A}{P} = \frac{7W}{16}$		$200 < Ra_L < 6 \times 10^3$		
[55]	硫酸铜在硫酸中的传质	圆形（$D = 3.16 \sim 101.6$）	$L = \frac{A}{P} = \frac{D}{4}$	8×10^6	$2.2 \times 10^4 < Ra_L < 8 \times 10^6$（层流）	0.54	$\frac{1}{4}$
		正方形（$S = 6.35 \sim 127$）	$L = \frac{A}{P} = \frac{S}{4}$		$8 \times 10^6 < Ra_L < 1.6 \times 10^9$（湍流）	0.15	$\frac{1}{3}$
		矩形（$H = 6.35 \sim 127$；$W = 12.7 \sim 51.8$）	$L = \frac{A}{P} = \frac{HW}{2(H + W)}$				
[2]	空气	直角三角形 圆形（$D = 100 \sim 500$）	$L = A/P$	4×10^7	$2 \times 10^5 < Ra_L < 4 \times 10^7$（层流）	0.74	$\frac{1}{4}$
			$L = D$		$4 \times 10^7 < Ra_L < 4 \times 10^8$（湍流）	0.155	$\frac{1}{3}$
		正方形（$S = 50 \sim 450$）	$L = S$	4×10^7	$2 \times 10^5 < Ra_L < 4 \times 10^7$（层流）	0.7	$\frac{1}{4}$
					$4 \times 10^7 < Ra_L < 4 \times 10^8$（湍流）	0.155	$\frac{1}{3}$
		矩形（$H = 250 \sim 600$；$W = 150$）	$L = W$	不适用	$Ra_L = 1.6 \times 10^7$（层流）	0.70	$\frac{1}{4}$

续表

本书参考文献	流体	源形状（mm）	L（mm）	Ra_c	Ra_L	C	n
[100]	空气	正方形（$S=100$，200，400）	$L=S$	4×10^7	$3\times10^6<Ra_L<4\times10^7$（层流）	0.622	$\frac{1}{4}$
					$4\times10^7<Ra_L<1.7\times10^8$（湍流）	0.162	$\frac{1}{3}$
[32]	萘在空气中的传质	正方形（25.8，203）	$L=S$	不适用	$640<Ra_L<2.5\times10^5$	1.30	$\frac{1}{5}$
[48]	水	圆形（$D=70$）	$L=D_c$	不适用	$2\times10^4<Ra_L<2.5\times10^5$	1.267	$\frac{1}{5}$
		正方形（$D_c=70$）			$2\times10^4<Ra_L<10^6$	1.512	$\frac{1}{5}$
		等边三角形（$D_c=70$）			$10^4<Ra_L<10^6$	1.760	$\frac{1}{5}$
		正六边形（$D_c=70$）			$5\times10^4<Ra_L<7\times10^5$	1.515	$\frac{1}{5}$
[14]	空气	$2D$；$W=5.1\sim102$	$L=W$	不适用	$86<Ra_L<1.4\times10^3$	1.070	0.16
					$1.4\times10^3<Ra_L<9.1\times10^3$	0.614	0.25
					$9.1\times10^5<Ra_L<1.6\times10^8$	1.016	0.21
[49]	水	正方形（$S=70$）	$L=W$	不适用	$6\times10^5<Ra_L<5\times10^7$	1.173	0.2
		矩形（$H=126.7$；$W=70$；$AR=1.81$）	$L=W$			1.138	0.2
		矩形（$H=176.4$；$W=70$；$AR=2.52$）	$L=W$			1.110	0.2
		矩形（$H=256.2$；$W=70$；$AR=3.66$）	$L=W$			1.080	0.2
		矩形（$H=326.2$；$W=70$；$AR=3.66$）	$L=W$			1.089	0.2
		矩形（$H=70\sim326.2$；$W=70$；$AR=1\sim4.66$）	$L=\dfrac{A}{P}=\dfrac{HW}{2(H+W)}$		$5\times10^4<Ra_L<5\times10^6$	0.774	0.2
[59]	空气	矩形（$H=140\sim280$；$W=10\sim90$；$AR=2.33\sim28$）	$L=W$	不适用	$290<Ra_L<3.3\times10^5$	1.23	0.17
[69]	空气	矩形（$H=100$；$W=5\sim100$；$AR=1\sim20$）	$L=W$	不适用	$5\times10^4<Ra_L<3\times10^6$	C^{Note1}	$\frac{1}{5}$
	水	矩形（$H=100$；$W=30\sim100$；$AR=1\sim3.33$）			$5\times10^4<Ra_L<2\times10^8$		
[44]	水和空气	圆形（$D=20\sim500$）	$L=D$	4×10^7	$2\times10^5<Ra_L<4\times10^7$	0.71	$\frac{1}{4}$
					$4\times10^7<Ra_L<3\times10^{10}$	0.16	$\frac{1}{3}$

续表

本书参考文献	流体	源形状 （mm）	L （mm）	Ra_c	Ra_L	C	n
[45]	空气	矩形（$H=35\sim900$；$W=35\sim500$；$AR=1\sim8$）	$L=De$	2×10^6	$2\times10^5 < Ra_L < 4\times10^7$（层流）	1.65	0.18
					$4\times10^7 < Ra_L < 3\times10^{10}$（湍流）	0.48	0.26
					$4\times10^7 < Ra_L < 3\times10^{10}$（湍流）	0.135	0.33

（数据来源：本书参考文献 [24]）

注：Ra_c 是临界瑞利数；AR 为纵横比 $\dfrac{H}{W}$，H 和 W 分别为矩形的长边和短边；S 为正方形边长；D 为圆的直径；D_c 为多边形外接圆的直径；De 为水力直径；C 和 n 为关系式的系数；L 为特征长度；A 是过流断面面积；P 是湿周。其中 $c=0.982AR^{0.4}(1+0.25AR)$。

通过以往研究的综述表明，大部分研究热源形状为圆形和长方形，背景环境也多为中性分层。稳定分层情况下的传热传质在大气边界层研究中极为重要。因此，稳定背景分层也在本节利用**双缸法**进行复现。大气稳定度通常由浮力频率 N 进行量化，具体定义如式（3-4）所示。

$$N = \sqrt{-\frac{g}{\rho_0} \cdot \frac{\partial \cdot \rho}{\partial \cdot z}} \qquad (3-4)$$

式中　ρ——流体在高度 z 处密度，单位为 kg/m^3；

ρ_0——流体在高度 z 处参考密度，单位为 kg/m^3。

焦万诺尼（Giovannoni）首次通过**空气箱**（Air Tank）模型研究了不同形状的水平板热源在稳定分层下的传热问题。通过实验结果和相似性分析，他们认为在稳定分层情况下，努塞尔数是瑞利数和浮力频率的函数，应该满足如下关系式（3-5）。

$$Nu_L = f(Ra_L, N) \qquad (3-5)$$

同时，热源的形状会影响近壁面的流动状态，从而可能影响总体传热特征。在焦万诺尼的研究中，由于当时实验条件的限制，存在以下几个问题。首先，在其研究中的**弗劳德数**（Fr_L）、**瑞利数**（Ra_L）和**雷诺数**（Re_L）分别为 0.43、3.21×10^7 和 395，与真实环境的相似性要求存在一定差距。弗劳德数

和雷诺数的定义分别由式（3-6）和式（3-7）所示。

$$Fr_L = \frac{u_L}{NL} \qquad (3-6)$$

$$Re_L = \frac{u_L \cdot L}{\nu} \qquad (3-7)$$

式中　u_L——速度尺度，单位为 m/s，如式（3-8）所示。

$$u_L = \left[\frac{g \cdot \beta \cdot L \cdot q_0''}{(\rho_0 \cdot c_p)}\right]^{\frac{1}{3}} \qquad (3-8)$$

式中　q_0''——热源的热流密度，单位为 W/m^2；

c_p——流体的比热容，单位为 $J/(kg \cdot K)$。

弗劳德数是衡量缩尺模型及真实尺度大气模型之间相似性的重要无量纲数。在真实大气环境中，弗劳德数可以到达 0.002～0.025 之间。在焦万诺尼的研究中，瑞利数和雷诺数不能达到完全湍流的状态，且未达到**雷诺无关**（Reynold Number Independe-nce）。[①] 在本章节所描述的研究中，弗劳德数、瑞利数和雷诺数分别为 0.05、2.94×10^{11} 和 2040。这些数值与卢等人（Lu et al.）中的研究相近，可以满足相似标准。另外，以往的研究没有

① 当雷诺数超过某一临界数值后，建筑周边的大尺度流动结构不再受雷诺数变化的影响

量化分析流场特征。在本节中将通过粒子图像测速技术实现速度场的精确测量。

上述内容主要论述了城市形状对城市热穹顶流动的影响。除此之外，相邻城市所产生的热穹顶也会相互作用，影响污染物传输。城市热穹顶流动可以通过城市区域的上升流，以及远地面的辐散流将污染物、热和水汽带到周围农村区域。同时，也可以将周边农村区域或者相邻城市产生的污染物通过近地面的辐合流动带入城市内。这是热穹顶流动影响污染物扩散的主要机制。以往的研究和实地测量通常关注热穹顶流动产生的近地面辐合流动，由于以往的研究仅仅测量到近地面的流动（主要是测量方法的限制），这类流动以往也被称为郊区风。当考虑区域尺度的污染物扩散时，多个相邻热穹顶流动的相互作用至关重要。在静稳天气下，每个城市上空均会产生一个热穹顶，相邻热穹顶是否相互作用由热穹顶的水平延展尺度和城市之间的距离决定。随着城市面积和人口的快速增长，世界范围内形成了大量的城市群，比如中国的京津冀含雄安新区

长江三角洲、珠江三角洲、粤港澳湾区等，意大利北部的波河河谷区域，印度、巴基斯坦和孟加拉国的恒河平原，日本的东京都市圈，美国的大湾区，以及纽约—费城—华盛顿区域。水箱缩尺模型可以研究多热穹顶相互作用和污染物传播的机理。详细结果将在本章第3.2.3节展示。

3.2.1　水箱缩尺模型研究方法

城市热穹顶流动研究通常有几类方法，包括中尺度数值模拟、实地测量、遥感观测，以及缩尺实验模型。水箱缩尺实验由于高效、低成本、边界条件可控性好等优点已经被广泛应用于热穹顶流动研究。同时，水箱实验的结果通过相似性分析也可以应用于验证缩尺数值模型，以及大气边界层原尺度数值模型。本节中的水箱尺寸为 1.2 m×1.2 m×1.1 m（长 × 宽 × 高）。水箱的壁面由玻璃制作，可以为 PIV 测量中激光的透射以及相机的测量提供条件。实验布置如图 3-1 所示。

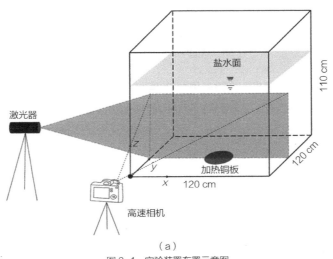

（a）

图3-1　实验装置布置示意图
（a）竖直平面速度场测量布置；
（图片引用自：本书参考文献［24］）

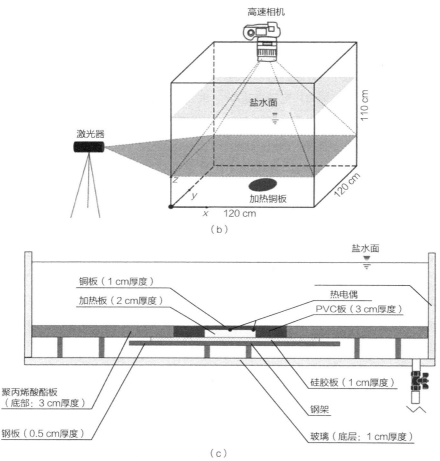

图 3-1 实验装置布置示意图（续图）
（b）水平平面速度场测量布置；（c）实验装置的截面
（图片引用自：本书参考文献 [24]）

为了获得热穹顶流动的三维结构，实验采用两个平面布置，从不同角度观测热穹顶流动特征，从而还原构建三维形态。图中水平平面测量布置中，相机与激光安装在由同步器控制的滑轨上，保证同时移动，因此在测量不同高度水平面时，避免重新对焦，保证多个水平面速度场的快速测量。加热区域有多层设置。在最底层是钢架用于支撑整个模型部分。钢架支撑结构之上有一层 1 cm 厚的硅胶绝热层。利用 PVC 板切割出不同形状，用于不同形状的城市模型，同时保证四周方向的隔热。在铜制加热板上，

有一个 1 cm 厚的铜板。由于铜的良好导热性，可以保证加热区域热流密度均匀分布。城市模型处的温度通过 K 型热电偶测量，并利用安捷伦 34972 A 来记录温度数据，记录频率为 1 Hz。实验过程热源提供的加热功率为 5500 W/m²。通过热源下方隔热硅胶板的热损失可以用式（3-9）计算。

$$P_c = \frac{\lambda_s (T_b - T_a)}{\Delta z_s} \qquad (3-9)$$

式中 λ_s——隔 热 硅 胶 板 的 导 热 系 数（λ_s = 0.17 W·m⁻¹·K⁻¹）；

Δz_s——隔热硅胶板的厚度（$\Delta z_s = 0.01\,\mathrm{m}$）；

T_b——加热板中水的温度；

T_a——边背景环境中水的温度。

各个算例中计算的热损失 P_c，以及各类参数见表 3-2、表 3-3。

表 3-2　测试案例的实验参数

案例编号	城市区域形状	$L = De$（m）	N（s^{-1}）	P_0（$\mathrm{W/m^2}$）	图 3-2a
1	圆形（直径 $D = 0.23\,\mathrm{m}$）	0.23	0.96	5500	（i）
2	等边三角形（边长 $S_e = 0.3\,\mathrm{m}$）	0.17	0.96	5500	（ii）
3	正方形（边长 $S = 0.2\,\mathrm{m}$）	0.20	0.83	5500	（iii）
4	正方形（旋转 45°；边长 $S = 0.2\,\mathrm{m}$）	0.20	0.85	5500	（iv）
5	矩形（长边 $H = 0.4\,\mathrm{m}$；短边 $W = 0.1\,\mathrm{m}$）	0.16	0.92	5500	（v）
6	矩形（旋转 90°；长边 $H = 0.4\,\mathrm{m}$；短边 $W = 0.1\,\mathrm{m}$）	0.16	0.92	5500	（vi）

（数据来源：本书参考文献［24］）

表 3-3　不同测试案例的背景条件

案例编号	P_c（$\mathrm{W/m^2}$）	q_0''（$\mathrm{W/m^2}$）	u_L（$\times 10^{-3}\,\mathrm{m \cdot s^{-1}}$）	Fr_L	Re_L（$\times 10^3$）
1	196.7	5303.3	9.0	0.041	2.43
2	209.6	5290.4	8.2	0.050	1.62
3	270.1	5229.9	8.6	0.052	2.01
4	264.5	5235.5	8.6	0.050	2.01
5	283.4	5216.6	8.0	0.054	1.49
6	267.2	5232.8	8.0	0.054	1.49

（数据来源：本书参考文献［24］）

在加热板侧边的绝热由 PVC 板提供，由于在侧边方向厚度 5～15 cm 之间，而且截面积较小，因此可以忽略导热损失。通过城市模型区域的热量可以通过下式（3-10）计算。

$$q_0'' = P_0 - P_c \qquad (3\text{-}10)$$

不同形状的城市模型布置方式如图 3-2 所示。

图 3-2（a）中展示了不同形状和朝向的城市模型。对于正方形城市，我们旋转了 45°，来观察对角线方向的流动特征。所有城市模型均有相同的面积（$0.04\,\mathrm{m^2}$），速度尺度（u_L）、弗劳德数（Fr_L）、雷诺数（Re_L）等数据均在表 3-3 中列出。

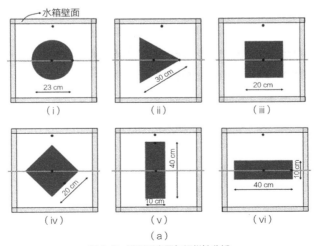

图 3-2　模型示意图与相似性分析
（a）不同形状城市模型布置示意图；
（图片引用自：本书参考文献［24］）

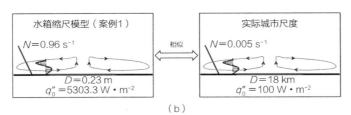

（b）

图 3-2　模型示意图与相似性分析（续图）

（b）缩尺模型与大气原尺度相似性分析

（图片引用自：本书参考文献［24］）

与缩尺实验相对应的真实大气情况如图 3-2（b）所示。根据以往研究，背景大气稳定分层中等强度典型值在 0.005 s⁻¹ 左右。日间城市区域显热热流密度在 50 ~ 350 W/m² 之间，农村区域在 25 ~ 150 W/m² 之间。夜间情况，城市区域和农村区域的显热通量热流密度分别为 10 ~ 75 W/m² 之间和 –50 ~ –5 W/m² 之间。因此，城市农村之间的热流密度差在 15 ~ 125 W/m² 左右。在此实验研究中，城市区域热流密度设置为 100 W/m²，农村区域为绝热状态，来模拟典型的城市农村之间的热流密度差。本研究中的弗劳德数在 0.041 ~ 0.054 之间，反映了 12 ~ 18 km 城市直径情况下的热穹顶流动特征。

稳定背景分层利用盐水通过双缸法建立，双缸法的实验布置图如图 3-3（a）所示。采用盐水形成密度分层的优点和必要性已经在上述章节列出。盐水密度梯度通过 PME 公司的**微尺度电导率—温度测量装置**（以下简称 MSCTI）测量。校准和测量步骤在下面段落详述。盐水密度的测量需要电导率和温度两个参数，上述两个参数的测量如下所示。

1. 温度校准

MSCTI 设备上的温度传感器为 FP07 传感器。温度与电压信号的拟合关系式由式（3-11）所示。

$$T_{meas}(V_{meas}) = \frac{A}{\ln(V_{meas} - V_{offT}) - B} - 273.15$$

（3-11）

式中　T_{meas}——换算得到的测量温度，单位为℃；

　　　V_{meas}——为测量的电压信号，单位为 V。

式中的常数 $A = 3\,302.375$、$B = -9.879\,319$ 和 $V_{offT} = -4.941\,398$。

2. 电导率校准

由于电导率传感器的信号漂移问题，在每次实验之前均需要校准。电导率和电压信号的关系为线性关系，由式（3-12）所示。

$$V_{meas} = \sigma G + V_{offC}$$

（3-12）

式中　σ——电导率，单位为 mS/cm；

　　　G——校准常数（通过每次校准获得）；

　　　V_{offC}——零电导率电压（空气中的值，通常接近 –5 V）。

具体流程如下：

第一步：将传感器置于空气中，调节旋钮，使传感器输出电压接近 –5 V。此时的电压值为零电导率电压。

第二步：制备标准氯化钠溶液用于校准。σ_0 为标准溶液的电导率（可由溶液浓度计算获得），V_0 为传感器在标准溶液中的输出电压。校准系数 G 由式（3-13）计算获得。

$$G = (V_0 - V_{offC}) / \sigma_0$$

（3-13）

式中 σ_0 由溶液的质量浓度计算得到。韦斯特（R.C. Weast，1986）[1]给出了 20℃时质量浓度与

① R.C. Weast. CRC Handbook of chemistry and physics[M]. Bath: CRC Press, 1986.

电导率之间的关系式。因为在本节实验中，质量浓度通常小于10%，电导率和质量浓度之间的关系可以被认为是线性关系。休伊特（Hewitt）提出了电导率关系式的温度补偿计算式（3-14）。

$$\sigma(T) = \sigma(18)\left[1 + b(T - 18)\right] \tag{3-14}$$

式中　$\sigma(T)$——是溶液在温度T℃时的电导率；

　　　$\sigma(18)$——溶液在温度18℃时的电导率。

式中的常数$b = 0.022\,767$。溶液在18℃时的电导率和质量浓度之间的关系可以由式（3-15）计算。

$$\sigma(18, C) = 11.826C + 4.160\,5 \tag{3-15}$$

式中　$\sigma(18, C)$——氯化钠溶液质量浓度在18℃时的电导率，单位为mS/cm;

　　　C——质量浓度（%）。

拟合公式（3-15）在质量浓度小于10%时的误差在1%以内。

3. 溶液密度计算流程

MSCTI传感器测量获得的为温度和电导率的电压信号。电压信号可以通过上述流程转换为温度和电导率值。为了计算溶液质量浓度，电导率必须先转换为18℃下的数值。溶液质量浓度的计算流程与校准流程步骤正好相反。溶液密度为温度和质量浓度的函数，可以由式（3-16）表示。

$$\rho(T, C) = f(T, C) \tag{3-16}$$

黑德（Head）给出了温度、质量浓度和密度之间的经验式，如式（3-17）和表3-4所示。

$$\rho(T, C) - \rho_0 = \sum_{i=1}^{3}\sum_{j=1}^{4} A_{ij} \cdot T^j \cdot m^{(i+1)/2} + \sum_{i=1}^{4} B_i \cdot m^{(i+1)/2} \tag{3-17}$$

式中　ρ_0——参考密度，单位为kg/m^3，可由式（3-17）计算获得；

　　　T——溶液的温度；

$$m = \frac{\left[\left(\dfrac{C}{100}\right)\Big/\left(1 - \dfrac{C}{100}\right)\right]}{0.058\,443}$$——摩尔质量浓度。

需要注意的是，此式在温度区间0～50℃时，以及质量浓度在0到饱和之间时有效。温度和电导率的计算误差分别为0.25%和1%。

表3-4　公式（3-16）中所用到的常数

$A_{11} = -0.234\,1$	$A_{12} = 3.412\,8 \times 10^{-3}$	$A_{13} = -2.703\,0 \times 10^{-5}$	$A_{14} = 1.403\,7 \times 10^{-7}$
$A_{21} = 5.395\,6 \times 10^{-2}$	$A_{22} = -6.263\,5 \times 10^{-4}$	$A_{23} = 0$	$A_{24} = 0$
$A_{31} = -9.565\,3 \times 10^{-4}$	$A_{32} = 5.282\,9 \times 10^{-5}$	$A_{33} = 0$	$A_{34} = 0$
$B_1 = 45.565\,5$	$B_2 = -1.852\,7$	$B_3 = -1.636\,8$	$B_4 = 0.227\,4$

参考密度ρ_0为纯水的密度。密度与温度之间的关系式由式（3-18）所示。

$$\rho_0(T) = \frac{\left[(1 + dT)^{-1} \sum_{N=0}^{5} A_N T^N\right]}{1000} \tag{3-18}$$

式中所涉及的常数可见表3-5（Head，1983）。有效区间是温度处于0～50℃之间。

表 3-5　公式（3-18）中所用到的常数

$A_0 = 999.839\,6$	$A_1 = 18.224\,944$	$A_2 = -7.922\,21 \times 10^{-3}$	$A_3 = -55.448\,46 \times 10^{-6}$
$A_4 = 149.756\,2 \times 10^{-9}$	$A_5 = -393.295\,2 \times 10^{-12}$	$d = 18.159\,725 \times 10^{-3}$	—

上述为测量方法，下面将阐述稳定密度分层的产生方法与流程。

图 3-3（a）中的两个**水桶**（Bucket）尺寸相同，均为直径 0.98 m、高 1 m 的圆柱形容器。水桶 1 中初始装有盐水，水桶 2 中为纯净水。为了创造稳定的线性分层，需要利用蠕动泵将盐水通过**浮子**（Floater）注入水箱中。浮子由泡沫，以及海绵制作而成，可以漂浮在水箱中的盐水表面。水桶 2 中的纯净水可以通过两个水桶之间的管路流入水桶 1，在水桶 1 中均匀混合，因此水桶 1 中的盐水浓度将逐渐降低，从而通过蠕动泵进入水箱中的溶液密度也逐渐降低，并形成线性变化的稳定盐水分层。为了避免盐水在水箱中的混合，加水的流速通常较低，浮子的海绵也有降低水流动量，从而减少盐溶液在水箱中的混合。整个加水过程通常在 8 ~ 10 h 左右。当稳定分层制作完成后，浮子可以方便地从水箱中取出，从而完成实验准备。

基于上述测量方法，不同案例中的密度梯度曲线如图 3-3（b）所示。

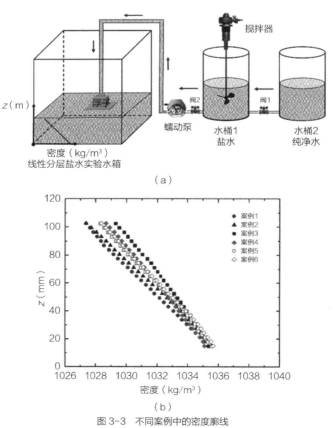

（a）

（b）

图 3-3　不同案例中的密度廓线
（图片引用自：本书参考文献［21］、［24］）

本研究中用于速度场测量的 PIV 系统由高速相机和激光及相应软件组成。激光是 532 nm 的 Ray Power10 W 连续激光器。相机为 Dantec 公司生产的 Speed Sense M140。示踪颗粒为 PSP-20 um 颗粒物。镜头采用尼康 AF-S Nikkor 20 mm 焦距 f/1.8 光圈镜头，以及 35 mm 焦距 f/1.8 光圈镜头。实验中的采样频率均设置为 30 Hz，即每次实验测量采集 30 s 数据共 900 张图像用于速度场计算。采集时间主要受到相机本身内存的限制。竖直平面的温度场可由热色液晶板显示。当使用热色液晶测量时，

流动不能穿过热色液晶板，因此其放置位置应该处于流动的对称面上，从而尽量减少对流场的影响。本部分研究中采用的热色液晶板由 Edmund Optics Inc. 公司生产（型号 Barrington，NJ，产地：USA；温度感应范围：20～25℃）。在 25℃时显示蓝色，20℃时显示红色。之间的温度可以对应这两者之间的颜色连续变化。

除了研究城市形状的影响，多个城市热穹顶相互作用也可在水箱实验中开展。具体的实验布置如图 3-4、图 3-5 所示。

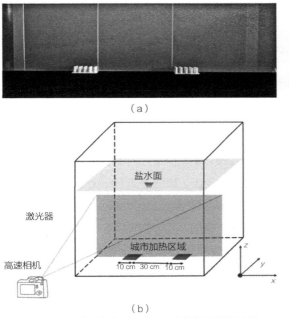

图 3-4　两个城市热穹顶相互作用研究的实验布置示意图
（a）正面照片；（b）测量三维示意图
（图片引用自：本书参考文献 [21]）

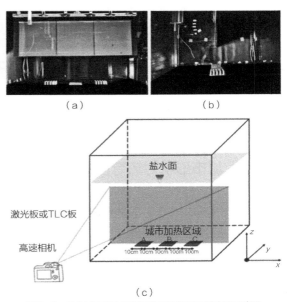

图 3-5　三个城市热穹顶相互作用研究的实验布置示意图
（a）正面照片；（b）侧面照片；（c）测量三维示意图
（图片引用自：本书参考文献 [21]）

在该章节研究中，我们考虑三种城市布局方式。第一种是单个城市（图 3-6），用于展示热穹顶的瞬态发展过程。在该实验布置中，共测试了 3 种浮力频率（0.43 s⁻¹，0.75 s⁻¹ 和 1.22 s⁻¹）以及 3 种热流密度（3500 W/m²，5500 W/m² 和 7500 W/m²），排列组合共 9 个案例。选择上述浮力频率和热流密

度是基于相似性的考虑。上述参数产生的弗劳德数在 0.017～0.061 之间。实验结果表明，不同参数下的热穹顶流动特征瞬态发展规律一致，因此在结果中，将主要展示其中一组案例的动态发展过程。

两个和三个城市实验布置如图 3-4 和图 3-5 所示。在两个城市的案例中，城市上方的铜柱直径 1 cm，

高度 2.5 cm，用于模拟城市中的建筑。每个城市块中有 5×5 个铜柱，每个铜柱之间间距为 1 cm，这个布局下建筑面积比例大概为 0.2，和中等密度城市相当。在三个城市的布置中，两边的城市与两个城市案例中的建筑布局相同，中间的城市铜柱较小（直径为 2 mm，高度为 1 cm，间距为 2 mm）。城市中共有 25×25 个铜柱。建筑面积比例同样为 0.2。

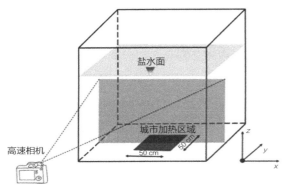

图 3-6 单个城市热穹顶实验研究布置图
（图片引用自：本书参考文献［21］）

3.2.2 城市形状对热穹顶的影响

该部分研究共进行了 4 种城市形状的测试（圆形、三角形、正方形和长方形）。对于正方形和长方形（案例 3 到案例 6），通过不同角度测量垂直截面上的速度场。将案例 3 和案例 5 中的城市模型分别旋转 45° 和 90° 可得到案例 4 和案例 6，总共产生了 6 个案例。将城市旋转一定的角度进行测量出于两个考虑。一是，由于热穹顶的三维流动结构的存在，当从这两个不同角度观察时，城市穹顶流动呈现出不同的特征。二是，实验结果可以有助于排除水箱形状的影响因素。如果城市与水箱壁面的相对角度发生变化时，城市穹顶流动仍呈现出相同的特征，则说明水箱壁面并未影响热穹顶流动。

1. 不同形状城市上空的平均速度场

圆形城市上空的平均速度场如图 3-7 所示。

图 3-7（b～d）的测量平面的无量纲高度 $\left(z^{*} = \dfrac{z}{z_{i}}\right)$ 分别为 0.14、0.29 和 0.57。基于卢等人研究，混合高度 z_{i} 选取的是城市中心高度。

圆形城市上空的流动呈现出与以往研究中相同特征，即：近地面由农村向城市中心的辐合流动，在城市上空以热羽流形式向上流动，在远地面向农村方向辐散流出。如图 3-7（b～d）所示，由于圆形城市区域的轴对称特性，流动并不会沿特定方向显著不同。然而，城市热穹顶流动在其他形状城市上空呈现出不同的流动模式。图 3-8 显示了等边三角形城市上空的热穹顶流动模式。

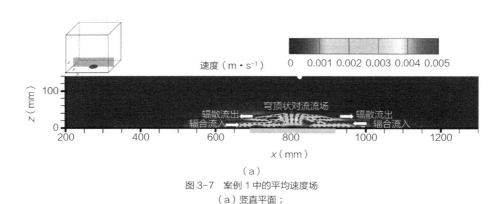

（a）

图 3-7 案例 1 中的平均速度场
（a）竖直平面；
（图片引用自：本书参考文献［24］）

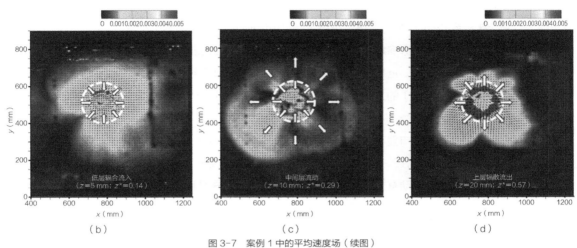

（b）　　　　　　　　　　（c）　　　　　　　　　　（d）

图3-7　案例1中的平均速度场（续图）

（b~d）不同高度的水平平面，虚线圆圈代表城市区域边界，箭头代表主流方向

（图片引用自：本书参考文献［24］）

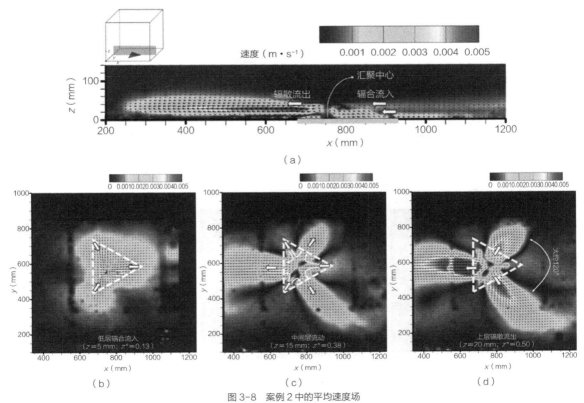

（a）

（b）　　　　　　　　　　（c）　　　　　　　　　　（d）

图3-8　案例2中的平均速度场

（a）竖直平面；（b~d）不同高度的水平平面，虚线三角形代表城市区域边界，箭头代表主流方向

（图片引用自：本书参考文献［24］）

值得注意的是图 3-8（b~d）中的水平轴表示基于图 3-1 所示坐标系的方向。如图 3-8（a）所示，与圆形城市上空的流动不同，远离地面上空的辐散流动只存在于垂直于边的方向。近地面的辐合流动则主要沿着角分线（穿过顶点）的方向发展。这个现象也可以从图 3-8（b~d）水平平面的速度场中证实。此速度场特征与圆形城市显著不同。接下来我们展示正方形城市上空流动特征。

正方形城市上空热穹顶流动有如下规律。近地面主要沿着对角线方向流入，远地面垂直于边的方向流出。在图 3-9 中，当在横跨城市中轴线的垂直平面上观察热穹顶流动时，可以看到弱辐合流入和强辐散流出。这种流动类型可以通过水平平面上的速度场来解释。在近地面，流动主要是对角线（图 3-9 b）

方向，因此在案例 3 的实验设置中，在图 3-9（a）中近地面只能观测到较弱的辐合流动。如果在垂直平面上沿对角线测量速度场，对应于案例 4 中的实验设置，则会观测到一个较强并且面积较大的辐合流动区域。上述推测得到了图 3-10（a）所示速度场的证实。同样，图 3-9（a）（Fan et al.，2022）中的辐散流量很大，而沿对角线的垂直平面上几乎没有显示辐散流出量（图 3-10 a）。辐合流入与辐散流出之间的关系和特征与案例 2 中三角形城市相似。如图 3-9（c）所示，中等高度处的辐合流动与相邻两边的辐散流动会有直接连接，但是与相对的两个边之间的辐散流动没有直接交流。表明流动主要在一侧进行，很少会穿过城市中心到另一侧，这个流动特征对污染物扩散规律研究有指导作用。

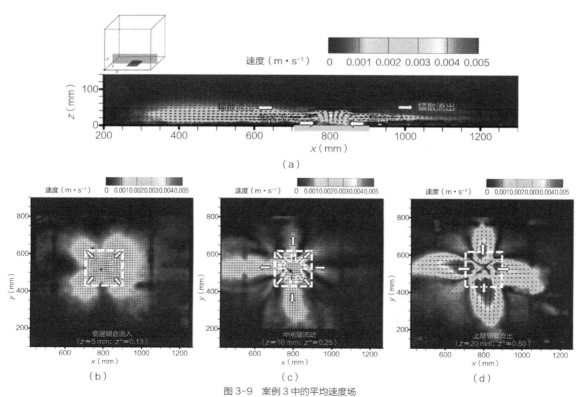

图 3-9　案例 3 中的平均速度场

（a）竖直平面；（b~d）不同高度的水平平面，虚线正方形代表城市区域边界，箭头代表主流方向

（图片引用自：本书参考文献［24］）

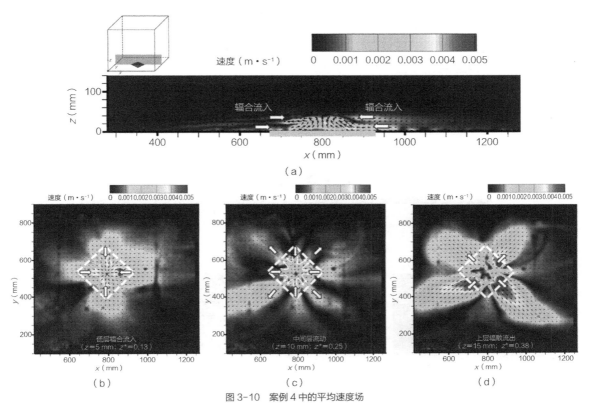

图 3-10　案例 4 中的平均速度场

（a）竖直平面；（b～d）不同高度的水平平面，虚线倾斜的正方形代表城市区域边界，箭头代表主流方向

（图片引用自：本书参考文献 [24]）

如图 3-10（a）所示，竖直平面上的流场以沿对角线方向的辐合流入为主，与案例 3 的结果（图 3-9 a），即沿对角线流入更强的假设相吻合。案例 4 中，城市热穹顶流的对角线方向流入、垂直于边的方向流出、入流出流的连接方式等特征与案例 3 相同。因此也表明水箱的形状（方形或圆形）不影响结果。

长方形城市区域的流动特征随着**长宽比**（Aspect Ratio，AR，长边和短边之比）而改变。在本章节，仅考虑了一个 AR 值，即 AR = 4。AR 对热穹顶流动的影响值得在未来深入探讨。

图 3-11（a）显示，从长方形的短边方向观察，远地面的向外辐散流出比辐合流入要强得多（对

应于图 3-2 av 中的设置案例 5）。在长方形案例中，两个长边存在两个弱流入区域（图 3-11 b），由点划曲线圈出。在两个弱流入区域之间，在城市中心附近可以看到一个水平速度较低的带状区域（图 3-11 b）。这个带状区域不是流动停滞区域；相反，该区域的垂直速度显著，主要是由于向上的热羽流（图 3-11 a）。在图 3-11（c）中，可以观察到角分线流入和垂直于两个长边的流出之间的流动连接。短边的流出只能在左侧观察到，而且非常微弱，可以忽略不计。这一发现表明，当 AR 足够大（在本研究为 4）时，垂直于矩形短边的流出可能会消失。另一种现象是再循环区的存在。在长方形的拐角处，高压区和低压区分别因辐散流出和辐合流入而存在。

因此，流出的一部分可以被吸引到流入区域并加入辐合流动的主流。这些再循环区域也可以表现为图3-12（c）中的蘑菇形头部。图3-11（d）表明，上层的辐散流出非常强烈，以至于流出分支两侧存在显著的侧向卷吸区域。

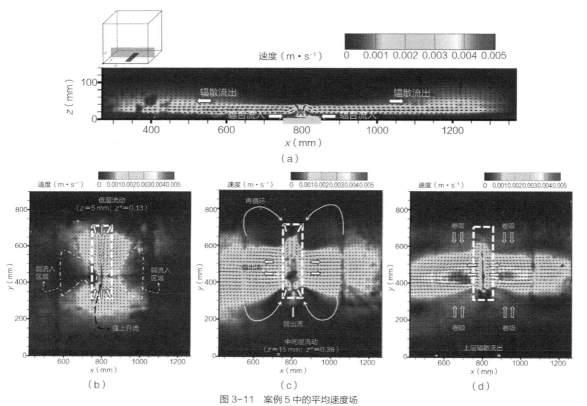

图3-11　案例5中的平均速度场

（a）竖直平面；（b~d）不同高度的水平平面，虚线倾斜的长方形代表城市区域边界，箭头代表主流方向

（图片引用自：本书参考文献［24］）

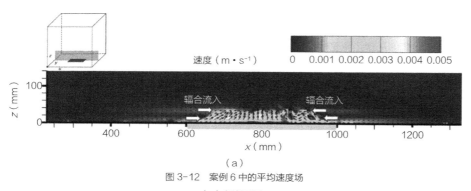

图3-12　案例6中的平均速度场

（a）竖直平面；

（图片引用自：本书参考文献［24］）

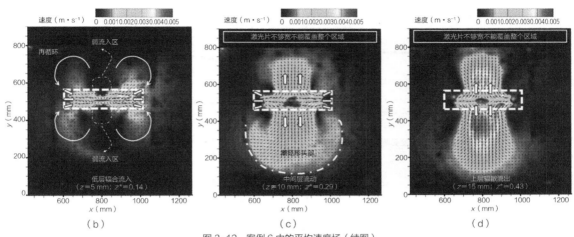

图 3-12　案例 6 中的平均速度场（续图）
（b ~ d）不同高度的水平平面虚线倾斜的长方形代表城市区域边界，箭头代表主流方向
（图片引用自：本书参考文献［24］）

在案例 6 中，垂直平面上仅存在辐合流入（图 3-12a），这表明长方形的短边方向上不存在辐散出流。在图 3-12（a）中，垂直速度出现了多个局部最大值。如图 3-11 所示，在案例 6 中出现了类似案例 5 的再循环区域和弱流入区域（图 3-12b）。基于案例 5 和案例 6 的结果，我们发现，具有较大 AR（本研究中为 4）的长方形城区上的城市热穹顶流的共同特征。一方面，辐散出流仅在长边方向显著，流出强度足以产生明显的卷吸区域。另一方面，在短边辐合入流和长边辐散出流之间存在回流区。

2. 不同形状城市在稳定背景分层下的传热特征

为了计算 Ra_L 和 Nu_L，在每种案例下都测量了城市和周围环境中的温度。各种情况下的温度曲线，如图 3-13 所示。

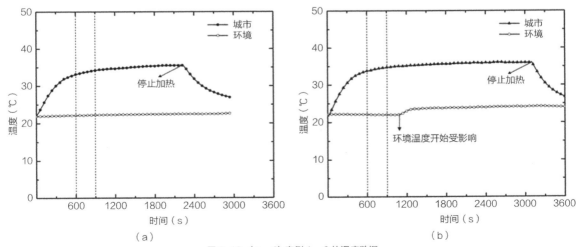

图 3-13　（a ~ f）案例 1—6 的温度数据
（图片引用自：本书参考文献［24］）

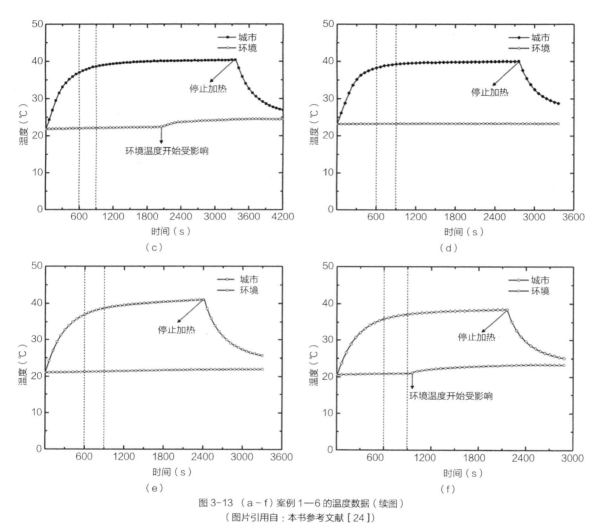

图 3-13 （a～f）案例 1—6 的温度数据（续图）
（图片引用自：本书参考文献［24］）

在图 3-13 中，横坐标和纵坐标分别代表时间和温度。温度信号记录频率是 1 Hz。为了显示清楚，图 3-13 中每 60 s 显示一个数据。图 3-13 中的原点是加热开始的时间。城市地区的温度在最初的几分钟开始迅速上升，然后随着进入准稳态而缓慢变化。在案例 2、3 和 6（图 3-13 b、c 和 f）中，环境温度在某一时刻呈阶梯式升高，表明城市穹顶流动到达水箱边缘温度传感器布置区域，此时流动也开始受水箱壁面的影响。图中显示只有三个案例的环境温度显示出阶梯式增加现象，因为这些案例中

的热电偶位于强出流区域（垂直于城市边缘）。垂直于城市边缘方向的流出量更大，流动速度更快，因此更容易到达水箱壁面（图 3-1 d）。相反，沿对角线（或顶点方向）的出流可以忽略不计。测量准稳态期间的平均温度用于计算传热系数。案例 6（图 3-13 f）中的环境温度在加热后 900 s 左右开始升高。因此，为了对所有情况进行比较，选择了一个时间段（600 s 到 900 s；在图 3-13 中的垂直虚线之间）来计算平均温度 T_b。不同案例的平均温度见表 3-6。需要注意的是，城市区域热电偶测得

的温度 T_b 并不是城市地表温度（T_s）。T_s 可基于傅里叶定律通过式（3-19）求解。

$$q_0'' = \frac{\lambda_c (T_b - T_s)}{\Delta z_c} \quad （3-19）$$

式中 λ_c [$\lambda_c = 401\,W/(m \cdot K)$]——铜板的热导系数；

Δz_c（$\Delta z_c = 0.01\,m$）——铜板的厚度

T_s 的计算结果如表 3-6 所示。由于铜的高导热性，T_b 和 T_s 之间的差异很小。

本研究中的 Nu_L 可以由式（3-20）计算。将牛顿冷却定律 $h = \dfrac{q_0''}{(T_s - T_a)}$ 带入式（3-2）可得式（3-20）。

$$Nu_L = \frac{q_0''\, L}{[\lambda (T_s - T_a)]} \quad （3-20）$$

为了比较稳定背景分层环境和中性环境中的传热差别，我们可以根据式（3-1）计算 Nu_{cal}。要获得不同案例下的 Nu_{cal} 值，必须知道 3 个参数（Ra_L、C 和 n）。Ra_L 可以由式（3-3）计算得到（表 3-6）。如表 3-1 所示，不同的研究给出了不同的 C 和 n 值。表 3-1 列出了 14 项相关类似实验布置的传热系数研究。14 个研究中的 11 项提供了相关系数。在这 11 项研究中又有 8 项建议 n 选取 $\dfrac{1}{3}$（或 0.33）。因此，我们采用 $n = \dfrac{1}{3}$。这 8 篇相关论文的系数 C 在 0.13 到 0.17 之间，本研究使用了平均值（0.152）。

表 3-6　T_b 是加热铜板底面的平均温度

工况 Case	T_b (℃)	T_s (℃)	σ_{T_b} (℃)	T_a (℃)	σ_{T_a} (℃)	Ra_L (×10⁹)	Nu_L	Nu_{cal}	$Diff$ (%)
案例 1	33.7	33.6	0.3	22.2	0.04	2.83	174.8	214.7	22.8
案例 2	34.3	34.2	0.3	22.0	0.04	1.22	120.9	162.1	34.1
案例 3	37.9	37.8	0.5	22.0	0.03	2.57	108.8	207.7	90.9
案例 4	38.8	38.7	0.3	23.3	0.03	2.51	111.3	206.3	85.4
案例 5	38.0	37.9	0.5	21.3	0.04	1.38	82.7	168.9	104.1
案例 6	36.7	36.5	0.4	20.9	0.04	1.30	88.0	165.6	88.1

（数据来源：本书参考文献 [24] ）

如表 3-6 所示，T_s 和 T_a 分别是铜板上表面和周围环境的平均温度。σ_{T_b} 和 σ_{T_a} 分别是 T_b 和 T_a 的标准差。Nu_L 是本研究中测量的努塞尔数，Nu_{cal} 是根据中性环境中的公式计算得出的值。$Diff$ 定义为 $\dfrac{(Nu_{cal} - Nu_L)}{(Nu_L \times 100\%)}$。$T_b$ 和 T_a 的标准差分别在 0.5℃ 和 0.04℃ 左右。数据也表明，研究中所选取的时间段（600 s 到 900 s）可以被视为准稳态。参数 $Diff$ 在各个案例中都很大（22.8%～104.1% 之间），这说明 Nu_{cal} 明显高于 Nu_L，意味着在稳定背景分层中传热将被显著抑制。在我们的以往关于热穹顶突破逆温层研究中相关实验很好的支持了这一现象。在实验中，逆温层被热穹顶突破后，城市区域温度会迅速下降。这一发现对于城市气候的预测和设计非常重要。由于大气中的湍流黏度与湍流热扩散率具有相同的量级，因此湍流传热系数的增加也意味着湍流传质系数的增加，从而提高了城市地区污染物扩散速度。

不同案例中 Nu 和 Ra 的定量关系在图 3-14 中展示。

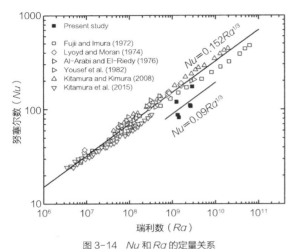

图 3-14　Nu 和 Ra 的定量关系

注：实心和空心符号分别代表在稳定背景分层和中性环境中的情况
（相应数据来自下列参考文献：见本书参考文献 [2]、[29]、[44]、
[45]、[55]、[100]）

（图片引用自：本书参考文献 [24]）

由于在大多数湍流自然对流研究中使用指数 $n = \dfrac{1}{3}$，我们将稳定背景分层下的实验结果（案例 1—6）用 $n = \dfrac{1}{3}$ 拟合，获得系数 $C = 0.09$，拟合结果如图 3-14 中的斜线所示。该结果还表明，在稳定背景分层下，Nu 小于中性环境中的 Nu，这表明稳定分层抑制了对流换热。Nu 和浮力频率 N 之间的定量关系对于稳定环境中的传热研究很重要，需要在未来研究中考虑。现有初步结果表明，当其他背景条件保持不变时，Nu 随 N 增加而减小。不同城市形状的案例中 Nu 并没有显示出明显的差异，但不一定表明城市形状不影响传热系数。造成这种不确定性的主要原因有三个。首先，由于密度分布的差异，浮力频率 N 在不同案例并不完全相同。其次，案例数量可能不足以呈现形状对传热系数的影响的统计意义结果。最后，虽然采取了措施（使用高导电性材料，例如铜作为加热器）以使整个加热器的温度和热通量尽可能均匀，但在加热器表面上

流动的不均匀性可能会导致温度和热通量变化。这三个方面应在未来的研究中进一步研究。

3. 讨论

本小节的研究主要证明城市热岛环流的近地面辐合流入和远地面的辐散流出特征都取决于城市的形状。对于正多边形城市，自然对流的发展沿着角平分线到城市中心的路径更长，有更多机会进行换热，从而尽量多地提升换热量。远地面辐散流出自动寻找阻力最小的路径（即两个入流区域之间的空间，垂直于边的方向）。本节结果很明显地显示，三角形城市的平分线流入比方形城市更明显。我们进一步可以假设随着边数的增加，更多的角平分线入流合并，成为一个圆形热穹顶。

该研究中，针对不同长宽比（AR）的长方形城市仅包含了两种情况（即 AR 为 1 和 4）。AR 可以明显影响平均流场。AR 为 1 时（即正方形；图 3-15），在垂直于边的四个方向上都存在辐散出流。然而，当 AR 为 4 时（长方形；图 3-15 d），几乎无法观察到垂直于短边的出流。这种现象表明存在临界 AR，在该 AR 情况下，垂直短边方向上的出流将消失。当 AR 足够大时（例如，$AR = 4$），短边方向的入流也会消失，城市热穹顶流可以被视为二维流动。具有长方形形状的城市很常见，尤其是在山谷地形中。因此，需要进一步研究在山谷地形中具有各种 AR 的长方形城市热穹顶流动。在中性环境中，热源形状的影响在近地表区域很明显，但形状影响在某个临界高度后会消失。

该部分研究有一定局限性。首先，只考虑了理想化的设置。城市区域的热通量假设均匀，来突出基本物理现象，而实际城市区域的温度和热通量由于建筑物的高低错落和人类活动变化而并不均匀。城市下垫面非均匀性对城市尺度流动的影响还有待进一步研究。还应该注意的是，该部分

没有考虑城市区域的粗糙度（例如建筑物）等的　　系数。
影响。高层建筑也可能影响城市尺度的对流传热

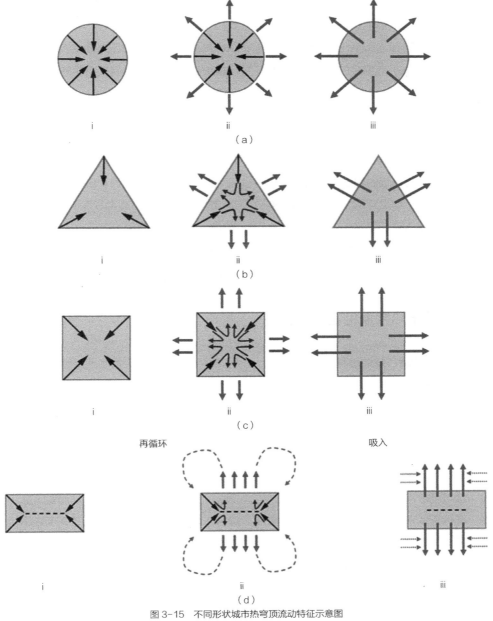

图 3-15　不同形状城市热穹顶流动特征示意图
（a ~ d）分别代表圆形、三角形、正方形、长方形；
（i ~ iii）分别代表近地面、中层、远地面
（图片引用自：本书参考文献 [24]）

4. 结论

在稳定背景分层下，本部分分析了圆形、三角形、正方形和长方形等各种形状的城市区域上的城市热穹顶流动特征。城市形状对流场有显著的影响。对于多边形城市，近地面的辐合入流主要沿着内角的平分线方向流动，而远地面的辐散出流则只存在于垂直于边的方向。长方形城市区域上的热穹顶流动特征取决于长宽比 AR。一方面，与正方形（即 $AR = 1$）相比，当 AR 为 4 时，几乎无法观察到垂直于短边的辐散出流。另一方面，垂直于长边的辐散出流非常强，以至于它们在出流区域产生径向的卷吸。此外，远地面的辐散出流与近地面的辐合入流之间产生再循环。研究中还计算了稳定背景分层下的对流换热系数，并与中性环境下进行了比较。结果表明稳定背景分层环境下的 Nu 明显低于中性环境，传热被抑制。

3.2.3   多个城市热穹顶相互作用特征

1. 单个热穹顶的瞬态发展过程

本节主要分析单个热穹顶（$N = 0.75/s$ 和 $H_0 = 7500 \text{ W/m}^2$，$Fr = 0.035$）的瞬态发展规律。图 3-16 所示的八幅图像的总时长为 191 s，相邻两幅图像之间的时间差分别为 18 s、8 s、2 s、17 s、60 s、56 s 和 30 s。穿过加热区域中心的垂直截面由激光照亮。热羽流的可视化是通过使用悬浮的铁锈颗粒来完成的。在水箱装满盐水之前，我们首先在城市区域放置了细长的铁针，这些针脚在盐水中被快速腐蚀并产生铁锈颗粒。悬浮的铁锈颗粒通过激光照射可以显示为高亮区域。悬浮的铁锈颗粒可跟随流动，因此可以观察到城市地面升起的热羽流。蘑菇云状热羽流尺寸从图 3-16（a）到 3-16（h）变得越来越大，直到它们达到准稳态的城市热穹顶混合

高度。这些清晰可见的热羽流含有较高浓度的铁锈颗粒，可能存在许多其他热羽流由于缺乏铁锈颗粒而未显示出来。

在加热的初始阶段，如图 3-16（a、b）中所示，城市中心区域附近的热羽流垂直上升，不受城市和农村之间产生的压力差影响。然而，处于城市边缘的热羽流最先受到压力差的影响，并向城市中心的方向弯曲，如图 3-16（c、d）所示。随着压力差的增加，乡村产生的流动开始进入城市区域，直到最终汇入向上的流动。热羽流也被由农村向城市发展的流动带到中心城区，最终在市区上空形成了城市规模的平均环流。在此部分的水箱实验中，城市尺度流动达到准稳态需要 3~5 min。在过渡阶段，城市地区表面温度迅速上升，当这种上升变为非常缓慢时，就达到了准稳态。根据研究学者建议的无量纲时间和相似性分析，在真实大气尺度对应的达到准稳态时间为 2.5~4 h。本实验中的浮力频率（N）和真实大气中的典型值分别为 0.75/s 和 0.015/s。

我们通过 PIV 测量了速度场并计算了涡量场。两种不同瞬态发展状态的半分钟平均速度和涡量场如图 3-17 所示。为了捕获热穹顶流动初始阶段的瞬态速度场，该图中的采样频率为 100 Hz。

速度和涡度分别定义为 $\sqrt{u^2 + w^2}$ 和 $\dfrac{\partial u}{\partial z} - \dfrac{\partial w}{\partial x}$，其中 u 和 w 分别是水平和垂直速度分量，x 和 z 是水平和垂直坐标。较大的涡度表明存在剪切力。正/负涡度显示指向页面外部或内部的涡度。城市区域位置由 x 轴上的水平粗红线标记，白色点划线位于城市中心上方。瞬态场（图 3-17 a）显示出与准稳态（图 3-17 b）完全不同的特性。在过渡状态下，城市地区上空的向上流动（主导热羽流）和向下补偿流动并存。平均速度场和涡量场也呈现关于城市

中心线的不规则和不对称分布。然而，在准稳态下，速度场更加有序，呈现出圆顶形状的平滑上边界（图3-17b）。如图3-17（b）中（ⅰ）所示，远地面辐散出流和近地面辐合入流之间存在剪切层。

图3-17（b）中（ⅱ）所示的涡量场清楚地显示了城市中心两侧的内部剪切层区域（右侧为负值的深色和左侧为正值的深色）。城市中心线右侧的涡度由于其环流方向相反而呈现出相反的特征。

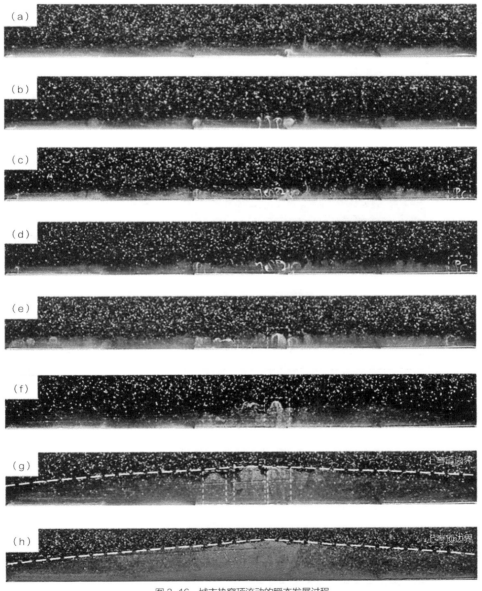

图3-16　城市热穹顶流动的瞬态发展过程
（a）60 s；（b）78 s；（c）86 s；（d）88 s；（e）105 s；（f）165 s；（g）221 s；（h）251 s
（图片引用自：本书参考文献［21］）

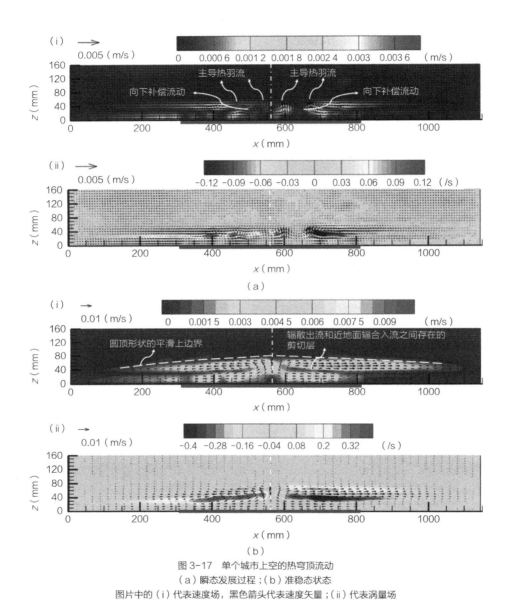

图 3-17　单个城市上空的热穹顶流动
（a）瞬态发展过程；（b）准稳态状态
图片中的（ⅰ）代表速度场，黑色箭头代表速度矢量；（ⅱ）代表涡量场
（图片引用自：本书参考文献 [21]）

城市区域的混合高度是在不同水平位置测量的，如图 3-18 所示。

在图 3-18 中 D 是城市的边长。$x = 0$ 代表城市中心，$x = \dfrac{D}{2}$ 代表城市边缘位置。混合高度 z_i 定义为最大负浮力出现的高度。如图 3-18 所示，三个位置 $x = 0$、$\dfrac{D}{4}$ 和 $\dfrac{D}{2}$ 的混合高度分别为 64 mm、44 mm 和 42 mm。$x = 0$ 处的混合高度与 $x = \dfrac{D}{2}$ 处的混合高度之比为 $\dfrac{42}{64} \approx 0.66$，即大约 $\dfrac{2}{3}$。城市

热穹顶在城市中心的向上流动混合了逆温高度以下的空气，并在城市区域形成了混合层。混合层中的流体密度不随高度变化。在稳定分层的大气边界层中，背景空气的密度随着高度的增加而降低。因此，向上流动的垂直速度随高度先增加后减小。这是由于与周围空气相比，较低层的空气密度较小（产生向上加速度），而较高层的空气密度较大（产生向下加速度）。空气可以上升到其密度大于周围空气的高度，这被称为**过冲**（Overshoot）。因此，混合层顶部与混合层上方的相邻逆温层之间存在突然的密度下降。同理，水箱实验中混合层与逆温层界面存在密度突变。从混合层到逆温层的突然密度变化导致 MSCTI 传感器的信号异常，从而导致混合高度处的异常密度增加，如图 3-18 所示。混合高度随位置而变化，在城市中心最大。根据图 3-18 所示的结果，城市边缘的混合高度约为城市中心的 $\frac{2}{3}$。

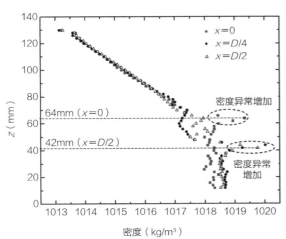

图 3-18　城市区域不同位置的密度廓线（准稳态状态下测量）
（图片引用自：本书参考文献［21］）

2. 两个或三个热穹顶相互作用特征

两个城市的相互作用实验布置图，如图 3-4 所示。实验中稳定分层的浮力频率 $N = 0.81/s$。每个城市的热通量为 $22\,500\,W/m^2$。确定浮力频率和热通量原则主要是基于混合层高度和 Fr 数相似性分析。两个城市热穹顶相互作用的速度场和涡量场，如图 3-19 所示。

在图 3-19 中，平均速度场和涡量场是半分钟的平均值，采样频率为 100 Hz。两个城市热穹顶流动，在相遇前各自独立发展（图 3-19 a），流场以城市中心线对称。由于两个城市的热通量、建筑面积密度、直径和浮力频率都相同，所以这两个城市热穹顶的混合层高度、速度逆转层高度（即近地面辐合入流和远地面辐散出流的界面高度）和速度尺度也是相同的。因此，如果两个城市的热穹顶水平方向延展超过两个城市之间距离的一半时，那么两个城市的热穹顶就会发生相遇碰撞。各自远地面辐散出流的碰撞会产生向下的回流，如图 3-19（b）中（i）所示，并在水平面上产生 y 方向的流动。水平面上侧向流动和竖直面向下流动的比例取决于 Fr 大小。如图 3-19（b）中（ii）所示，由于两个城市热穹顶流动近地面辐合入流之间的竞争，在两个城市的中点周围形成了一个速度停滞区。沿 x 方向进入两个城市的流入流体不足会导致中点附近沿 y 方向出现更多的侧向卷吸流入。如图 3-19（b）中（ii）所示，由于两个城市之间的压力相对较低，两个城市热穹顶会相互吸引靠近。左边城市的中心线位于 $x = 365\,mm$ 处，而其城市热穹顶中心线位于 $x = 376\,mm$ 处。类似的位移也发生在右侧城市的热穹顶上。对于这两个城市来说，城市热穹顶中心线与城市中心线的偏离距离大概为 $0.11\,D$，其中 D 是城市的边长。

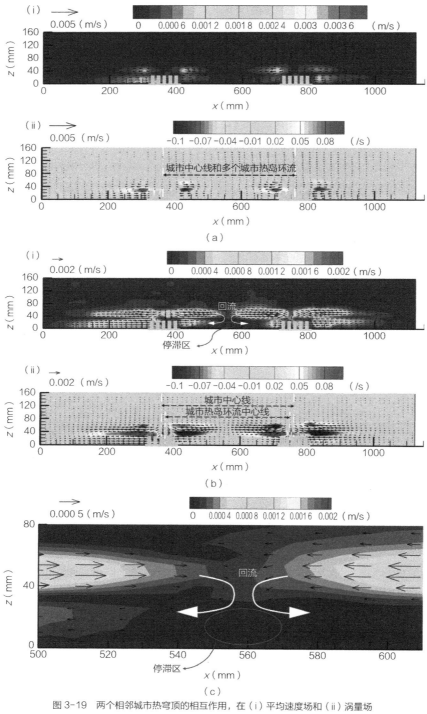

图3-19　两个相邻城市热穹顶的相互作用，在（ⅰ）平均速度场和（ⅱ）涡量场
（a）瞬态发展状态；（b）准稳态；（c）在（b）（ⅰ）中回流和静风区的放大图
（图片引用自：本书参考文献［21］）

相同混合层高度和速度逆转层高度的相邻城市热穹顶会相互碰撞，不同速度逆转层高度的相邻城市热穹顶会发生融合。根据图 3-5 中的实验布置，对三个城市相互作用进行了实验。实验中同时使用了**热色液晶薄膜**（TLC）**板**和**粒子图像测速仪**（PIV）。为了避免热色液晶薄膜板与粒子图像测速仪之间的干扰，在其他实验条件完全相同情况下，进行了使用和不使用热色液晶薄膜板的两个单独的实验。图中城市 A、B 和 C 的热通量分别为 22 500 W/m²、7500 W/m² 和 22 500 W/m²，即中间城市小于相邻的两个城市。背景浮力频率 N = 0.81/s。城市 A 和 C 的热通量是城市 B 热通量的 3 倍。因此，A 和 C 的混合层高度是 B 的 1.4 倍。请注意，城市 A 和 C 的参数和位置与两个城市的案例设置完全相同。

图 3-20 显示了通过热色液晶薄膜板测量得到的城市热穹顶形状和温度场特征。

在图 3-20 中，实际热色液晶的背景颜色为绿色（实验时的背景温度使其呈现为绿色），而由于加热，城市热穹顶区域的颜色呈蓝色。对于图 3-20（a）中的瞬态，三个不同城市热穹顶独立发展。随着时间的推移，城市热穹顶在垂直和水平方向上都在增长，并达到准稳态，最终三个热穹顶发生融合，形成一个鞍形温度场，如图 3-20（c）所示。由于城市 B 热通量相对较小，城市 B 的最大混合层高度低于 A 和 C 城市。城市 B 的远地面辐散出流高度位于 A 和 C 的近地面辐合入流区域，进而形成连接城市 B 辐散出流和城市 A 与 C 辐合入流的**链流**（Chain Flow）。由此可见，城市 B 中产生释放的污染物可以通过链流进入城市 A 和 C。城市 B 近地面入流与相邻区域 x 方向的城市 A 和 C 近地面入流相互竞争。x 方向入流量的不足由 y 方向的侧向入流进行补偿。如果 y 方向上城市 B 附近的农村空气是清新的，城市 B 的空气质量可以得到一定程度的提高。

三个城市热穹顶的速度场和涡量场，如图 3-21 所示。实验参数与图 3-20 的参数完全相同，只是未使用热色液晶板。

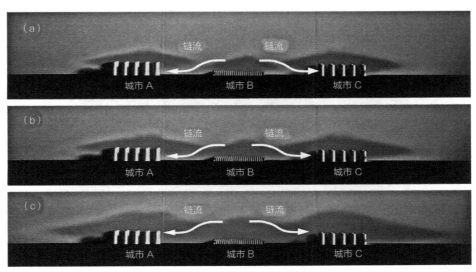

图 3-20　城市热穹顶的温度场
（a）开始加热后 6 min 的温度场；（b）开始加热后 7 min 的温度场；（c）开始加热后 9 min 的温度场
（图片引用自：本书参考文献［21］）

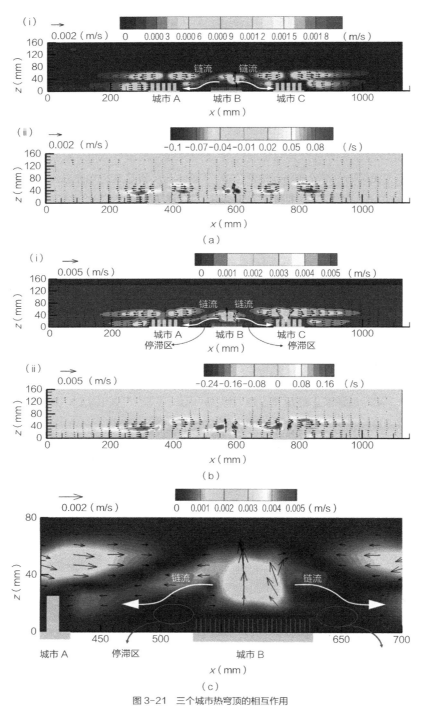

图 3-21 三个城市热穹顶的相互作用
（a）在瞬态发展状态（i）平均速度场和（ii）涡量场；（b）在准稳态期间（i）平均速度场和（ii）涡量场；
（c）在图（b）(i) 中的链流和静风区的放大视图
（图片引用自：本书参考文献 [21]）

小城市 B 的存在阻碍了城市 A 和 C 之间的直接互动。城市 A 和 C 远地面辐散出流使城市 B 的辐散出流被挤压并向上弯曲。图 3-21 显示城市 B 辐散出流成为城市 A 和 C 辐合入流的一部分。在图 3-21（b）中，城市 B 远地面辐散出流的涡量场与城市 A 和 C 区域相连。如图 3-21（a）中（ii）和（b）中（ii）所示，城市 A 和 C 上空最大的涡量区域位于两个剪切层，即辐合入流与辐散出流之间的内部剪切层，以及辐散出流和逆温层之间的剪切层。由于城市热穹顶的混合层高度不同，城市 A、B 和城市 B、C 之间形成了链流，这是静稳天气条件下，污染物在城市间传输的重要机制。三个城市之间的区域存在类似于图 3-19（b）中（ii）中的停滞区。如果城市 A 和城市 C 的速度逆转层高度高于城市 B，则城市 A 和 C 辐散出流将在城市 B 上方汇合，形成一个盖顶，限制城市 B 内污染物的垂直扩散。因此，城市 B 的污染物在城市 A 和 C 辐合入流和城市 B 辐散出流的共同作用下被输送到城市 A 和 C。

3. 讨论

链流只有当两个相邻的城市有不同的混合层高度时才会出现。如果相邻城市的面积、建筑密度、人口和人为热量相同，则混合层／逆向层高度也会相似，导致两个城市热穹顶发生碰撞产生回流。在本章节的研究中城市形状均为正方形。我们在上一小节的实验中表明，热穹顶流动特征受到形状显著影响。未来可以进一步研究不同形状的城市组合，比如两个圆形城市，一个圆形城市和一个方形城市，以及两个不同方向的方形城市（一个城市的顶点指向另一个城市的边）。此外，真正城市的形状更复杂。因此，在未来值得探索的是，在这些不同的条件下会产生什么样的流动特征，以及链流在何种情况下会出现，并具体在多大程度上影响污染物扩散特征。

另外，本研究的实验布置中我们将三个城市排列在一条直线上。这三个城市也可以以不同角度的三角形布局排列，这将产生更多的组合。如果涉及更多的城市和地形因素，如山脉、湖泊和河流，情况会更加复杂。需要进一步研究。

该部分研究结果表明，较小城市的城市热穹顶可能会被完全吸入到较大的城市，这可能会对区域空气污染产生重大影响。在空气污染从局地污染过渡到区域污染之前，预计大城市之间的一些农村地区可能仍有相对清洁的空气。在这种情况下，较小的城市可能会有更好的空气质量，因为它们的污染被邻近的大城市带走并引入了周边清新空气。

4. 小结

该部分分析了单个城市热穹顶的瞬态发展过程，以及多个城市热穹顶的相互作用。当两个相邻城市之间的距离小于两个相邻城市热穹顶的水平延展距离时，两个热穹顶会发生碰撞并产生回流，并且在中点附近产生流动静止区。在两个相同热穹顶相互作用情况下，由于两个城市之间 x 方向的竞争，导致 y 方向侧面流入增加。对于具有不同强度和混合层高度的城市热穹顶，当小城市污染较重时，大城市热穹顶的远地面辐散出流可以覆盖在小城市热穹顶上，并限制污染物在小城市中的垂直扩散。小城市热穹顶流动携带污染物通过链流可以进入大城市。假设小城市 y 方向未受污染，可以将更多新鲜空气从 y 方向带入小城市。因此，城市群中的小城市在一定时间内和在某种程度上可能会通过链流提高空气质量。如果一个城市群中的大城市热穹顶足够强大，能够扩散并覆盖污染物源所在的整个城市群区域，那么城市群中的任何城市都无法摆脱污染，从而形成区域污染。

3.3　地转偏向力对城市热穹顶的影响

　　城市热穹顶的研究中往往忽略地转偏向力的影响。当特征长度（即城市直径）较小（小于10 km）且 Rossby 数（ Ro 数）明显大于1时，见式（3-21），这种假设是合理的。然而，随着城市的快速发展，超大城市数量越来越多，城市直径可以超过 20 km，甚至达到 40 ~ 50 km，此时，地转偏向力是否可以忽略是非常值得讨论的问题。

$$Ro = \frac{U_{\mathrm{D}}}{Df} \qquad （3-21）$$

式中　D——城市直径，单位为 m；

　　　U_{D}——速度尺度由式（3-22）定义，单位为 m/s；

　　　f——科里奥利频率由式（3-23）定义，单位为 rad/s。

$$U_{\mathrm{D}} = \left(\frac{g \cdot \beta \cdot D \cdot H_0}{\rho_0 \cdot C_{\mathrm{p}}} \right)^{\frac{1}{3}} \qquad （3-22）$$

式中　g——重力加速度，单位为 m/s²；

　　　β——流体的热膨胀系数，单位为 K⁻¹；

　　　H_0——城市表面的热流密度，单位为 W/m²；

　　　ρ_0——参考密度，单位为 kg/m³；

　　　C_{p}——流体的比热容，单位为 J/（kg·K）。

$$f = 2\Omega\sin\varphi \qquad （3-23）$$

式中　Ω——是地球自转的角速度，为常数 7.25×10⁻⁵rad·s⁻¹；

　　　φ——所处纬度

　　f 在北半球为正，在南半球为负，因此 Ro 数符号会发生改变。Ro 数可以量化对流引起的惯性力与地球自转引起的科里奥利力的相对大小。

　　在超大城市中，Ro 数的值更接近甚至小于1。

　　因此，在进行城市热穹顶流动研究时，尤其是在超大城市中，按照 Ro 准则数推测，应该考虑地转偏向力的影响。

　　城市热穹顶研究中通常为三种方法：即全尺寸实地测量（非常困难，目前未见相关研究建立有效技术方法）、缩尺水箱实验和数值模拟。全尺寸实地测量可准确反映观测区的实际情况。然而，由于真实城市的直径从几公里到几十公里不等，因此很难解析城市热穹流动的三维结构，这需要大量的观测站点并且成本极高。此外，边界条件难以确定，而且在真实城市中无法控制，由于真实大气条件的快速变化，观测的可重复性较差。缩尺水箱实验已被证明是城市热穹流动研究的有效工具，其可以用盐水或加热方法模拟稳定大气背景分层。然而，在水箱实验中，高时空分辨率的流场和温度场测量在技术上仍然存在困难，复杂的城市下垫面也很难通过缩尺模型重现。当在同一相似性分析框架内同时考虑城市尺度和建筑尺度的物理现象时，相似性也面临挑战。

　　如果数值模型得到实验数据的验证，则使用具有灵活边界条件设置能力和数据提取能力的数值模拟可以弥补缩尺实验的不足。数值模型包括可以模拟中尺度动力学的天气研究和**预报模型**（WRF）。然而，该模型适用的网格分辨率往往较粗（500 ~ 1000 m），无法同时解析精细流动构造（小于500 m）。为了提高城市尺度研究的空间分辨率，有研究提出了城市尺度计算流体动力学（CSCFD）方法，它可以同时解析城市尺度和建筑尺度的流动结构。考虑到上述各方法的优缺点，本章节的研究采用流体动力学方法。该模型首先通过水箱实验进行验证，然后在考虑各种背景条件及地转偏向力情况下的全尺寸城市热穹顶流动研究。另外，本章节也建立并验证了一个数值旋转水槽模型，可以提高计算效率。

3.3.1　相似性分析

分析缩尺模型和全尺寸原型之间的相互验证问题，首先需考虑数值模型和原型之间的相似性标准。在热穹顶流动研究中，如果 Fr 数（式 3-24）具有相同的量级，则可以满足真实大气尺度流动与缩尺水箱建模之间的相似性。

$$Fr = \frac{U_{\mathrm{D}}}{ND} \qquad （3-24）$$

$$N = \left(g \cdot \beta \frac{\partial \cdot \theta}{\partial \cdot z} \right)^{\frac{1}{2}} \qquad （3-25）$$

$$N = \left[-\left(\frac{g}{\rho_0} \right) \frac{\partial \cdot \rho}{\partial \cdot z} \right]^{\frac{1}{2}} \qquad （3-26）$$

$$\theta = T \left(\frac{p_0}{p} \right)^{\frac{R}{C_\mathrm{p}}} \qquad （3-27）$$

式中　N——浮力频率，单位为 /s；

　　　θ——位温，单位为 K；

　　　z——纵坐标，单位为 m；

　　　ρ——流体密度，单位为 kg/m^3。

式（3-25）和式（3-26）分别用于大气边界层中和缩尺水槽中浮力频率的计算。除了 Fr 数，Ro 数用于保证考虑地转偏向力作用下的相似性条件。

3.3.2　计算域、案例设置和控制方程

在本章节中，仍然研究一个理想的均匀加热的方形城市（图 3-22）。该部分研究案例 2（a～g）中数值模型的设置与案例 1（水箱实验数据，数据来源于本书参考文献［23］）相同。数值水箱工况（表 3-7 中案例 2 a～g 和案例 7—9）的计算域设置为 0.6 m×0.6 m×0.1 m（长×宽×高度）。这个区域已足够大，从而避免边界壁面对模拟城市热穹顶流动的影响。同时，也建立了全尺寸模型工况

（表 3-7 中的案例 3 a～b 和案例 4—6）（城市的边长为 20 km），计算域设置为 10 km×10 km×2 km（长×宽×高）。

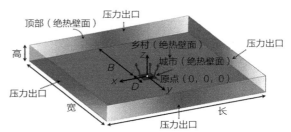

图 3-22　数值模型的计算域和边界条件设置
注：城市用正方形标出，坐标原点位于城市中心，D 和 B 分别是城市直径和城市边缘到计算域边界的距离
（图片引用自：本书参考文献［104］）

表 3-7 总结了所有工况的参数在案例 3 a～b 和案例 4—9 中，不同纬度（$\varphi = 30°$、$50°$、$78°$）的地转偏向力由 Ro 和 f 量化，NA 表示不适用。测试的湍流模型包括大涡模型（LES）（案例 2a 和 3a）、Standard k-ω（SKΩ）模型（案例 2b 和 3b）、Spalart-Allmaras（SA）模型（案例 2c）、RNG k-ε（RNG）模型（案例 2d）、Standard k-ε（SKE）模型（案例 2e）、Realizable k-ε（RLKE）模型（案例 2f）和雷诺应力模型（RSM）模型（案例 2g）。案例 4—6 测试了不同地转偏向力（在不同纬度）对城市热穹流动的影响。我们也建立了一个数值旋转水箱，并设计了与案例 4—6 具有相同 Ro 数的工况（案例 7—9）来分析验证数值旋转水箱的有效性。建立数值旋转水箱的原因如下：① 它可以用来验证使用旋转水箱研究地转偏向力对城市热穹流动影响的可行性；② 与模拟全尺寸大气尺度流动相比，数值旋转水箱的应用可以显著减少计算时间，这将有助于在未来的相关研究中节省时间和成本。

为了确保在数值模拟中能正确反映稳定背景分层，我们在控制方程（式 3-28、式 3-29）中应用

了垂直坐标变换，形成了新的控制方程（式 3-37 ~ 式 3-41）。在垂直坐标变换过程中，为了方便表达在式中引入了变换系数 ξ。

$$\xi = -\frac{1}{z}\left(\frac{g}{R\Gamma} - 1\right)\ln\left(\frac{T_0 - \Gamma z}{T_0}\right)$$

（3-28）

式中　　z——表示笛卡儿坐标中的垂直坐标；

下标"0"——基准海平面位置；

T_0——海平面高度的温度；

R——理想气体常数，$R = 287.05\,\text{J}\cdot\text{kg}^{-1}\cdot\text{K}^{-1}$；

g——重力加速度，$g = 9.8\cdot\text{ms}^{-2}$。

在模拟中将 ξ 设置为 $10^{-4}/\text{m}$ 的恒定值。

静态温度（T_s）、压力（p_s）和密度（ρ_s）在式（3-29）~ 式（3-31）分别如下：

$$T_s = T_0 - \Gamma z \qquad (3\text{-}29)$$

$$\rho_s = p_0\left(1 - \frac{\Gamma z}{T_0}\right)^{\frac{g}{R\Gamma}} \qquad (3\text{-}30)$$

$$\rho_s = \rho_0 e^{-\xi z} \qquad (3\text{-}31)$$

通过坐标变换，原始场变量（z，w，T，p，ρ）与变换变量（z_n，w_n，T_n，p_n，ρ_n）之间的对应关系如式（3-32）~ 式（3-35）所示。

$$z = -\frac{1}{\xi}\ln(1 - \xi z_n) \qquad (3\text{-}32)$$

$$w = \frac{\rho_0}{\rho_s}\cdot w_n = e^{\xi z}w_n \qquad (3\text{-}33)$$

$$T_n = T_0 + T' = T_0 + T - T_s = T + \Gamma z$$

（3-34）

$$p' = \frac{\rho_s}{\rho_0}\cdot p_n = e^{-\xi z}p_n \qquad (3\text{-}35)$$

式中　T'——偏离稳态流动的温度；

p'——偏离稳态流动的压力波动；

u、v 和 w——原始 x、y 和 z 方向上的速度分量。

坐标变换后，速度矢量和算子可写成式（3-36）、式（3-37）：

$$\vec{V}_n = [u\,\vec{i},\ v\,\vec{j},\ w_n\,\vec{k}] \qquad (3\text{-}36)$$

$$\vec{V}_n\,\nabla_n = u\cdot\frac{\partial}{\partial\cdot x} + v\cdot\frac{\partial}{\partial\cdot y} + w_n\cdot\frac{\partial}{\partial\cdot z_n}$$

（3-37）

最后，垂直坐标变换，连续性、动量和能量的控制方程可写为式（3-38）~ 式（3-40）：

$$\nabla_n\cdot\vec{V}_n = 0 \qquad (3\text{-}38)$$

$$\frac{d(\rho_0\cdot\vec{V}_n)}{dt} = -\nabla_n\cdot p_n + \mu\cdot\nabla_n^2\cdot\vec{V}_n + \rho_0\cdot\beta(T_n - T_0)g + \vec{F}_c + \vec{F}_n = 0 \quad (3\text{-}39)$$

$$\frac{d(\rho_0\cdot C_p\cdot T_n)}{dt} = \nabla(k\cdot\nabla\cdot T_n) + S_T\cdot s \qquad (3\text{-}40)$$

式中　t——时间，单位为 s；

μ——分子动力黏度，单位为 $\text{kg}/(\text{m}\cdot\text{s}^2)$；

k——导热系数，单位为 $\text{W}/(\text{m}\cdot\text{K})$；

β——热膨胀系数，单位为 /K。

在动量方程中采用 Boussinesq 假设。式中包含地转偏向力项（$\vec{F}_c$）和坐标变换项（$\vec{F}_n$）。坐标变换后的垂直坐标 z_n 由式（3-32）表示，参数 J 在式（3-41）中定义。

$$J = \frac{1}{(1 - \xi z_n)} \qquad (3\text{-}41)$$

$$\vec{F}_c = \begin{bmatrix} \rho_0\cdot f_v - \rho_0\cdot l\cdot w_n\cdot J \\ -\rho_0\cdot f\cdot u \\ \rho_0 l\cdot u\cdot J \end{bmatrix} \qquad (3\text{-}42)$$

$$\vec{F}_n = \begin{bmatrix} 0 \\ 0 \\ (J^2-1)\,\rho_0 \cdot \beta\,(\theta - T_0)\,g + \xi\rho_0 \cdot w_n^2 \cdot J - p_n\xi\,(J + 1 + \xi z_n) \end{bmatrix} \quad (3\text{-}43)$$

式中　　$f\,(f = 2\Omega\sin\varphi)$——地转偏向力的垂直分量；

　　　　$l\,(l = 2\Omega\cos\varphi)$——地转偏向力的水平分量，单位为 rad/s；

　　$\Omega\,(7.25 \times 10^{-5}\,\text{rad} \cdot \text{s}^{-1})$——地球自转的角速度；

　　　　　　　　φ——纬度。

　　在能量方程式（3-40）中 S_T（式 3-44）是垂直坐标变换所产生的变换压缩项，在以往的传统 CFD 控制方程中不存在。

$$S_T = \rho_0 \cdot Q_{ex} + J \cdot C_p \cdot \rho_0 \cdot w_n \left(\Gamma - \frac{g}{C_p} \right) \quad (3\text{-}44)$$

表 3-7　工况相关参数汇总

工况 Case	工况说明	D (m)	N (/s)	Fr	Ro，φ (°)	f (rad/s)
案例 1	水箱实验	0.12	0.68	0.084	∞，NA	N/A
案例 2a	缩尺 -LES	0.12	0.68	0.084	∞，NA	N/A
案例 2b	缩尺 -SKΩ	0.12	0.68	0.084	∞，NA	N/A
案例 2c	缩尺 -SA	0.12	0.68	0.084	∞，NA	N/A
案例 2d	缩尺 -RNG	0.12	0.68	0.084	∞，NA	N/A
案例 2e	缩尺 -SKE	0.12	0.68	0.084	∞，NA	N/A
案例 2f	缩尺 -RLKE	0.12	0.68	0.084	∞，NA	N/A
案例 2g	缩尺 -RSM	0.12	0.68	0.084	∞，NA	N/A
案例 3a	全尺寸 -LES	2×10^4	0.018	0.013	∞，0	0
案例 3b	全尺寸 -SKΩ	2×10^4	0.018	0.013	∞，0	0
案例 4	全尺寸 -LES	2×10^4	0.018	0.013	3.25，30	7.27×10^{-5}
案例 5	全尺寸 -LES	2×10^4	0.018	0.013	2.12，50	1.1×10^{-4}
案例 6	全尺寸 -LES	2×10^4	0.018	0.013	1.66，78	1.4×10^{-4}
案例 7	缩尺 -LES	0.12	0.68	0.084	3.25，NA	0.017 7
案例 8	缩尺 -LES	0.12	0.68	0.084	2.12，NA	0.027 1
案例 9	缩尺 -LES	0.12	0.68	0.084	1.66，NA	0.034 6

（数据来源：本书参考文献 [28]）

3.3.3 边界条件、网格独立性测试和湍流模型测试

不同工况的边界条件如图 3-23 所示。底部边界为无滑移边界条件，城市地区热边界条件为恒热通量，城市区域简化为理想化正方形平面，其余的农村地区设置为绝热边界。该部分研究未考虑城市表面粗糙度和潜热通量的影响。侧面边界条件为压力出流。在模拟城市热穹顶流动时，为了消除由重力内波引起的计算不稳定性，在计算域顶部附近设置了海绵吸收层。缩尺水箱模型和全尺寸大气模型的吸收层厚度分别为 0.08 m 和 1700 m。顶部边界设置为绝热无滑移边界条件，时间步长设置为 1 s。

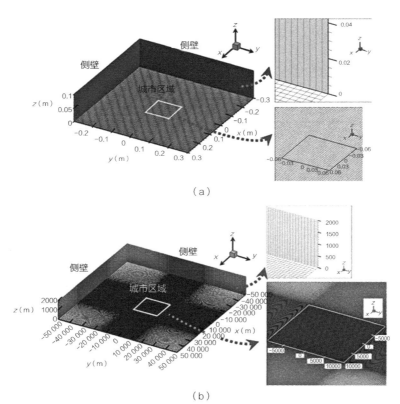

图 3-23 数值模型的网格划分

（a）缩尺水箱模型；（b）全尺寸大气模型白色正方形标注的为城市模型的位置

（图片引用自：本书参考文献 [28]）

缩尺水箱和全尺寸大气模型模拟采用的网格分别如图 3-23（a）和（b）所示。数值水箱模型采用均匀的网格尺寸。x、y、z 方向的网格尺寸分别设置为 5 mm、5 mm、0.5 mm，网格总数为 288 万个。对于网格敏感性分析，使用 LES 模型选择了 450 万、128 万和 72 万的网格设置。在城市边缘的中心垂直线上 $\left(\dfrac{x}{D} = 0.5, \dfrac{y}{D} = 0 \right)$ 提取水平速度（u），并定义无量纲水平速度 U_W^*（$U_W^* = \dfrac{u}{u_D}$，其中下标 "W" 代表水箱）。计算达到准稳态后 150～250 s 内的平均无量纲水平速度（U_W^*）。模拟数据与实验数据

对比如图 3-24 所示，288 万个网格情况下的速度分布与实验最吻合。当网格数量增加到 450 万个时，与 288 万个网格案例的结果相比，计算结果的变化可以忽略不计。因此，对于水箱的模拟，可采用总网格数为 288 万的网格设置。在全尺寸大气模型中的网格划分，水平和垂直方向上网格尺寸按一定比例增加以减少网格总数。从城市边缘开始，x 和 y 方向的最小网格设置为 80 m，网格尺寸增加比例为 1.03。z 方向最小网格设置为 36 m，增加比例为 1.03，网格总数为 836 万个。

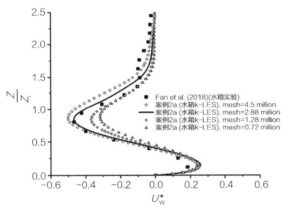

图 3-24　在城市边缘上的无量纲水平速度垂直廓线，不同工况用于网格独立性测试与数值模型的验证
注：相应数据来自下列参考文献：本书参考文献［20~22］
（图片引用自：本书参考文献［28］）

为了选择合适的湍流模型，设计了案例 2 a ~ g 和案例 3 a ~ b。将不同湍流模型的结果与实验室数据进行比较可确定合适湍流模型。对水箱模型不同时刻的计算结果进行分析后发现，大约 120 s 后，流动结构特性没有明显变化，即达到准稳态。因此，将 150 ~ 200 s 的模拟结果取平均值以供进一步分析。同样，全尺寸大气模型在 10 000 s 后达到准稳态，10 000 ~ 15 000 s 之间的平均数据用于分析。

如图 3-25 所示，模拟数据与实验数据进行了比较。缩尺水箱模型中的无量纲水平速度使用普朗特数（Pr）进行校正以进行比较。校正式如

式（3-45）所示。

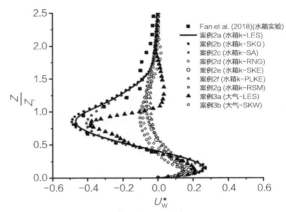

图 3-25　在城市边缘上的无量纲水平速度垂直廓线
（$\dfrac{x}{D} = 0.5$，$\dfrac{y}{D} = 0$，水箱工况所用数据时间 150 ~ 250 s，
全尺寸工况所用数据时间 10 000 ~ 15 000 s）
注：相应数据来自下列参考文献：本书参考文献［20］
（图片引用自：本书参考文献［28］）

$$U_W^* = U_A^* \left(\frac{Pr_W}{Pr_A} \right)^{\frac{1}{c}} \qquad （3-45）$$

式中　Pr_W——水的普朗特数水；

Pr_A——空气的普朗特数；

U_W^*——缩尺模型的速度尺度；

U_A^*——全尺寸大气模型中的速度尺度

式（3-45）中的 $\dfrac{Pr_W}{Pr_A}$ 和 c 分别设置为 8.75 和 0.48。

水箱模型中，LES（案例 2a）、SKΩ（案例 2b）和 SA（案例 2c）模型均能较好的模拟热穹顶流动。然而，在全尺寸大气尺度模型中，只有 LES 模型（案例 3a）取得了令人满意的模拟结果，而其余模型均未能准确模拟较强的热穹顶出流特征。

除了城市边缘速度廓线的比较，也可对不同高度水平面上的速度场进行定性比较，如图 3-26 所示。结果表明，LES 模型（图 3-26b 和 d，案例 2a）与 PIV（粒子图像测速仪）在水箱实验中测量的结果

（图 3-26a 和 c，案例 1）非常吻合。近地面沿对角线方向的辐合入流和远地面垂直于边方向的辐散出流都得到了很好的再现。LES 模型计算得到的速度场（图 3-26b，案例 2a）呈高度几何对称分布，中心

静风区与城市几何中心完全重叠。在水箱实验中，由于实验误差等原因，收敛中心与几何中心不完全重合。以上结果表明，LES 模型可较好复现热穹顶流动特征。因此，在不同工况中均采用 LES 模型来模拟计算。

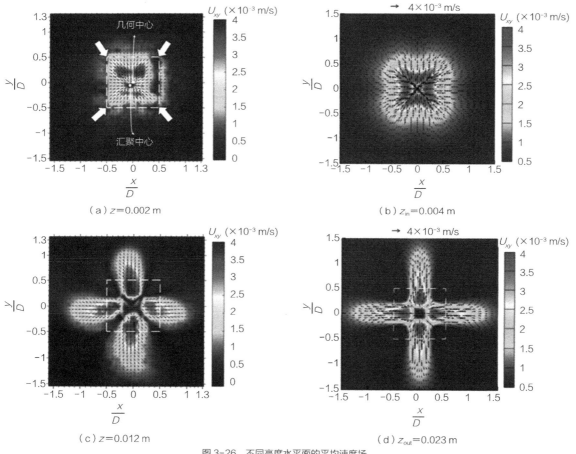

（a）z=0.002 m

（b）z_{in}=0.004 m

（c）z=0.012 m

（d）z_{out}=0.023 m

图 3-26 不同高度水平面的平均速度场
（a）和（c）案例 1 中的水箱实验工况；（b）和（d）案例 2a 中的 LES 模拟工况
（图片引用自：本书参考文献 [28]）

3.3.4 有无地转偏向力作用下的热穹顶流动特征比较

为了比较不同大小的地转偏向力对城市热穹流动的影响，案例 3a、案例 4、案例 5 和案例 6 分别设置了对应与北半球 0°、30°、50° 和 78° 的纬度

相同的地转偏向力。图 3-27 和图 3-28 分别比较了有无地转偏向力情况下的速度场和温度场。

在最大入流速度所在高度（z_{in}）处，0° 纬度地区的流场呈现沿对角线的标准辐合入流，如图 3-27（a）所示。z_{in} = 39 m 时的最大水平流入速度（U_{xy}）约为 3 m/s。在纬度 30°（图 3-27 b）情况下，由于

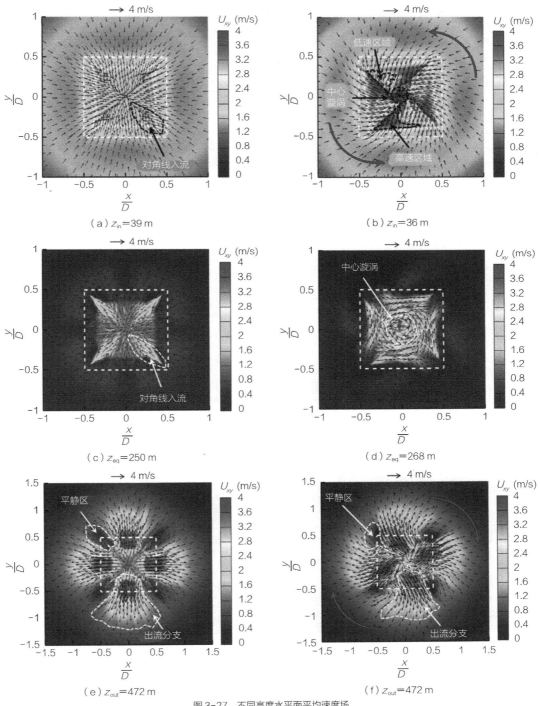

图 3-27　不同高度水平面平均速度场

（a，c，e）是案例 3，$\varphi = 0°$ 工况；（b，d，f）是案例 4，$\varphi = 30°$ 工况

（图片引用自：本书参考文献 [28]）

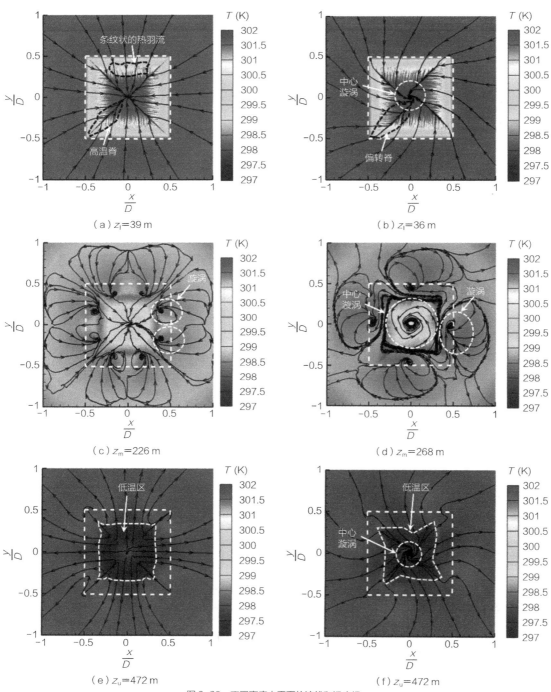

图 3-28 不同高度水平面的流线和温度场

（a，c，e）是案例 3，$\varphi = 0°$ 工况；（b，d，f）是案例 4，$\varphi = 30°$ 工况

白色虚线正方形框代表了城市位置

（图片引用自：本书参考文献 [28]）

地转偏向力的影响，近地面辐合流动发生逆时针方向偏转。高速区域面积（大于 3 m/s）扩大，分布在对角线的侧边区域。高速区域一直延伸到城市的中心区域，出现了漩涡结构。高速区域旁边存在相应的低速区域（图 3-27 b），近地面流动展现出气旋现象。中等高度平面上，辐合入流减弱，辐散出流开始出现。对于案例 3a，城市内的高速区域（大于 3 m/s）在 z_{eq} = 250 m 时明显减少（图 3-27 c）。对角线辐合入流仍然存在，并且对角线上的速度高于其他区域。对于案例 4（图 3-27 d），在高速区域向城市中心收缩的同时，形成了一个大的中心漩涡。对于远地面平面速度场，四个侧面区域表现出明显的辐散出流（案例 3a，图 3-27 e）。两个高速出流分支之间分别形成四个低压低速回流区（平静区）。当存在地转偏向力时（图 3-27 f），由于强辐合入流的旋转的惯性，辐散出流在城市上方远地面处出现逆时针方向偏转。随着辐散出流向远离城市中心的方向流动，在地转偏向力的作用下进一步发生了顺时针方向偏转，即反气旋现象。

案例 3a 和案例 4 在不同高度（z_{in}、z_{eq} 和 z_{out}）的温度场如图 3-28 所示。黑色实线代表流线，箭头代表速度方向，T 代表实际温度的时间平均值（从 10 000～15 000 s）。在近地面处的水平面上，城市中心区气温超过 301 K，比城市边缘区高出约 3 K。在城市边缘区域观察了到条纹状的热羽流，这类大涡结构在水箱实验中也可以观察到。同时，在对角线附近观察到了高温脊（图 3-28 a）。如图 3-28 所示，低层温度等值面在地转偏向力的作用下发生偏转。随着热羽流的偏转，对角线处出现高温隆起。与此同时，在城市中心出现了漩涡。在中等高度水平面上（图 3-28 c）高温区向市中心收缩，温度约为 200 K，方形城市的两侧边缘出现两个对称的大涡结构。在图 3-28（d）中，纬度为

30° 时，由于地转偏向力的作用，位于城市边缘区域的涡合并为一个尺度更大的涡。

在远地面处的水平面，城市地区的实际温度低于农村地区（图 3-28 e 和 f），这是由于城市热穹顶流的过冲效应造成的。低温区域与图 3-27（e）和（f）中的高速区域重合。

图 3-29（a）和（b）描述了地转偏向力对正方形城市上方热穹顶流动的影响。黑色虚线框表示城市区域，城市边缘区是指对角线一侧气流发生偏转的区域，在近地面水平面（浅色斜线标记的三角形区域）和远地面水平面（深色斜线标记的三角形区域）位于不同的位置，角度 γ 定义为远地面出流方向发生偏转的角度，受城市中心低气压和地转偏向力共同作用，近地面流场呈现明显的反气旋特征，沿对角线区域的入流发生逆时针偏转。高速流动区域位于城市边缘区。在远地面水平面，城市上空产生的高压和地转偏向力最终导致辐散出流顺时针偏转，最终出现反气旋现象。为了定量分析偏转效果，定义了最大速度所在点形成的出流区域的中心线。通过对城市边缘区域一定范围内的最大速度点进行拟合得到一条直线。该直线与相邻坐标轴之间的角度定义为出流偏转角（γ，如图 3-8b 所示）。

地转偏向力随纬度增加而增加，城市热穹顶在较高纬度（北半球 50° 和 78°）的流动特征如图 3-30 所示。地球上最北端的城市（朗伊尔城，挪威斯瓦尔巴群岛）位于 78° N。因此 78° N 被选为研究地转偏向力影响的纬度最大值（案例 6），对应的 Ro 数为 1.66。值得注意的是，其他因素，如地形、当地气候、城市规模和人口、城市热岛强度和大气背景条件，都在不同纬度发生变化，会影响城市热穹顶流动。为了明确地转偏向力的影响，在该部分研究中只有纬度被视为变量（案例 4—6），而其他变量的设置保持不变。

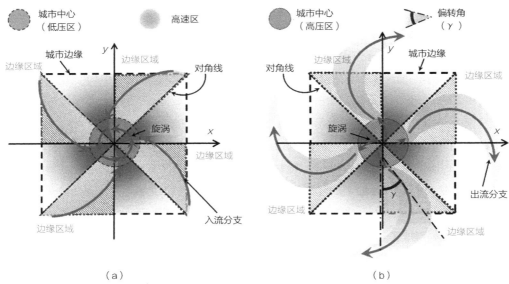

图 3-29　不同高度处水平面流场在地转偏向力作用下的示意图
（a）近地面气旋（辐合流入）；（b）远地面反气旋（辐散流出）
（图片引用自：本书参考文献［104］）

如图 3-30（a）、（b）所示，近地面处的水平面上，原来的强对角线流动偏转到城市边缘区域。高速区（$U_{xy} > 3$ m/s）主要分布在城市边缘区域。随着纬度的增加，城市边缘区域的高速区域不断扩大，中心的漩涡尺寸也持续增加。这些特征可能会显著影响城市尺度的降水、散热和污染物扩散。在中等高度上（图 3-30 c 和 d），流动方向继续偏转。随着纬度从 50° 增加到 78°，位于城市中心的涡随着高速区（$U_{xy} > 3$ m/s）的扩大而增大。在远地面（图 3-30 e、f），可以观察到出流发生明显偏转。由于近地面辐合入流发生逆时针偏转，城市中心附近的出流在初始阶段也由于惯性产生逆时针方向的位移。然而，出流流动进一步向农村方向发展时，由于地转偏向力的作用，流动方向会沿顺时针方向偏转。

四个出流分支之间存在四个静风区域（图 3-30 e、f）。随着纬度的增加，辐散出流分支的变形更加明显。静风区进一步逆时针方向偏转。

在纬度 78° N（案例 6），最大出流高度（z_{out}）为 430 m，低于纬度 50°（案例 5，$z_{out} = 471$ m）和 30°（案例 4，$z_{out} = 472$ m）的情况。这是因为地转偏向力加强了水平速度的偏转作用，同时减弱了浮力在垂直方向的运动，导致最大出流的高度有所降低。

不同工况的三维速度等值面如图 3-31 所示，U_x，U_y 和 U_z 分别是 u，v 和 w 三个方向速度分量的时间平均值（10 000 ~ 15 000 s）。当没有地转偏向力时（案例 3 a，图 3-31 a），在近地面沿对角线区域可观察到 3 m/s 的速度等值面。随着高度的增加，2 m/s 的等值面逐渐缩小并接近对角线，形成高速脊线形态。城市边缘区域的等值面呈现出由亚城市尺度的热羽流扰动形成的条状入流大涡结构。在远地面，垂直于边的四个方向上的出流呈现出四叶草结构，并呈现条状出流大涡结构。图 3-31（a ~ d）进一步证明了辐合入流和辐散出流由于地转偏向力而偏转，并且偏转角度随着纬度的增加而增加。

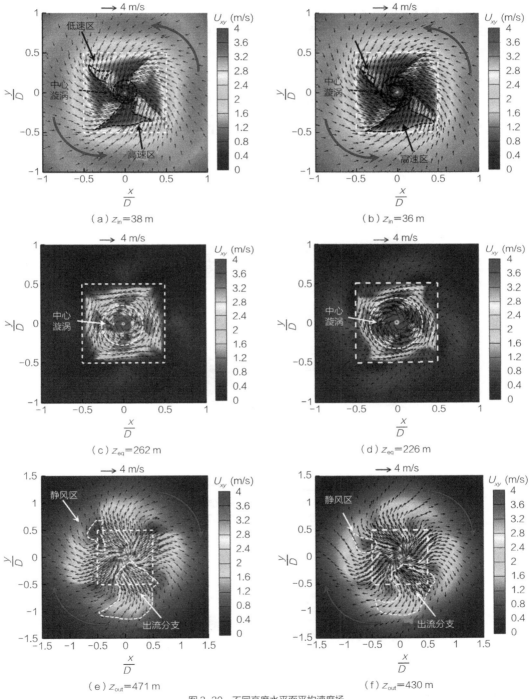

图3-30　不同高度水平面平均速度场

（a，c，e）是案例5，$\varphi = 50°$ 工况；（b，d，f）是案例6，$\varphi = 78°$ 工况

（图片引用自：本书参考文献［28］）

　　为了比较不同纬度造成的温度场差异，对城市表面温度的三维等值面分布进行了处理，如图3-32所示。在没有地转偏向力的情况下（图3-32 a），可在城市边缘区域和对角线附近的高温脊中出现条纹状结构。高温热羽流在城市中心聚集。当存在地转偏向力时，高温脊开始偏转并出现中心涡流。随着纬度从30°增加到78°（图3-32 b～d），高温脊的偏转更加明显，城市中心的涡旋更加强烈。这也导致城市中心的高温集中度更高，城市中心的羽流温度峰值进一步向上抬升。

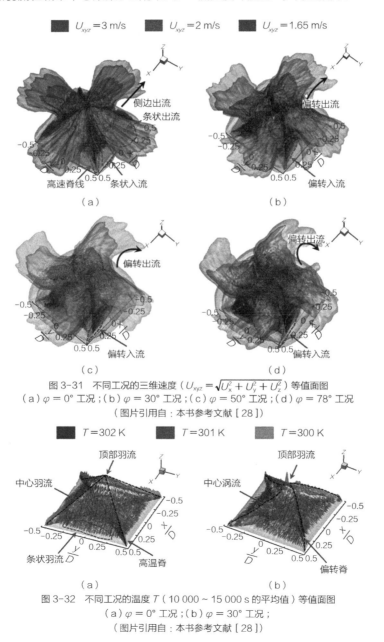

图3-31　不同工况的三维速度（$U_{xyz} = \sqrt{U_x^2 + U_y^2 + U_z^2}$）等值面图
（a）$\varphi = 0°$工况；（b）$\varphi = 30°$工况；（c）$\varphi = 50°$工况；（d）$\varphi = 78°$工况
（图片引用自：本书参考文献[28]）

图3-32　不同工况的温度 T（10 000～15 000 s的平均值）等值面图
（a）$\varphi = 0°$工况；（b）$\varphi = 30°$工况；
（图片引用自：本书参考文献[28]）

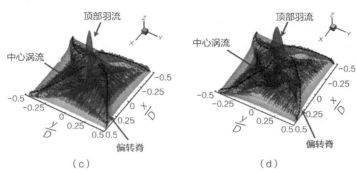

图 3-32　不同工况的温度 T（10 000～15 000 s 的平均值）等值面图（续图）
（c）$\varphi = 50°$ 工况；（d）$\varphi = 78°$ 工况
（图片引用自：本书参考文献［28］）

3.3.5　数值旋转水槽

真实大气尺度（全尺寸）的数值模拟非常耗时，而缩尺数值模型则有希望显著降低计算量，从而实现研究速度的加快和成本的降低。基于相似理论，我们可以设置数值旋转水箱，并与全尺寸大气尺度工况（案例 4—6）结果进行比较。为了可以有效对比，全尺寸（案例 4—6）和缩尺数值模型（案例 7—9）的 Ro 数设置完全相同。基于全尺寸工况的 Ro 值，计算数值水箱中对应纬度 30°（案例 7）、50°（案例 8）和 78°（案例 9）的 Ro 值，计算出数值旋转槽的旋转频率（表 3-1）并设置在控制方程的源项中。案例 4—6 中的计算域相对大小和边界条件与数值水箱（案例 2a）中的相同。

数值旋转水箱工况案例 7～9 的近地面水平面流场分别如图 3-33（a、c、e）所示。图中可以观察到流动是逆时针偏转的。高速区（＞ 3.0×10^{-3} m/s）主要位于城市边缘区域。速度分布和流向与具有相同 Ro 数的全尺寸工况一致（图 3-33 b、d、f）。图 3-33（a、c、e）对应的 Ro 值分别为 3.25、2.12、1.66。随着 Ro 的降低，城市边缘区域的高速

区域不断扩大。这些流动结构与图 3-33（b、d、f）所示的全尺寸工况流场一致。在近地面辐合流动区域，数值旋转水箱的偏转辐合入流与全尺寸工况接近。

在相同的 Ro 数下，数值旋转水箱和全尺寸工况远地面的辐散出流结构（高速区、静风区的分布，以及流线的形态）表现出良好的一致性。随着辐散出流向远离城市中心的方向逐渐扩散，最终都向顺时针方向偏转。在图 3-34（a、c、e）中，随着 Ro 数的减小，地转偏向力的偏转作用变强。辐散出流流线的弯曲更为明显。静风区域和出流分支沿着逆时针方向移动。在全尺寸工况的流场中也观察到了上述趋势（图 3-34 b、d、f）。总体而言，数值旋转水箱近地面和远地面流场与全尺寸大气流场吻合较好，遵循 Ro 数准则，相似性可以由 Ro 评估。上述结果证实了用旋转水箱模拟地转偏向力的可能性。为了量化对比，我们引入出流夹角 γ 来表示出流的偏转程度。γ_W 表示数值旋转水箱工况的出流夹角，γ_A 表示全尺寸真实大气的出流夹角。下面将具体描述用于计算出流夹角的量化方法。

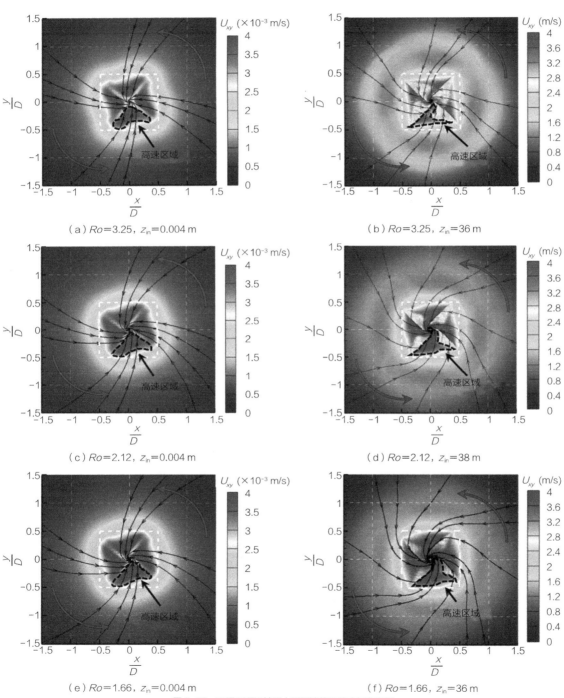

（a）Ro=3.25，z_{in}=0.004 m　　　　　　　　（b）Ro=3.25，z_{in}=36 m

（c）Ro=2.12，z_{in}=0.004 m　　　　　　　　（d）Ro=2.12，z_{in}=38 m

（e）Ro=1.66，z_{in}=0.004 m　　　　　　　　（f）Ro=1.66，z_{in}=36 m

图 3-33　不同工况近地面水平面流线和速度场分布图

（a、c、e）是案例 7—9 数值旋转水箱工况 ;（b、d、f）是案例 4—6 全尺寸工况

（图片引用自 : 本书参考文献 [28]）

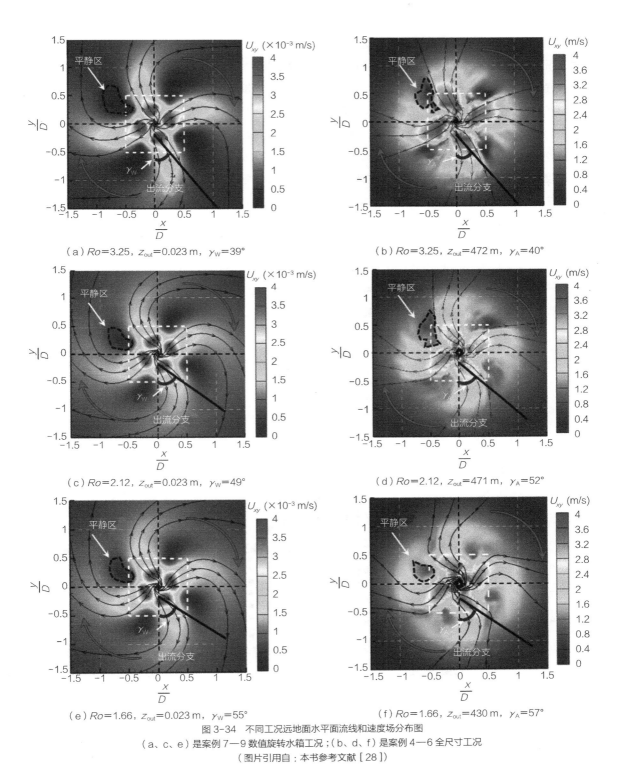

图 3-34　不同工况远地面水平面流线和速度场分布图
（a、c、e）是案例 7—9 数值旋转水箱工况；（b、d、f）是案例 4—6 全尺寸工况
（图片引用自：本书参考文献［28］）

为了准确比较相同 Ro 数下数值旋转水箱和全尺寸工况的流场偏转程度，我们计算了不同工况的出流夹角，如图 3-35 所示。首先，需要识别出辐散出流分支所在的区域（$-0.1D < x < 0.4D$，$-1D < y < 0$），并确定 x 方向上最大速度点的坐标。其次，使用 $-0.45D < y < -0.2D$ 范围内的最大速度坐标来拟合一条直线。最后，这条线与 y 坐标轴之间的角度 γ 的值被定义为出流夹角，如图 3-35 所示。旋转水箱和全尺寸真实大气情况下的出流夹角分别用 γ_W 和 γ_A 表示。在 $Ro = 3.25$ 时，γ_W 和 γ_A 的值分别为 39° 和 40°（图 3-35 a）；在 $Ro = 2.12$ 时，γ_W 和 γ_A 的值分别为 52° 和 49°（图 3-35 b）；在 $Ro = 1.66$ 时，γ_W 和 γ_A 的值

分别为 55° 和 57°（图 3-35 c）。在相同的 Ro 数下，数值旋转水箱最大速度点的分布与全尺寸真实大气工况分布接近，γ_W 和 γ_A 的值也接近。随着 Ro 数的减小，地转偏向力增大，γ_W 和 γ_A 均呈逐渐增大的趋势。这些结果表明，在满足 Ro 相似性的情况下，数值旋转水箱合理地反映了全尺寸真实大气条件下的城市热穹顶流动。

此外，可以进一步量化纬度与出流夹角之间的关系。全尺寸大气尺度模拟数据的散点图如图 3-36 所示。以纬度为自变量，出流夹角为因变量，使用非线性回归来拟合数据，可得到如下关系式：$\gamma_A = 11.51 \times \varphi^{0.37}$，$R^2$ 值为 0.998。

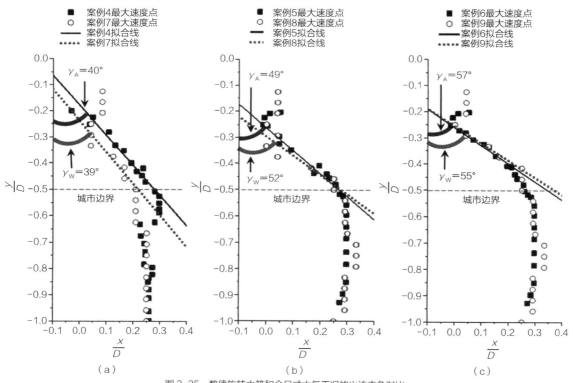

图 3-35 数值旋转水箱和全尺寸大气工况的出流夹角对比
（a）$Ro = 3.25$；（b）$Ro = 2.12$；（c）$Ro = 1.66$
（图片引用自：本书参考文献 [28]）

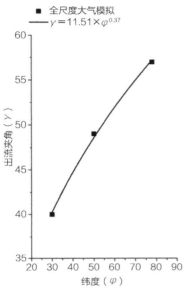

图 3-36　纬度与出流夹角之间的量化关系
（图片引用自：本书参考文献［28］）

3.3.6　结论

本节中，系统地分析了地转偏向力对城市热穹顶的影响，提出了基于 Ro 数的缩尺模型和全尺寸模型之间的相似性准则，并建立了数值旋转水箱方法来提高研究效率。在热穹顶的模拟中，需要采用 LES 湍流模型，而其他湍流模型无法准确模拟正方形城市上空热穹顶流动特征。加入地转偏向力后，城市热穹顶流动表现出明显的偏转。在近地面处，辐合入流沿逆时针方向发生偏转，气旋现象明显。在远地面水平面上，辐散出流在城市中心区域逆时针方向偏转，随着流动向远离城市的方向传播，会在地转偏向力的作用下沿顺时针方向发生偏转，随后出现反气旋现象。地转偏向力随纬度的增加而增大，城市热穹顶流动的偏转效应变强。出流夹角 γ_A 随纬度增加而增大并可以用如下式量化：$\gamma_A = 11.51 \times \varphi^{0.37}$。根据 Ro 数相似性判据，数值旋转水箱能够合理反映特定 Ro 数下地转偏向力的作用。在相同的 Ro 数下，速度分布和出流夹角与全尺寸大气情况下相似，即 $\gamma_W \approx \gamma_A$。

本章拓展阅读

第4章 建筑—街区尺度风环境

4.1　建筑—街区尺度风环境特征与研究方法

在强背景风条件下（动力作用主导），背景风速的大小，以及城市中的建筑形态布局是城市风场的主要影响因素，建筑及城市表面因与周围空气的温差而产生的自然对流通常被忽略。麦克唐纳（Macdonald）[①] 首次将植被冠层中的平均风速模型应用于建筑等高且均匀分布的城市冠层模型中，并获得了平均风速 $u(z)$ 与建筑迎风面积密度 λ_f 之间的关系，即 $u(z) = u_H \exp^{a(z/H-1)}$，其中 u_H 为在建筑高度 H 上的参考速度，a 为衰减系数（$a = 9.6\lambda_f$），$\lambda_f = \dfrac{A_f}{A_p}$ 为建筑迎风面总面积 A_f 与建成区域占地总面积 A_p 的比值。以往研究提出了自然风掠过城市冠层时的边界层调整模型，并对城市冠层进行了不同区域的划分。他们用平均冠层阻力尺度 L_c 来表征边界层发展到稳定状态之前所需的调整距离的大小，即 $L_c\left(约\dfrac{W_s^2}{W_b}\right)$，其中 W_s 为迎风面建筑间距，W_b 为迎风面建筑宽度。以往研究随后得到了调整距离 x_0 的具体计算式，即 $x_0 = 3L_c \cdot \ln K$，其中 $\ln K$ 是与冠层参数有关的系数，通常在 0.5 ~ 2.0 之间。有研究进一步在城市冠层模型中考虑了非等高建筑的影响并利用数值方法成功求解了平均水平风廓线方程。杭建等（Hang et al.）利用风洞实验及数值模拟的方法系统地探究了建筑密度、建筑排列方式，以及城市形态等因素对城市通风和污染物扩散的影响。香港中文大学吴恩荣等根据现有通风模型，以及城市建筑数据提出了一系列提高城市

通风效率和降低街道污染物浓度的措施。彭磊等（Peng et al.）利用几十年间动态变化的建筑三维数据及大涡模拟为建筑密度与城市冠层内平均风速负相关的现象提供了新的研究证据。此外，在背景风速较强的情况下，风速大小与城市街谷温度、热岛效应，以及污染物浓度之间均存在明显的负相关关系。

当背景风较弱时，温差产生的热羽流将主导或与背景风协同作用影响城市街道内的通风。由于人为热、太阳辐射、建筑蓄热等因素，建筑表面温度通常显著高于周围空气温度，因而沿着建筑壁面将产生显著的热羽流。研究表明，建筑壁面热羽流对城市街谷通风，室内外污染物扩散，以及建筑能量平衡都有重要影响。

建筑和街区尺度的风环境研究方法与城市尺度存在相同点，也存在不同点。相同点是均包含外场实测、水槽实验、风洞实验、数值模拟和数学／物理模型这五类方法。不同点在于相似性的分析，以及应用范围的差别。在建筑—街区尺度上，由于计算域较小，CFD 方法可以更为广泛地应用，在工程应用上已经作为主要技术手段。在水槽实验和风洞实验方面，根据相似性分析，通常可以应用于单个建筑、城市街谷，以及 10 ~ 20 排量级的建筑群内风环境的缩尺实验。当建筑群内的风环境考虑建筑表面传热产生的热羽流时，风洞实验往往很难满足相似性的要求。此时，水槽实验由于能实现更小的可控背景流速、较大的热容，以及传热系数等特点，可以满足热羽流主导，以及风热协同情况下的流场相似，弥补风洞实验中的不足。另外，水槽实验中也可以通过荧光粒子测温技术（LIF，Laser Induced Florence）实现高分辨率、无侵入式的温度场和浓度场测量，这在风洞实验中也难以实现。在风洞实验与水槽实验进行流动动力学相似性分析

---

① 详见本书参考文献 [57]。

时主要考虑雷诺数 Re_L 和弗劳数德 Fr_L（热力作用有较大影响时）。

在城市环境中，街区的风热环境与建筑能耗存在物理上的耦联特征：建筑产热造成的热羽流会影响街区内风环境和热环境，城市和街区的风热环境也会反过来影响建筑能耗从而改变建筑产热。因此，在数值模拟中，风热环境模拟计算模型与能耗模拟模型的耦合对准确反映街区风热环境特征及建筑能耗有重要意义。目前常见的**风热环境模拟软件**（Computational Fluid Dynamics，以下简称 CFD）和**建筑能耗模拟软件**（Building Energy Simulation，以下简称 BES）的组合如表 4-1 所示。AT（Air Temperature）表示**空气温度**，MRM（Mass Rate of Moisture）表示**水汽质量流量**，

CHTC（Convective Heat Transfer Coefficient）表示**对流换热系数**，ST（Surface Temperature）表示**表面温度**，R-AV（Absorbed Radiation in Vegetation）表示**植被吸收辐射量**，F-SL（Latent Soil Heat Flux）表示**土壤潜热通量**，WS（Wind Speed）表示**风速**，WD（Wind Direction）表示**风向**，RHF（Radiative Heat Flux）表示**辐射热通量**，GR（Ground Reflectance）表示**地面反射率**，TT（Tree Transmittance）表示**树的透过率**，SH（Specific Humidity）表示**比湿度**，RH（Relative Humidity）表示**相对湿度**，R-SW（Shortwave Radiation）表示**短波辐射**，F-HVAC（Heat Flux from HVAC Equipment）表示供暖空调通风系统的热通量。

表 4-1　CFD-BES 耦合方法总结

CFD 软件	BES 软件	耦合交换参数	耦合方式	本书参考文献
Fluent	SOLENE	AT, MRM, CHTC, ST, R-AV, F-SL	双向耦合	[11]
Fluent	EnergyPlus	ST, CHTC	双向耦合	[82]、[97]、[101]、[102]
Fluent	EnergyPlus	AT, WS, WD	CFD 给 BES 提供边界条件（单向联系）	[87]
Fluent	EnergyPlus	ST, RHF	BES 给 CFD 提供边界条件（单向联系）	[9]
Fluent	EnergyPlus	CHTC	双向耦合	[103]
ENVI-Met	EnergyPlus	AT, ST, WS, GR, TT, SH	CFD 给 BES 提供边界条件（单向联系）	[94]
ENVI-Met	EnergyPlus	AT, WS, WD, RH	CFD 给 BES 提供边界条件（单向联系）	[39]
ENVI-Met	Honeybee（EnergyPlus）	AT, RH	CFD 给 BES 提供边界条件（单向联系）	[64]
ENVI-Met	IES-VE	AT, WS, RH	CFD 给 BES 提供边界条件（单向联系）	[83]
ENVI-Met	ESP-r	AT, WS, WD, R-SW, RH	CFD 给 BES 提供边界条件（单向联系）	[33]
ENVI-Met	City Energy Analyst	AT, WS, RH	CFD 给 BES 提供边界条件（单向联系）	[63]

续表

CFD 软件	BES 软件	耦合交换参数	耦合方式	本书参考文献
OpenFOAM	CitySim	ST	BES 给 CFD 提供边界条件（单向联系）	[4] ～ [8]
OpenFOAM	EnergyPlus	ST, CHTC	双向耦合	[34]
OpenFOAM	EnergyPlus	AT, WS	CFD 给 BES 提供边界条件（单向联系）	[53]
OpenFOAM	EnergyPlus	ST	BES 给 CFD 提供边界条件（单向联系）	[35]、[36]
OpenFOAM	EnergyPlus	ST, CHTC, F-HVAC	双向耦合	[92]
PHOENICS	EnergyPlus	AT, ST, WS	双向耦合	[51]、[52]

（数据来源：本书参考文献 [12]）

4.2　三源建筑热羽流稳态多解问题

随着城市化的迅速发展，城市建筑越来越密集，来自城市外部的背景风越来越难以渗透到市区，在高层城市中这一现象尤为明显。城市建筑表面因较高的温度而产生建筑热羽流，对室外和室内环境都产生重要影响。建筑热羽流对城市多尺度（建筑尺度、街道尺度、邻域尺度和室内）风热环境有重要影响。现有研究表明，建筑热羽流可在垂直方向上增强污染物／热量传输，影响街道热压通风和城市尺度流动，显著改变建筑供能系统的效率。建筑热羽流还可以通过建筑物开口影响室内自然通风，并改变室内外之间的换热与污染物扩散特征。在拥有多个相邻建筑热羽流的建筑群中，由于浮力的不稳定性，整体的流动模式通常是不稳定的，这可能会显著改变建筑物周围及其上方空间的流场。需要对流动不稳定的基础模式特征有深刻的认识，从而更好地了解多源建筑热羽流的基本流动特性。

因浮力不稳定性，多个热羽流的相互作用相当复杂，通常包含多尺度流动结构。Rayleigh-Taylor 不稳定性和 Kelvin-Helmholtz 不稳定性是浮力流中两个主要的流动不稳定性机制。Rayleigh-Taylor 不稳定性由密度差产生，被认为是全局和绝对不稳定性。Kelvin-Helmholtz 不稳定性源于速度差，通常在热羽流边界速度梯度较大的地方比较明显。这两种不稳定性共同促进了不稳定运动并加剧了热羽流的流动复杂性。

涡的识别和追踪为不稳定流动研究提供重要参考。现有涡识别技术大多数基于速度梯度张量 $\nabla \mathbf{u}$ 进行计算，例如，Q-criterion（Kolář，2007），$\triangle$-criterion，λ_{ci}-criterion 和 lambda-2（λ_2）criterion。与涡的识别相比，涡的追踪更加困难，因为流动中通常有大量的涡结构挤在一起，并且会随着时间产生和消失。

除了大涡相干结构，摇摆是热羽流中另一个重要的不稳定大尺度运动特征。福斯特罗姆和斯帕罗（Forstrom and Sparrow）于 1967 年首次展示了线源热羽流的自然摇摆运动，随后在 1970 年由肖尔和格布哈特（Schorr and Gebhart，1970）[①]的流动可视化实验进一步证实了这一点。在密闭空间中，层流线源热羽流的摆动频率与热源散热量的 1/3 次幂成正比。摇摆运动的内在机制是热羽流摇摆研究的重要方向之一。热羽流摇摆与流动不稳定性有关，并与涡运动相互作用。摇摆可能是由热羽流两侧的不对称涡流引起的，这导致热羽流中心轴向某一侧倾斜。对于密闭空间的浸没式热圆柱，上升的热羽流与顶部边界相互作用，产生一对不平衡的二次涡流，这些涡流可侵入热羽流边界层从而引发摇摆。这种效应与热圆柱体在流体中的浸没深度有关。当淹没深度太小或太大时，摇摆运动会消失。库纳等人（Kuehner et al.，2012）估算摇摆发生的临界浸没深度范围为 $2D \sim 8D$（其中 D 是圆柱体直径），而阿特马纳等人（Atmane et al.）的研究则认为临界值是 $1/5D \sim 3D$。一般来说，在临界浸没深度范围内，浸没深度的增加会增加涡旋传播至热羽流区域的时间，从而使摇摆周期延长。

尽管对涡旋结构和摇摆运动已有大量研究，但仍然存在一些局限性。首先，现有的研究大多集中在单一热羽流和上下排列的热羽流。在实践中，建筑热羽流通常水平排列，当建筑物距离很近时可相互影响。其次，多个相互作用的建筑热羽流可能表现出更复杂多样化的流动结构，因为每个热羽流都受到周围热羽流不稳定性的影响，但相关流动模式目前尚不清楚。

本章节将首先通过基本流线分布和轴向速度分布来确定三个水平排列建筑热羽流中的流动模式。其次，基于 λ_2 准则的涡旋识别和追踪方法，介绍涡

① Schorr A. W, Gebhart B. An Experimental Investigation of Natural Convection Wakes above aline Heat Source [J]. International Journal of Heat and Mass Transfer, 1970, 13(3): 557-571.

旋在流动模式转换过程中的运动特征。最后，探索多源建筑热羽流中流动模式多样性的可能机制。

4.2.1　研究方法

实验水箱内侧尺寸为 0.3 m×0.15 m×0.12 m（图 4-1 a）。水箱底部放置一个 40 cm 厚的聚氯乙烯（PVC）板，并覆盖一个 8 mm 厚的亚克力板。PVC 和亚克力板的低导热性［约 0.2 W/（m·K）］有助于隔热并降低通过水箱底部的散热损失，从而保证热量从建筑模型释放到水体内。每个建筑模型的尺寸均为 18 cm×5 cm×5 cm（长 × 高 × 宽）。在每个建筑模型内均植入直径为 1.3 cm，长度为 15 cm 的圆柱形电加热器（型号 724-2175，RS）。利用电加热的方法使建筑模型表面产生热羽流（图 4-1 b、d）。

对不同热源强度 Q 和建筑布局下的流动模式进行研究。热源强度可通过加热功率调节，从 0 ~ 400 W 不等。建筑布局可通过调整建筑间距 S（即街道宽度）来实现，并相应地产生不同的街道宽度 S 与建筑宽度 W 之比，即 $\dfrac{S}{W}$。在恒定 $\dfrac{S}{W} = 0.5$ 的条件下，研究三种不同热源强度 Q，即 180 W（案例 1）、90 W（案例 2）和 30 W（案例 3），如图 4-1（b）所示。在最大热源强度 Q 为 180 W 的情况下，进一步研究了 $\dfrac{S}{W} = 0.2$（案例 4）和 $\dfrac{S}{W} = 1.0$（案例 5）的两种热源布局（图 4-1 c、d）。

根据浮力通量 $F_0 = \dfrac{g \cdot \beta \cdot Q}{(\rho_0 \cdot C_p)}$ 的定义，Q 为 180 W（案例 1、4、5）、90 W（案例 2）和 30 W（案例 3）时的 F_0 分别为 $6.84 \times 10^{-8}\,\mathrm{m^4/s^3}$、$3.42 \times 10^{-8}\,\mathrm{m^4/s^3}$、$1.14 \times 10^{-8}\,\mathrm{m^4/s^3}$，其中 $\beta(\mathrm{K^{-1}})$、

ρ_0（kg/m³）和 C_p（J/（kg·K））分别是基于参考环境水温 $T_r = 16℃$ 确定的水的热膨胀系数、密度和热容量。

利用 K 型热电偶测量表面温度，采样频率为 2 Hz。K 型热电偶被极薄（厚度小于 0.1 mm）的铝箔覆盖固定在建筑模型的顶部和侧面中心，共设有 9 个表面温度测量点。因为铝箔厚度小而且导热性强，铝箔对热源传热的影响可以忽略不计。所有热电偶都连接到信号采集器（34901 A20 通道，Agilent）并由数据记录仪（34972 ALXI，Agilent）记录存

储温度。对所有测点的温度数据进行平均，得到热源表面平均温度 T_s，其在案例 1—5 中的值依次为 29.5℃、24.0℃、19.3℃、29.9℃ 和 29.7℃。

体源热羽流是相当复杂的三维流动，由三种基本自然对流类型非线性叠加而成（图 4-2 a），即竖直壁面自然对流，热源间隙中的通道流，和热面向上的自然对流。作为第一阶段的研究，可以先在对称平面 $X-Z$（$Y = 0$）上进行二维流场的测量，如图 4-2（b）所示。

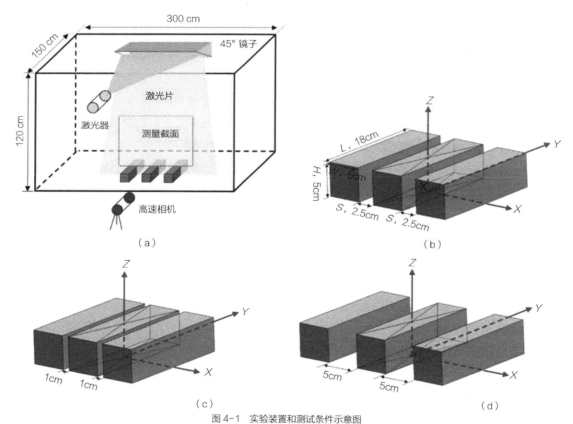

图 4-1　实验装置和测试条件示意图

（a）水箱装置；（b）$\dfrac{S}{W} = 0.5$ 的热源布局，热强度 Q 为 180W（案例 1）、90W（案例 2）和 30W（案例 3）；

（c）Q 为 180W 时 $\dfrac{S}{W} = 0.2$ 的热源布局（案例 4）；（d）Q 为 180W 时 $\dfrac{S}{W} = 1.0$ 的热源布局（案例 5）

（图片引用自：本书参考文献 [98]）

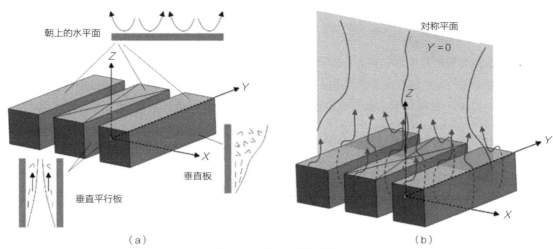

图 4-2　三源热羽流的示意图
（a）基本自然对流类型；（b）开展实验测量的对称平面 X-Z（$Y=0$）
（图片引用自：本书参考文献［98］）

在恒定热流密度条件下，竖直平板的层流—湍流转变的临界 Ra 数为 10^9，顶面的临界 Ra 数为 10^7。本节实验中，竖直平板的瑞利数 Ra_{wall} 在案例 1、4 和 5 中约为 $1×10^9$，在案例 2 中约为 $0.3×10^9$，在案例 3 中约为 $0.1×10^9$。建筑模型顶部表面的瑞利数 Ra_{roof} 分别约为 $2×10^7$、$1×10^7$、$0.2×10^7$。因此，对于 Q 为 180 W 的工况（案例 1、4、5），流动在顶面和竖直面可认为是湍流。对于 Q 为 90 W 的工况（案例 2），竖直面上流动为层流，但在顶面上近似为湍流。而对于 Q 为 30 W 的工况（案例 3），流动在顶面和竖直面上都是层流。即使本实验中已经是一个比较大的水箱（高 1.2 m，长 3 m，宽 1.5 m），但因为建筑模型尺寸较小，实验室中的 Ra 数很难达到与全尺寸真实情况相同的量级。尽管在案例 2 和案例 3 中部分局部流动是层流状态，但当热羽流稍稍升至热源上方时，流动会迅速演化为高度湍流，因此，可以认为测得的流动模式能代表静风环境中实际建筑热羽流的流动模式。此外，该节所研究的间距比（$\dfrac{S}{W}=$ 0.2、0.5 和 1.0）相当

于三个街道高宽比 $\dfrac{H}{S}=$ 5、2 和 1，这些设置在低层和高层城市也是合理的，为消除"Filling Box"效应，比较了 70 cm、80 cm 和 90 cm 水深情况下的轴向速度和湍流特性，发现 80 cm 水深足以消除加热后 1.5 小时内实验区域（$Z=0~8H$）中的"Filling Box"影响。与 Z 方向流动相比，沿水平 X 和 Y 方向的流动要弱得多，且热源距离水箱侧壁为 27.5 W（137.5 cm，X 方向）和 13.2 W（66 cm，Y 方向），可以避免水箱侧壁对热羽流的影响。此外，每次正式测试开始前需保证无明显背景流动的平静环境。

实验时，直径为 50μm 的示踪粒子均匀分布在水中，其密度为 1030 kg/m³。采用 CMOS 高速相机（Speed Sense M140）采集图像，采集频率为 25 Hz。$\dfrac{S}{W}$ 为 0.5、0.2 和 1.0 时，测量的近场区域在垂直方向的覆盖范围分别为 $0~5H$、$0~4H$ 和 $0~8H$。根据测量范围的差别，单次完成采样的时间约为 2~3 min。表 4-2 总结了主要实验条件和

PIV 测量设置，其中 $\dfrac{x}{W}$ 和 $\dfrac{z}{H}$ 是无量纲图像尺寸。

当热羽流发展到准稳态时，开始 PIV 测量。达到准稳态的时间 t_{qs} 主要取决于热源边界条件和初始条件。在该小节研究中，我们使用案例 3（$\dfrac{S}{W} = 0.5$，$Q = 30\,\mathrm{W}$）和案例 4（$\dfrac{S}{W} = 1.0$，

$Q = 180\,\mathrm{W}$）作为极端工况来评估 t_{qs} 的上限，因为这两个工况具有较慢的热羽流上升速度或较高的测量高度。将建立准稳态表面温度的时间加上完成 5 个全程流动（流体从目标区域的底部移动到上限）的时间，最终估计的 t_{qs} 约为 12 min。因此，第 12 min 后的 PIV 测量符合准稳态研究的条件。

表 4-2   实验测试和 PIV 测量的参数汇总

案例	Q(W)	$\dfrac{S}{W}$	F_0 （m⁴/s³）	T_s（℃）	T_r（℃）	图像分辨率 （$x_{\mathrm{pixel}} \times z_{\mathrm{pixel}}$）	$\dfrac{x}{W}$	$\dfrac{z}{H}$	采样频率 （Hz）	采样时间 （s）
1	180		6.84×10^{-8}	29.5						
2	90	0.5	3.42×10^{-8}	24.0		1024×960	4.57	4.29		162.2
3	30		1.14×10^{-8}	19.3	16.0				25	
4	180	0.2	6.84×10^{-8}	29.9		1024×832	4.00	3.25		187.2
5	180	1.0	6.84×10^{-8}	29.7		896×1280	5.60	8.00		139.1

（数据来源：本书参考文献 [98]）

通过 Dynamic Studio 软件（Dantec）中的自适应互相关算法分析粒子图像，分析窗口（IW）大小为 16×16 像素，重叠率为 50%。为了提高数据质量，两个连续图像之间的粒子位移控制在 IW 尺寸的 1/4 以内。通过峰验证（峰高比为 1.2）和局部 5×5 邻域验证来识别伪向量。检测到的伪向量通过移动平均插值替换。总的来说，需要替换的值不到总数的 10%，并且通常在图像的边缘区域。此外，在所有瞬态速度场中都没有需要剔除的速度矢量。案例 1—5 的速度误差分别约为 3.7%、4.7%、6.2%、2.7% 和 6.5%，绝对速度误差可以控制在 1 mm/s 以内。

涡追踪的第一步是识别涡。在这里，使用国外学者（Jeong and Hussain，2006）提出的 λ_2 准则来识别速度场中的涡结构。选择这种方法的原因是，即使在热羽流初始发展阶段，该方法也可以较好地识别涡结构。此外，λ_2 准则也适用于识别复杂

的涡结构分布。

基于 λ_2 准则获得的涡分布，进一步开发新的涡追踪方法。涡（$\lambda_2 < 0$ 的区域）可被视为单独的"粒子"，因此可以继续用自适应互相关方法实现"涡粒子"的追踪。具体来说，使用黑白两种颜色图像绘制 λ_2 分布，其中涡区域以白色显示，其余非涡区域（$\lambda_2 \geq 0$）以黑色显示。对于每个瞬态涡分布场，都有一个相应的瞬态双色 λ_2 分布，即"λ_2 粒子"图像。与 PIV 技术中求解速度场类似地，将一系列时间序列双色"λ_2 粒子"图像导入 Dynamic Studio（Dantec）进行后处理，可以得到瞬态和时均的涡运动矢量图，从而显示涡运动方向和速度。

由于涡分布表现出明显的空间不均匀性（即"λ_2 粒子"不均匀），因此使用先进的自适应 PIV 算法，其可以根据"λ_2 粒子"密度和速度梯度自动优化局部 IW 尺寸。其中，最大 IW 大小限定为 16 像素，最小 IW 大小限定为 8 像素。最多进行 6 次迭代，

第一次迭代使用 16 像素的最大 IW，后续迭代中允许减小 IW 大小，前提是"λ_2 粒子"浓度足够大。采用峰验证方法（峰高比为 1.15，峰高为 0.25）识别伪矢量，基于局部 5×5 相邻向量来平滑矢量场。

这种自适应 PIV 算法显著提高了结果的准确性和空间分辨率，特别是对于"λ_2 粒子"浓度较低的区域。尽管研究在涡运动计算上作了很大的努力，但准确获取涡运动速度仍然存在一些困难。主要原因是"λ_2 粒子"与实际粒子不同，它是由热羽流中的涡结构决定的，因此会出现与湍流相关的瞬态产生和消退，这在涡运动计算时引入了一些异常值。为了谨慎起见，计算得到的向量场仅用于涡移动趋势（方向）研究而不做定量的移动速度分析。未来研究中可通过进一步优化追踪方法来研究涡移动速度。

4.2.2　结果与讨论

区分流动模式主要基于左侧／中间两束热羽流之间的距离（D_{lc}），以及右侧／中间两束热羽流之间的距离（D_{rc}）。D_{lc} 和 D_{rc} 的相对大小受几个因素的影响，例如中间热羽流的倾斜，侧边热羽流的倾斜，以及三源热羽流的同向倾斜。下文中将选择案例 3（$\dfrac{S}{W}=0.5$，$Q=30\,W$），案例 5（$\dfrac{S}{W}=1.0$，$Q=180\,W$）和案例 4（$\dfrac{S}{W}=0.2$，$Q=180\,W$）对流动模式进行展示说明，这三个工况分别具有弱、中等和强的卷吸特性。

建筑群几何中心线由点划线表示，三源热羽流中典型的常见流动模式如下。第一个是右倾不对称（RSA）流型，如图 4-3 所示。此时，中心热羽流

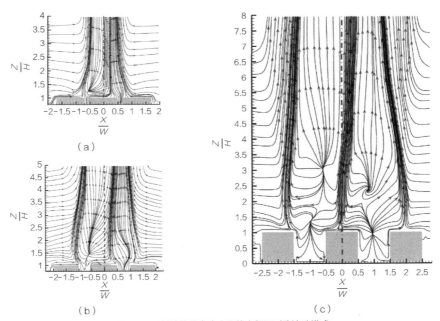

图 4-3　通过流线分布来表示的右倾不对称流动模式

（a）案例 4（$\dfrac{S}{W}=0.2$，$Q=180W$）；（b）案例 3（$\dfrac{S}{W}=0.5$，$Q=30W$）；（c）案例 5（$\dfrac{S}{W}=1.0$，$Q=180W$）

（图片引用自：本书参考文献 [98]）

偏离几何中心线，D_{rc} 降低，中央热羽流和右侧热羽流的边界层显著融合。第二种是左倾不对称（LSA）流型（图 4-4），D_{lc} 较小。研究也发现，中央热羽流更长时间地在左侧停留，以往研究中也发现热羽流在其振荡运动期间倾向于在某一侧停留时间较长。第三种是轴对称流动模式，三源热羽流表现出近似对称的流线分布，并且 D_{lc} 和 D_{rc} 几乎相等（图 4-5）。

近源边界层流动倾斜和下游热羽流摇摆都会导致不对称流动模式。中间热羽流最初可以在近源处向右侧或左侧移动，导致不对称结构（例如，图 4-3 a、b）。有时，虽然中心热羽流的近源流动轴线几乎是直的，但下游摇摆运动仍然能够产生向右 / 向左的倾斜，导致全局不对称流动模式

（例如，图 4-3 c 和图 4-4 b）。此外，左（右）热羽流向中间倾斜也会产生不对称结构（例如，图 4-4 a、c）。

图 4-3 ~ 图 4-5 展示了每种流动结构的基本融合模式。此外，根据倾斜程度，流动模式可以出现图 4-6 所示的一些极端融合模式，这些模式发生频率较低，并且比基本模式更不稳定。然而，它们对于进一步了解三源热羽流流动不稳定性仍然很重要。极端融合模式的发生与建筑间距有很大关系，它们容易出现在较小和较大的建筑间距（$\dfrac{S}{W}$ 为 0.2 和 1.0）工况，较少出现在中等间距工况（$\dfrac{S}{W}$ 为 0.5）。

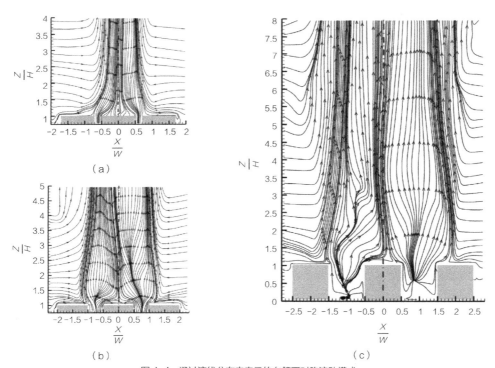

图 4-4　通过流线分布来表示的左倾不对称流动模式

（a）案例 4（$\dfrac{S}{W}$ = 0.2, Q = 180W）；（b）案例 3（$\dfrac{S}{W}$ = 0.5, Q = 30W）；（c）案例 5（$\dfrac{S}{W}$ = 1.0, Q = 180W）

（图片引用自：本书参考文献 [98]）

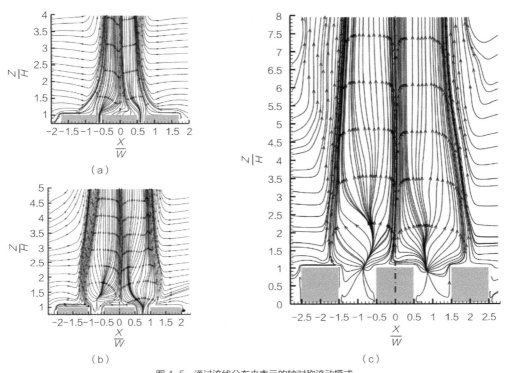

图 4-5　通过流线分布来表示的轴对称流动模式

（a）案例 4（$\frac{S}{W} = 0.2$，$Q = 180\mathrm{W}$）；（b）案例 3（$\frac{S}{W} = 0.5$，$Q = 30\mathrm{W}$）；（c）案例 5（$\frac{S}{W} = 1.0$，$Q = 180\mathrm{W}$）

（图片引用自：本书参考文献 [98]）

当 $\frac{S}{W} = 0.2$ 时，不稳定的通道流有时会变得显著，其在近源处可相对独立发展，直到在较为下游的位置与左侧或右侧热羽流融合，如图 4-6（a、b）（案例 4）所示。强烈的通道流加上中心热羽流的横向扩张，促使在近源处流动均匀化（例如，图 4-6 c）。当 $\frac{S}{W} = 1.0$ 时，向上的通道流几乎消失，卷吸引起的侧向热羽流弯曲较为微弱，三束热羽流的中心轴可近似平行。与图 4-5（c）中弯曲羽流的对称模式不同，它们虽然表现出对称的流动模式，但拥有几近独立的笔直热羽流（图 4-6 d）。

基于上述结果，在图 4-7 中对典型的大尺度流动模式进行了基本总结。从上到下依次绘制右倾不对称、左倾不对称和轴对称流动模式。在每个流动模式（每行）中，第一列显示了更频繁且稳定发生的基本融合模式，而第二列则给出了通道流显著或几乎消失时的极端融合模式。

图 4-8 分别显示了右倾、左倾和轴对称模式中的轴向速度分布。可以清楚地观察到，在右倾不对称模式中，中心热羽流的速度峰值偏离几何中心线并向右侧倾斜，右侧峰和中央峰之间的距离明显小于左侧峰和中间峰之间的距离（图 4-8 的第 1 列）。在左倾不对称模式中则正好相反（图 4-8 的第 2 列）。在轴对称模式中（图 4-8 的第 3 列），左右热羽流速度峰值与中心峰值的距离大致相等。

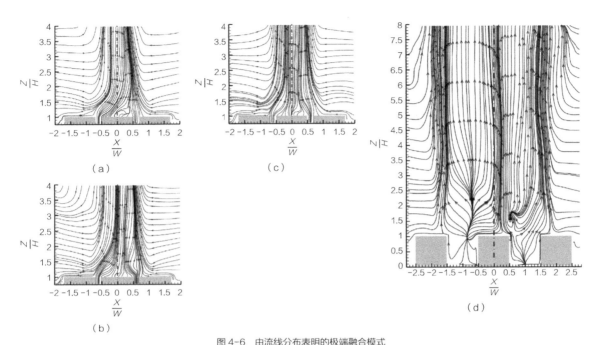

图 4-6 由流线分布表明的极端融合模式

（a）右倾不对称流动模式；（b）左倾不对称流动模式；（c）案例 4 中的轴对称流动模式（ $\frac{S}{W}=0.2$ ，$Q=180\text{W}$ ）；

（d）案例 5 中的轴对称流动模式（ $\frac{S}{W}=1.0$ ，$Q=180\text{W}$ ）

（图片引用自：本书参考文献［98］）

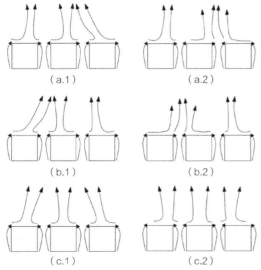

图 4-7 基本（第 1 列）和极端（第 2 列）融合模式概图

（a）右倾不对称流动模式；（b）左倾不对称流动模式；

（c）轴对称流动模式

（图片引用自：本书参考文献［98］）

基于流线图和轴向速度，我们证实了三源建筑热羽流中不稳定流动模式的真实存在。这些流动模式对室内外环境有重要影响。例如，当污染物从街道／建筑物开口释放并在建筑热羽流的驱动下沿着建筑壁面向上移动时，不稳定多样化的流动模式可以增强横向流动交换，并将污染物从建筑区域带到其他远处区域，促进建筑尺度甚至是街道尺度的有效污染传输。此外，这种不稳定的流动模式也会产生动态的室外风热环境，并影响通过建筑开口（例如窗户、门）的瞬态室内自然通风。不稳定流动模式的存在也意味着稳态数值模拟可能不足以充分揭示建筑热羽流特征，建议使用非稳态模拟开展相关研究。

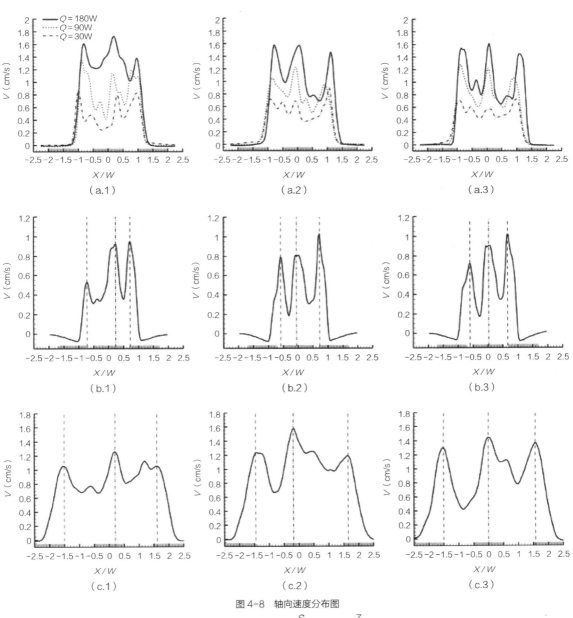

图 4-8　轴向速度分布图

（a）案例 1、2 和 3（$Q = 180$、90 和 30W，$\dfrac{S}{W} = 0.5$）在 $\dfrac{Z}{H} = 3.0$ 处的轴向速度分布；

（b）案例 4（$Q = 180$W，$\dfrac{S}{W} = 0.2$）在 $\dfrac{Z}{H} = 1.5$ 处的轴向速度分布；

（c）案例 5（$Q = 180$W，$\dfrac{S}{W} = 1.0$）在 $\dfrac{Z}{H} = 4.0$ 处的轴向速度分布。

（第一列：右倾不对称；第 2 列：左倾不对称；第三列：轴对称模式）

（图片引用自：本书参考文献［98］）

案例 4-R$_5$-135th（图 4-9）展示了涡追踪方法的主要原理。这里 R$_5$ 代表第 5 次 PIV 运行，135th 表示瞬态采样时间点是本次 PIV 运行的第 135 秒。由 λ_2 准则检测到的空间涡旋分布，如图 4-9（a）所示。将涡流区域与非旋转区域区分开来获得双色" λ_2 粒子"图像，如图 4-9（b）所示。将一系列瞬态双色" λ_2 粒子"图像（图 4-9 b）导入 Dynamic Studio（Dantec）进行分析计算，最终得到瞬态和时均涡流运动矢量图。

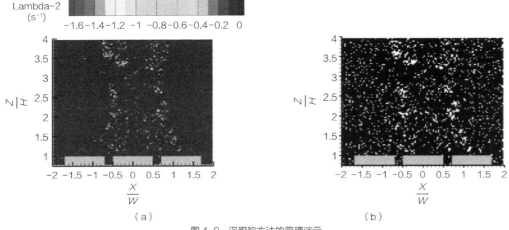

图 4-9   涡跟踪方法的原理演示
（a）由 λ_2 准则识别的涡旋（$\lambda_2 < 0$ 的相关区域）分布；（b）转换后的双色" λ_2 粒子"图像
（图片引用自：本书参考文献［98］）

基于三种主要流动模式（右倾、左倾和轴对称模式），过渡过程分为从右到中心、左到中心、中心到右和中心到左过渡（RCT、LCT、CRT 和 CLT，注：此处使用"中心"来表示轴对称流动模式）。过渡过程中的涡运动是关注的重点内容。事实上，因为大规模流动模式的过渡期很长，很难在一次有限时间的 PIV 测量中涵盖多种不同的流动模式。下面仅介绍一些代表性案例的结果。

图 4-10 ～ 图 4-13 分别显示了 CRT、CLT、RCT 和 LCT 过程中的局部涡运动。矢量箭头指示移动方向，长度统一，即不区分速度大小（因为涡运动速度的精度无法保证）。统一的矢量长度有助于表示更清晰的移动方向。建筑群几何中心线由垂直虚线表示。案例命名中说明了运动模式转变时间段，例如图 4-10（a）中的"案例 2-R$_6$-（145 ～ 157 s）"意味着在案例 2 中第 6 次 PIV 运行时的第 145 ～ 157 s。

CRT 期间，在热羽流边界层（图 4-10 a、b），以及中间热羽流与右侧热羽流之间区域（图 4-10 c）可以清楚地观察到规则的向右涡旋运动。CRT 可以发生在中间热羽流右边界层向右移动的时候（图 4-10 a、c），也可以伴随着中间热羽流左边界层的向右倾斜（图 4-10 b）。

在 CLT 和 RCT 过程中（分别为图 4-11 和图 4-12），在中间热源上方（图 4-11 a 和图 4-12 a）以及中间和侧边热羽流之间区域内捕获到规则的向左涡旋运动（图 4-11 b 和图 4-12 b、c）。涡旋在这两个过渡过程中的移动趋势是相似的。具体而言，中间热羽流可以向左移动，在 CLT 过程中产生左倾不对称模式，也可以在 RCT 过程中与右热羽流分离，从而产生轴对称模式。虽然移动趋势相似，但可以根据初始流动模式确定具体转变过程。从某种意义上说，不稳定的中间热羽流是流动模式转变的关键。这主要是因为中间热羽流同时被两侧热羽流卷吸，更容易发生不稳定的横向摇摆。

对于图 4-13 所示的 LCT 过程，在热羽流边界层和热羽流中间的区域都可以观察到规则的涡旋运动。具体而言，在 LCT 过程中，中间热羽流右侧边界层可以被右侧热羽流卷吸（图 4-13 a）。在中心热源上方也发现了明显的向右涡旋运动（图 4-13 b、c）。

总的来说，基于 λ_2 准则的涡追踪方法能够合理识别流动模式转换过程中的涡运动趋势，并且发现涡旋运动趋势与流动模式的转变趋势非常一致。转换过程中的涡旋运动通常位于中心热羽流边界层及其核心区域，以及中心热羽流和侧热羽流之间的区域（图 4-10 ~ 图 4-13）。中心热羽流被认为是促进流动模式多样性的关键因素。

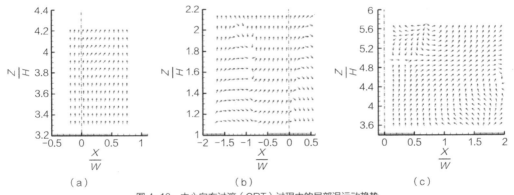

图 4-10　中心向右过渡（CRT）过程中的局部涡运动趋势
（a）案例 2-R6-（145 ~ 157s）;（b）案例 5-R5-（85 ~ 140s）;（c）案例 5-R11（90 ~ 120s）
（图片引用自：本书参考文献 [98]）

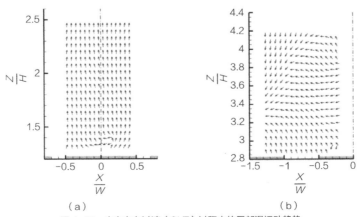

图 4-11　中心向左过渡（CLT）过程中的局部涡运动趋势
（a）案例 4-R6-（80 ~ 90s）;（b）案例 3-R13-（117 ~ 132s）
（图片引用自：本书参考文献 [98]）

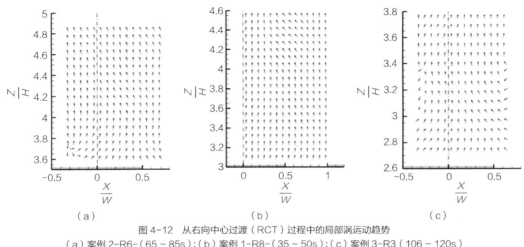

图 4-12　从右向中心过渡（RCT）过程中的局部涡运动趋势
（a）案例 2-R6-（65～85s）；（b）案例 1-R8-（35～50s）；（c）案例 3-R3（106～120s）
（图片引用自：本书参考文献［98］）

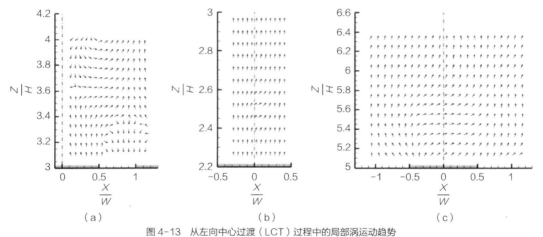

图 4-13　从左向中心过渡（LCT）过程中的局部涡运动趋势
（a）案例 3-R7-（80～130s）；（b）案例 4-R5-（110～160s）；（c）案例 5-R6（90～130s）
（图片引用自：本书参考文献［98］）

基于流线分布和涡运动趋势，本章节探索了模式多样性的内在机制。研究中观察到两个主要的局部不稳定流，即热源壁面流（包括 $\dfrac{S}{W}=0.2$ 时的通道流）和下游热羽流摇摆运动。一般来说，壁面流主导近源区的不稳定流动（例如，图 4-10b 和图 4-11a），摇摆运动则通常在下游发生。这两个不稳定运动都与中心热羽流息息相关。可以推测，流动模式的多样性可能与中心热羽流周围的不稳定卷吸和不对称剪切运动有关，而热不稳定性引起的热源表面温度不对称可能是造成浮力卷吸不稳定和不平衡的第一步。这种不平衡导致中心热羽流倾斜并引发振荡，加剧了横向不稳定卷吸和不对称涡运动由此引发了各种不稳定的流动模式。

4.2.3　三源热羽流多模式运动的总结

本部分探讨了三源建筑热羽流的流动特征，重点关注流动模式的转变过程和驱动因素。

具有不同热源强度 Q（180 W、90 W 和 30 W）和 $\dfrac{S}{W}$ 值（0.2、0.5 和 1.0）的五个工况均揭示了三种基本的全局流动模式：右倾不对称流动模式，左倾不对称流动模式和轴对称流动模式。后文中详细介绍了每种模式的基本融合模式和极端融合模式。流动模式的多样性和变化可以增强横向流动交换，并进一步影响室内外多尺度（室内、建筑和街道尺度等）污染传播及热量传输。同时，基于不稳定的流动模式特征，建议在相关研究中进行非稳态模拟，以更好地掌握多源热羽流的流动特征。

基于三种典型的流动模式，提出了四种基本的过渡过程：分为是从右到中心、从左到中心、从中心到右和从中心到左的模式转变。在每个过渡过程中，涡旋追踪方法都成功地识别了涡旋运动趋势，并且发现这些趋势与模式转变趋势一致。

流动模式主要由不稳定的热源壁面流和下游热羽流摇摆运动驱动。依据涡运动趋势，发现这两个关键不稳定流动主要与中间热羽流息息相关，而热不稳定性是造成中间热羽流横向不稳定卷吸的第一步。相关实验结果为建筑热羽流的不稳定流动模式提供了一些基本见解，这对于研究多尺度通风及相关的污染传播和热量传输具有重要意义。

4.3　风热耦合状态下的建筑群热羽流流动特征

有效的城市通风可以优化城市环境。尽管当前很多学者已经对城市流场进行了广泛的研究，但这些研究大多数仅考虑风的动力作用，而没有考虑在无风或弱背景风时的情况（即热力作用主导或风热协同作用）。

建筑热羽流是城市热力作用的重要表现之一，它可以影响城市能源消耗和碳排放，并改变室外微气候。建筑热羽流的主要热源包括：① 太阳辐射（图 4-14 a）引起的建筑表面升温（墙壁和屋顶），并引起自然对流。② 人为热，例如分体式空调（AC）系统的室外机（图 4-14 b）和中央空调系统的冷却

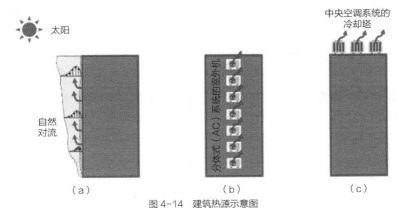

图 4-14　建筑热源示意图
（a）由于太阳辐射而使建筑表面升温；（b）分体式空调室外机；（c）中央空调系统的冷却塔
（图片引用自：本书参考文献 [99]）

塔（图 4-14 c）。这些热量释放可能会产生显著的
热羽流并增强垂直方向的空气混合。通常，建筑热
羽流的平均速度可以达到 1 ~ 2 m/s 的数量级。

　　单个建筑物产生的热羽流可以与相邻热羽流合
并而形成更大尺度的上升热羽流（图 4-15）。这种
增强的浮力流可以主导城市通风，尤其是在背景风
较弱的情况下，这与强风和中等背景风条件下的城
市通风机制存在根本区别。

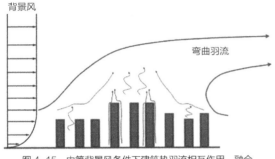

图 4-15　中等背景风条件下建筑热羽流相互作用、融合
和弯曲的示意图
（图片引用自：本书参考文献 [99]）

　　当背景风较强（＞ 5 m/s）时，建筑物表面上
的热传递可视为强制对流。现有研究已利用外场测
量、数值模拟和风洞实验来研究建筑物表面传热系
数的特性，但往往忽略了浮力效应。当背景风微弱
（＜ 1 m/s）时，自然对流在城市通风中占主导地位。
在这种情况下，建筑热羽流特征已通过全尺寸建筑
壁面外场实测、实验室缩尺实验，以及数值模拟的
方法进行了研究。

　　一种更常见和更复杂的情况是中等强度背景
风，即背景风具有与热羽流相近的速度。在这种情
况下，研究城市风热环境需要同时考虑动力与热力
作用。阿莱格里尼等人（Allegrini et al.）利用风洞
实验缩尺模型和计算流体力学（CFD）研究了城市
表面温度高于环境温度时的街道峡谷（街谷）流动，
结果表明街谷中的热羽流可以增强街谷通风。乌哈

拉等人（Uehara et al.）发现热力增加了背景风和
街谷气流之间的湍流交换。然而，这些研究大多集
中在街谷浮力流，且往往只有街谷的竖直壁面被加
热。利用风洞实验研究城市环境中背景风与浮力的
相互作用时，由弗劳德数（Fr）确定的流动相似性
较难满足。以温差表示的弗劳德数（Fr_T）定义见
式（4-1）。

$$Fr_T = \frac{U}{\sqrt{g \cdot H \cdot \beta \left(T_w - T_f \right)}} \quad (4-1)$$

式中　U——背景风风速，单位为 m/s；

　　　T_w——热表面的温度，单位为 K；

　　　T_f——环境流体的温度，单位为 K；

　　　β——热膨胀系数，单位为 1/K；

　　　H——建筑高度，单位为 m；

　　　g——重力加速度，单位为 m/s²；

　　　Fr_T——背景风（U）和浮力流的相对重要性；

　　在风洞缩尺实验中，很难实现较低的 Fr_T，因为
这往往需要非常高的壁温（T_w）来保持 Fr_T 的相似
性。一般来说，现实城市环境中的 Fr_T（0.13 ~ 1.12，
基于常见情况：U = 1 ~ 5 m/s，H = 60 m，T_w =
303 ~ 323 K，和 T_f = 293 K）和风洞模型[①]中
的 Fr_T（0.81 ~ 4.16）有较大差异。风洞实验较
难保证 Fr_T 相似性的问题可以通过使用水槽实验来
解决。

　　这部分将介绍高层紧凑型建筑群产生的热羽流
与背景风相互作用的水槽实验研究，其主要目的是
探索建筑热羽流的浮升特征。实验采用了理想的建
筑物布局和均匀背景风廓线。通过改变建筑散热量
[Q（W）] 和背景风速（U）来获得不同的弗劳德数。
由于实验以热流密度为边界条件，将基于热通量
[q（W/m²）] 计算得到的弗劳德数命名为 Fr_q。Fr_q

―――――――――――――――

① 　见本书参考文献 [3]。

取值范围为 0.21 ～ 0.53［见式（4-5）和表 4-3］，能满足现实城市环境中风力热力共同作用时的建筑热羽流相似性。

4.3.1　研究方法

实验水槽工作段长 2.0 m，宽 1.2 m（图 4-16 a）。水槽中的自来水可以通过水泵循环流动，从而模拟中性分层条件下的背景风。水面自由流动，水深 45 cm。理想建筑群模型由 12 个相同的长方体黑漆铝块组成，排列方式为 3×4 顺列整齐布置（图 4-16 b）。每个建筑模型尺寸为 5 cm×5 cm×18 cm（$L×W×H$）。沿水流方向的建筑间距 S_x 和横向建筑间距 S_y 分别为 2.0 cm 和 1.5 cm。建筑物高度（H）与街道宽度 S_x 的比值（即，沿流动方向的街道高宽比）为 9，阻塞率为 5%。建筑密度 λ_P 和迎风面面积密度 λ_P[①] 分别为 0.55 和 1.98。根据参考文献[②] 提出的标准，可以代表城市中的高层紧凑区域。

通过改变泵的转速可以调节背景流速。实验中设置了两个平均速度（U），分别为 1.6 cm/s 和 2.4 cm/s。不同工况的背景风速（U_1 和 U_2）特征利用二维 16-MHz 声学多普勒测速仪（型号 Sontek，产地：美国）测量。相关结果如图 4-17 所示，其中，竖直坐标利用建筑物高度 H 进行无量纲化。

以入流速度 U_1 为例，湍流强度 $I_{U_1} = \dfrac{\sqrt{U_1'^2}}{U_{1-\text{mean}}}$，

其中 U_1' 为瞬时速度波动，$U_{1-\text{mean}}$ 为 U_1 的时间平均速度。由于水槽底面光滑，没有布置粗糙元，背景流动中的湍流和边界层自然发展。水槽中心部分湍流强度约为 10%。根据测量，发现边界层高度 δ 约为 4 cm。与建筑物高度（$H = 18$ cm）相比，这个 δ 很小。因此，当关注建筑物屋顶上方（＞18 cm）的热羽流时，可以将背景流动视为均匀流入。有限的水深可能会对热羽流浮升产生水面边界影响。根据背景风廓线评估水面未受影响的区域，发现 36 cm（$\dfrac{Z}{H} = 2.0$）以下的流场可视为不受水面边界影响的区域。

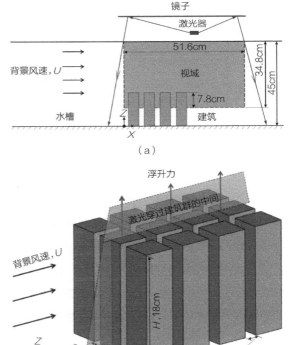

图 4-16　实验布置
（a）水槽试验段的示意图；
（b）由 12 个相同的建筑模型所组成的理想建筑群
（图片引用自：本书参考文献［99］）

① Macdonald R.W. Modelling the Mean Velocity Profile in the Urban Canopy layer[J]. Boundary-Layer Meteorology, 2000, 97: 25-45.

② Ng E. Policies and Technical Guidelines for Urban Planning of High-density cities-air Ventilation Assessment (AVA) of Hong Kong[J]. Building and Environment, 2009, 44(7): 1478-1488.

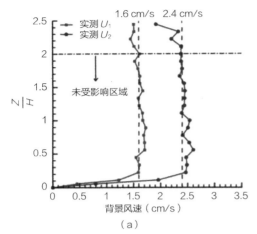

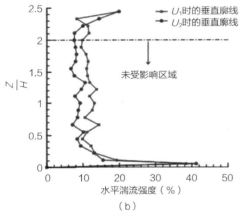

图 4-17　背景风速度特征

（a）U_1 和 U_2 的垂直廓线；（b）水平湍流强度的垂直廓线

（图片引用自：本书参考文献 [99]）

热羽流由建筑加热产生。圆柱形电加热器（型号 724-2175，公司：RS Components，产地：英国）嵌在铝制建筑物模型中。每个加热器的功率可在 0～400 W 之间调整。采用三个典型的加热功率，即 90 W、180 W 和 270 W，相应浮力通量由 $F_0 = \dfrac{g \cdot \beta \cdot Q}{(\rho_0 \cdot C_p)}$ 计算（Batchelor，1954），分别约为 $4.5 \times 10^{-8}\,\mathrm{m^4/s^3}$、$8.9 \times \mathrm{m^4/s^3}$、$1.3 \times 10^{-7}\,\mathrm{m^4/s^3}$。其中，$\beta$（1/K）、$\rho_0$（kg/m³）和 C_p [J/(kg·K)] 分别是水的热膨胀系数、参考密度和热容。这三个物性参数随着水温变化而变化。在浮力通量计算时，

根据背景参考温度 T_{ref} 确定流体物性参数。具体来说，采用文献[①]中给出的液态水热物性参数表进行插值计算。采用 K 型热电偶（型号：TT-K-30，公司：Omega 工程，产地：美国）测量建筑模型表面温度 T_w。因为墙体传热特征在垂直方向和沿流向方向上有所不同，墙体温度不均匀。为了综合反映表面温度情况，选择中间行（沿 x 方向为行）的四栋建筑进行温度测量。在每个建筑的四个不同高度布置热电偶，共设置 16 个热电偶。每次测试中，温度数据每 5 s 进行读数，通过数据记录仪（34972 ALXI 数据采集，公司：Agilent，产地：美国）和采样板（34901 A20 通道多路复用模块，公司：Agilent，产地：美国）进行数据记录和存储。上述 2 个背景速度 U 和 3 个加热功率 Q（浮力通量 F_0）组合共计有 6 个工况。表 4-3 总结了这 6 个工况的详细实验参数。

采用基于建筑高度的雷诺数 [Re_H，式（4-2）] 来评估背景流动的相似性。

$$Re_\mathrm{H} = \frac{U_\mathrm{H} \times H}{v} \qquad (4-2)$$

式中　U_H——建筑物高度（H）处的来流速度，单位为 m/s；

　　　v——水的运动黏度，单位为 m²/s

在本章工况中，最小 Re_H 为 3063。根据本章参考文献，[②] 临界雷诺数为 2100。因此，可以认为背景流动已达到雷诺无关性。

对于沿建筑壁面的自然对流，使用基于热流密度 q（W/m²）的瑞利数 Ra_q 来评估流动状态。Ra_q 的定义如式（4-3）所示。

$$Ra_\mathrm{q} = \frac{g \cdot \beta \cdot q \cdot H^4}{k \cdot v \cdot \alpha} \qquad (4-3)$$

---

① 见本书参考文献 [10]。

② 见本书参考文献 [10]、[13]、[65]、[86]。

表 4-3　实验测试工况和参数汇总

工况	1	2	3	4	5	6
加热功率 Q（W）	90	180	270	90	180	270
背景流速 U（cm/s）	1.6			2.4		
表面温度，T_w（℃）	25.2	28.4	31.0	24.9	27.9	30.7
参考温度，T_{ref}（℃）	20.5	20.2	19.8	20.4	20.3	19.9
浮力通量，F_0（m⁴/s³）	4.5×10^{-8}	8.9×10^{-8}	1.3×10^{-7}	4.5×10^{-8}	8.9×10^{-8}	1.3×10^{-7}
Re_H	3063	3163	3245	4577	4725	4857
Ra_q	6.9×10^{10}	1.5×10^{11}	2.4×10^{11}	6.8×10^{10}	1.5×10^{11}	2.4×10^{11}
Nu	127	148	163	140	158	172
$Re_{L,max}$	3687	3807	3906	5509	5687	5846
Fr_T (Eq.1)	0.36	0.27	0.22	0.56	0.41	0.34
Fr_q (Eq.5)	0.34	0.25	0.21	0.53	0.39	0.32
λ_p，λ_f	0.55，0.77					
相片分辨率，$x_{pixel}\times z_{pixel}$	1280×864					
视野范围（FoV），x（cm）$\times z$（cm）	51.6×34.8					
FoV 的开始高度（cm）	10					
FoV 的上限（cm）	44.8					
有效数据区域，x_v（cm）$\times z_v$（cm）	49.7×26					

（数据来源：本书参考文献［99］）

式中　q——热流密度，等于单个建筑加热功率 Q（W）除以 0.385 m² 的裸露建筑表面积 A，单位为 W/m²；

　　　k——水的热导率，单位为 W/（m·K）；

　　　α——热扩散系数，单位为 m²/s

其他变量与前文相同。此处，流体特性根据定性温度 $T_{film}=\dfrac{(T_w+T_f)}{2}$ 进行确定。该章节研究工况中的最小 Ra_q 为 6.8×10^{10}。临界瑞利数为 10^9，因此可以认为沿建筑壁面的自然对流处于湍流状态。在建筑物屋顶上方，由于来流与浮力的相互作用，湍流强度将进一步增加。

采用 Fr 数表征自然对流的相对重要性，推导出

基于热流密度 q（W/m²）表示的 Fr 数，用 Fr_q 表示，如式（4-4）所示。

$$Fr_q = \frac{U}{\sqrt{\dfrac{g\cdot H\cdot \beta\cdot q}{h}}} \qquad (4-4)$$

在式（4-4）中，传热系数 h 与努塞尔（Nu）数的关系为 $h=\dfrac{Nu\cdot k}{H}$。因此，Fr_q 可进一步表示为式（4-5）。相关的 Nu 数关系式在式（4-6）中给出。努塞尔数 $Nu_{N,q,H}$ 和 $N_{F,L}$ 分别来自于恒定热流条件下的竖直壁面纯自然对流（4-7）和位于横向流动中的建筑上方平面受迫对流（式 4-8），其中 Pr 是水的普朗特数，$Re_{L,max}$ 是

基于建筑群内最大水平流速和特征长度 L 的雷诺数（图 4-16 b），具体参见文献。[①]

$$Fr_q = \frac{U}{\sqrt{\dfrac{g \cdot H^2 \cdot \beta \cdot q}{(Nu \cdot k)}}} \quad (4-5)$$

$$Nu^3 = Nu_{N,q,H}^3 + Nu_{F,L}^3 \quad (4-6)$$

$$Nu_{N,q,H} = \frac{0.241\,Ra_q^{\frac{1}{4}}}{\left(1 + (0.437/Pr)^{\frac{9}{16}}\right)^{\frac{4}{9}}} \quad (4-7)$$

$$N_{F,L} = 0.243\,Re_{L,max}^{0.63}\,Pr^{0.36}\left(\frac{Pr}{Pr_{T=T_w}}\right)^{\frac{1}{4}} \quad (4-8)$$

对于常见的情况，即 $\Delta T = 10 \sim 30\,K$，$T_{ref} = 293\,K$，典型背景风速 U 为 $1 \sim 5\,m/s$ 和 $H = 60\,m$ 的工况下，真实城市中的 Fr_T 约为 $0.13 \sim 1.12$。Fr_q（式 4-5）的范围为 $0.21 \sim 0.53$，若基于热电偶测得的表面温度计算弗劳德数（Fr_T，式 4-1），则其范围为 $0.22 \sim 0.56$。两种计算方法结果基本一致，且满足真实城市建筑群热羽流的相似性。表 4-3 列出了 Fr_T 和 Fr_q，以及其他无量纲数（Re_H，Ra_q，$Re_{L,max}$，Nu）。由于热流密度是本研究中的边界条件，因此相关研究结果按 Fr_q 的大小顺序排列。

采用粒子图像测速（PIV）技术测量流场。照明光源是 Nd：YAG 激光器（Dual Power 50-100，50 MJ，100 Hz），与水平面呈 45° 的镜子可以将水平激光反射为垂直光束并照亮测试区域，如图 4-16 所示。示踪粒子直径为 50 μm（PSP，Dantec）。采用高速摄像机（PCO.1200 hs，最高频率为 636 Hz）来捕获空间分辨率为 1280×864 像素的粒子图像。两个连续图像采样时间间隔为 62 ms，相当于大约 16 Hz 的采样频率。视场

（FoV）为长方形区域，尺寸为 51.6 cm×34.8 cm（图 4-16 a 中的黑色虚线长方形标记），垂直方向上从 10 cm（起始高度，z_s）开始拍摄。

利用 Dynamic Studio 软件（Dantec Dynamics，Denmark）计算瞬时速度场。采用互相关算法，检查窗口为 32×32 像素，重叠率为 50%。根据参考文献[②]中提出的标准，两个连续图像中的粒子位移控制在检查窗口的 $\frac{1}{4}$ 以内。通过对 1687 张图像（约 104 s）进行平均来获得时均速度场。采用峰验证法（峰高比＝1.2）、移动平均插值法（接受度＝0.1）和 3×3 邻域验证来消除伪向量。初始 PIV 分析涵盖整个图像区域（FoV）。然而，由于水面边界效应，从水面向下 9 cm 高区域内的速度在后期数据处理中舍弃不用。此外，为了避免图像边缘的影响，FoV 的首列和末列（两侧总共 48 像素宽的条状区域）的速度数据也舍弃不用。最后，经过验证的数据区域尺寸约为 49.7 cm×26 cm（x_v×z_v）（2.76 H×1.44 H）。根据参考文献，[③] 位移不确定性大约为 $\frac{1}{10}$ 像素，这表明速度不确定性约为 2.6%，绝对速度误差大概控制在 1 mm/s 以内。

4.3.2 结果与讨论

利用平均背景风速 U 归一化后的平均速度场和速度廓线，如图 4-18 和图 4-19 所示。采样杆位置，如图 4-18（a）所示，其中灰色长方形表示建筑物位置。垂直轴和水平轴以建筑物高度 H 归一化。1—4 号采样杆先后从四栋建筑中间穿过。沿着这四个采样杆，图 4-18 a（ⅱ）和（ⅲ）分别显示了水平

① 见本书参考文献［10］。

② 见本书参考文献［1］。
③ 见本书参考文献［75］、［91］。

速度和垂直速度（u 和 v）廓线。速度场中显示的菱形用于标记后续功率谱密度分析的数据采样点位置（$o_1 \sim o_4$）。

通常，当背景风到达第一排建筑时，其水平动量阻止热羽流在靠前的建筑物屋顶附近上升。沿着下游方向，由于建筑阻力作用，背景风水平动量逐渐消耗，而浮力变得更加显著。建筑物上方开始出现明显的上升流动，并以一定的角度倾斜上升。上升的热羽流阻碍了来流进入城市冠层（图 4-19 c）。因建筑物和热羽流的阻塞效应协同作用，城市冠层内的水平风速非常小。

在建筑物屋顶上方，1—4 号采样杆的大部分水平速度 u 的范围为 $-0.5U \sim 1.5U$。在 1 号采样杆上存在明显的回流（相对于 x 方向的负 u 值），这主要由建筑物拐角周围的边界层分离引起。与 1 号采样杆相比，2 号和 3 号采样杆处的回流变弱，4 号采样杆处的回流几乎消失。

在靠近建筑物屋顶的区域，u 分量变化显著。例如，1 号采样杆上的 u 分量在 $0.1H$ 内可以从负（在 $\dfrac{Z}{H}$ 约为 1.0）变化到正（在 $\dfrac{Z}{H}$ 约为 1.1）。u

分量的正峰值通常在 $1.1H \sim 1.7H$ 的垂直区域内观察到，峰值幅度在 $1.3U \sim 1.8U$ 范围内。在采样杆的顶部（$> 1.7H$），归一化的 u 值几乎相同，即

$\dfrac{u}{U} \sim 1.2$。这主要是因为来流速度在上部空间占主导地位，浮力热羽流不能穿透到这一高度。即使在

不同工况下，该区域所有四个采样杆处的 $\dfrac{u}{U}$ 廓线也

相似。这表明，当建筑排布不变时，该区域中流动加速情况是相似的。

分析 v 廓线时，大多数垂直速度的范围为 $-0.2U \sim 0.9U$。1 号采样杆上的 v 峰值由来流的垂直位移主导。Fr 数在采样杆 v 峰值相对大小方面发挥重要作用。Fr_q 为 0.21 时【图 4-18 a（iii）】，v 峰值在采样杆 1 上最小，并随着采样杆 1—4 逐渐增加，这表明沿着流向方向，浮力显著加速了垂直流动。Fr_q 为 0.53 时【图 4-19 c 中（iii）】，来流中存在更多动量，1 号采样杆的 v 峰值远大于 2—4 号采样杆上的峰值。这同时也意味着，热羽流此时对来流风呈现阻力效应。

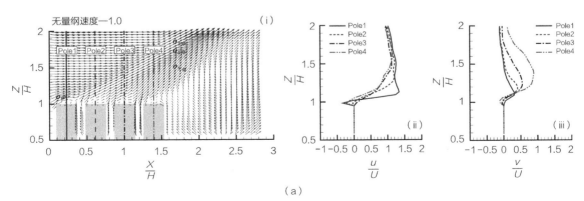

图 4-18　不同工况的归一化平均速度场和速度廓线
（a）$Fr_q = 0.21$；
（图片引用自：本书参考文献 [99]）

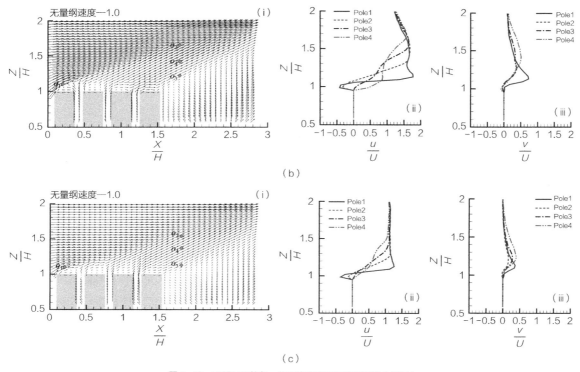

（b）

图 4-18　不同工况的归一化平均速度场和速度廓线（续图）
（b）$Fr_q = 0.25$；（c）$Fr_q = 0.32$ 时的归一化平均速度场（ⅰ）和速度廓线（ⅱ）和（ⅲ）
（图片引用自：本书参考文献 [99]）

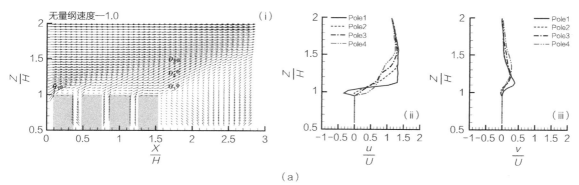

（a）

图 4-19　不同工况的归一化平均速度场和速度廓线
（a）$Fr_q = 0.34$；
（图片引用自：本书参考文献 [99]）

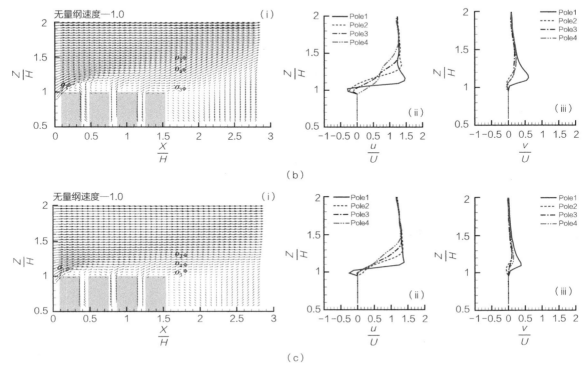

图 4-19 不同工况的归一化平均速度场和速度廓线（续图）
（b）$Fr_q = 0.39$;（c）$Fr_q = 0.53$ 时的归一化平均速度场（ⅰ）和速度廓线（ⅱ）和（ⅲ）
（图片引用自：本书参考文献 [99]）

图 4-20 和图 4-21 依次显示了采用 U^2 归一化后的水平速度方差 σ_u^2 和垂直速度方差 σ_v^2 等值线图。σ_u^2 和 σ_v^2 分别定义为 $\sigma_u^2 = \overline{u'^2}$ 和 $\sigma_v^2 = \overline{v'^2}$，其中 u' 和 v' 是速度分量 u 和 v 的瞬时湍流波动。

关于归一化的 σ_u^2，可观察到几个具有较大值的区域。一个是在迎风建筑物拐角处，这是由于来流边界层分离引起的。此外，在 $Fr_q = 0.21$ 工况中，主流区较大 σ_u^2 值的区域可以占据热羽流范围的四分之一左右。在热羽流的其余部分，归一化的 σ_u^2 一般在 0.05～0.2 之间。整体而言，σ_u^2 在上游和下游边界附近表现出较高的值，但在中心部分相对较弱。这些边界区域的较高值主要是由剪切应力和浮力不稳定性而产生。随着 Fr_q 从 0.53 减小到 0.21（浮力变得相对较强），中心部分的 σ_u^2 显著增加，且高 σ_u^2 区域也扩大了更多。在 σ_v^2 中观察到的情况大致相同。较小的 Fr_q 可以表现出较大的 σ_v^2。然而，值得注意的是，与 σ_u^2 不同，较大的 σ_v^2 更多地出现在热羽流中心部分，这可能意味着 σ_v^2 更多地受到浮力的作用。

图 4-22 给出了用 U^2 归一化后的空间湍流动能（TKE）分布。TKE（k）可用公式 $k = \dfrac{1}{2}(\overline{u'^2} + \overline{v'^2})$ 计算。热羽流主导区域的 TKE 大于来流区的 TKE，随着 Fr_q 的降低，TKE 整体变得更加显著。TKE 的产生主要取决于剪切力和浮力。迎风建筑物的顶角周围都存在着较大的 TKE（图 4-22 a～f）。

大 TKE 区域也与大水平速度梯度的区域重合（参见图 4-18 和图 4-19 中 1 号采样杆上的 u 廓线）。在 $Fr_q = 0.21$ 时，大的 TKE 也出现在羽流顶部的中央部分。表明在这种情况下浮力引起的湍流变得更加重要。

来流和热羽流之间的边界可以通过 TKE 等值线图大致估计（图 4-22）。Fr_q 较大时，热羽流主导区域较为细长，并且被压制在建筑物屋顶附近（例如图 4-22 f 中的 $Fr_q = 0.53$ 工况）。Fr_q 较小时，热羽流区域可以扩张并且上升到更高高度（例如图 4-22 a 中的 $Fr_q = 0.21$ 工况）。

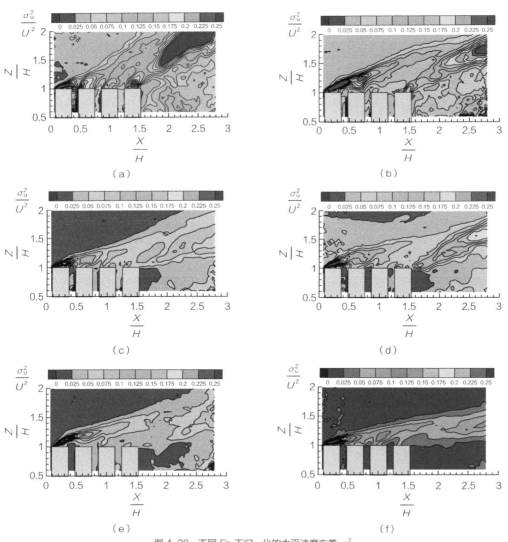

图 4-20　不同 Fr_q 下归一化的水平速度方差 σ_u^2
（a）$Fr_q = 0.21$；（b）$Fr_q = 0.25$；（c）$Fr_q = 0.32$；（d）$Fr_q = 0.34$；（e）$Fr_q = 0.39$；（f）$Fr_q = 0.53$
（图片引用自：本书参考文献 [99]）

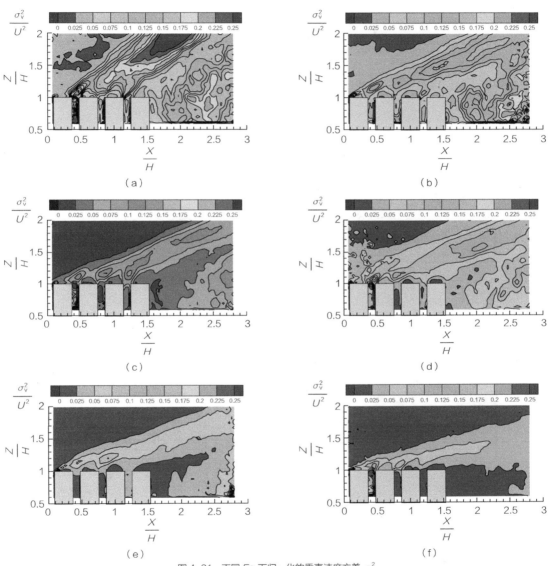

图 4-21　不同 Fr_q 下归一化的垂直速度方差 σ_v^2
（a）$Fr_q = 0.21$；（b）$Fr_q = 0.25$；（c）$Fr_q = 0.32$；（d）$Fr_q = 0.34$；（e）$Fr_q = 0.39$；（f）$Fr_q = 0.53$
（图片引用自：本书参考文献［99］）

　　功率谱密度（PSD）可反映一个稳态过程的能量分布。基于 Weiner-Khintchine（W-K）定理，在特定频率下的功率谱密度（PSD）可以从自相关函数的傅里叶变换中推出，即功率谱密度 $E（f）$ 和自相关函数 $R（\tau）$ 是傅里叶变换对，$E（f）=$ $\int_{-\infty}^{+\infty} R（\tau）e^{-2\pi if\tau}d\tau$，其中 $R（\tau）$ 是速度时间序列的自相关函数。功率谱可以通过速度方差进一步归一化，归一化后的 PSD 廓线（E_u 和 E_v）分别在图 4-23 和图 4-24 中展示。为方便展示，水平轴和垂直轴均采用对数坐标。选择四个典型点 o_1 到 o_4

来计算建筑物顶角周围和热羽流中的功率谱密度。其中，o_1 位于建筑的顶角，o_2、o_3 和 o_4 分别位于热羽流的上游边界、下游边界和中心区。采样点的详细位置见表 4-4，以及图 4-18 和图 4-19。需要注意的是，o_4 不是 o_2 和 o_3 之间的垂直中点，而是 o_2 到 o_3 垂直连线和热羽流几何中心线（详见图 4-33）的交点。

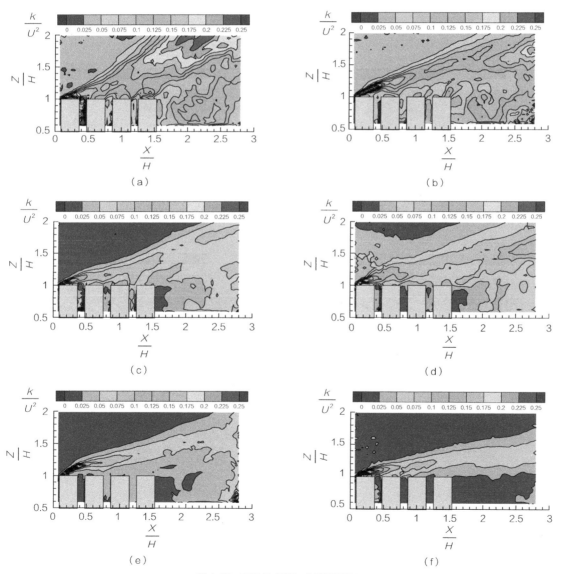

图4-22　不同 Fr_q 下归一化湍流动能 k

（a）$Fr_q = 0.21$；（b）$Fr_q = 0.25$；（c）$Fr_q = 0.32$；（d）$Fr_q = 0.34$；（e）$Fr_q = 0.39$；（f）$Fr_q = 0.53$

（图片引用自：本书参考文献 [99]）

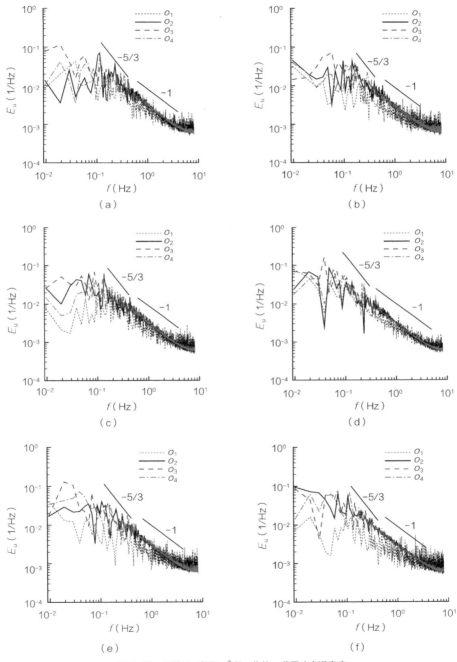

图4-23　不同Fr_q中用σ_u^2归一化的u分量功率谱密度

（a）Fr_q=0.21；（b）Fr_q=0.25；（c）Fr_q=0.32；（d）Fr_q=0.34；（e）Fr_q=0.39；（f）Fr_q=0.53

（图片引用自：本书参考文献［99］）

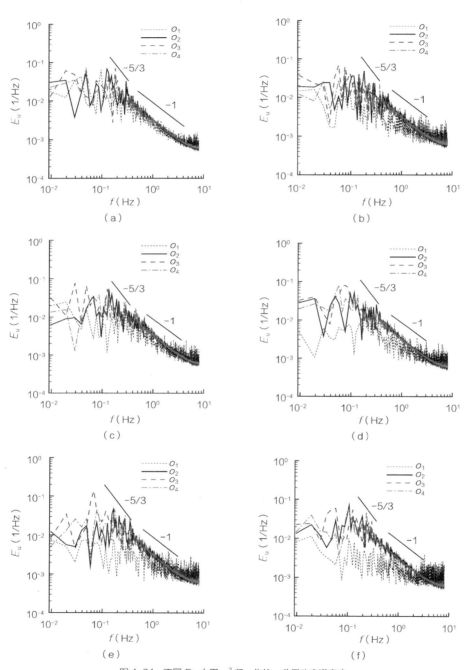

图4-24　不同 Fr_q 中用 σ_v^2 归一化的 v 分量功率谱密度
（a）$Fr_q=0.21$；（b）$Fr_q=0.25$；（c）$Fr_q=0.32$；（d）$Fr_q=0.34$；（e）$Fr_q=0.39$；（f）$Fr_q=0.53$
（图片引用自：本书参考文献［99］）

表 4-4　用于功率谱密度分析的四个采样点的详细归一化位置 $\left(\dfrac{X}{H}、\dfrac{Z}{H}\right)$

Fr_q	o_1	o_2	o_3	o_4
0.21		(1.8, 1.83)	(1.8, 1.47)	(1.8, 1.71)
0.25		(1.8, 1.65)	(1.8, 1.22)	(1.8, 1.42)
0.32	(0.2, 1.1)	(1.8, 1.54)	(1.8, 1.13)	(1.8, 1.37)
0.34		(1.8, 1.48)	(1.8, 1.13)	(1.8, 1.32)
0.39		(1.8, 1.49)	(1.8, 1.05)	(1.8, 1.32)
0.53		(1.8, 1.30)	(1.8, 1.07)	(1.8, 1.16)

（数据来源：本书参考文献［99］）

采样频率 f 约为 16 Hz。基于奈奎斯特定理，可以解析 0 到大约 8 Hz 的频谱。频率分辨率由 $f_{res} = \dfrac{f}{N}$ 给出，其中 N 是采样图像的数量。归一化的 PSD 随着频率的增加而逐渐降低，这在物理上与能级理论一致，即湍流能量大多存储在大涡结构中，传递给小涡，并继续消散。在大约 0.2 Hz 频率附近观察到 "$-\dfrac{5}{3}$ 幂律" 衰减。在更高的频率区域，特别是从大约 0.5 Hz 到 4.0 Hz，频谱斜率接近 "-1"。o_2、o_3 和 o_4 的归一化 PSD 曲线在 "-1 幂律" 的衰变区域中几乎相同，这意味着热羽流区域的能量

分布相似。与热羽流区域中的这些点相比，点 o_1 处的归一化 PSD 值在低频区域较小，但在高频区域值较高且波动明显，表明点 o_1 处有较为显著的湍流运动。

图 4-25 显示了湍流动量通量 $\overline{u'v'}$ 的归一化结果，它反映了热羽流和来流之间的混合程度。在所有工况中，迎风建筑物顶角周围均出现较大的正值（向上湍流动量）。较大负值表明显著的向下动量通量，向下动量交换的幅度随着 Fr_q 的降低而略有增强。与其他工况相比，在 $Fr_q = 0.21$ 时，因为浮力促进了更多的垂直湍流混合，混合区域范围最大，且 $\overline{u'v'}$ 最显著。

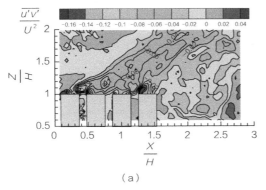
（a）

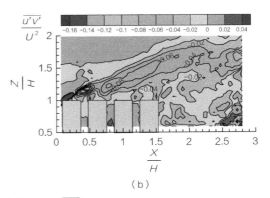
（b）

图 4-25　不同 Fr_q 下归一化湍流动量通量 $\overline{u'v'}$
（a）$Fr_q = 0.21$；（b）$Fr_q = 0.25$；
（图片引用自：本书参考文献［99］）

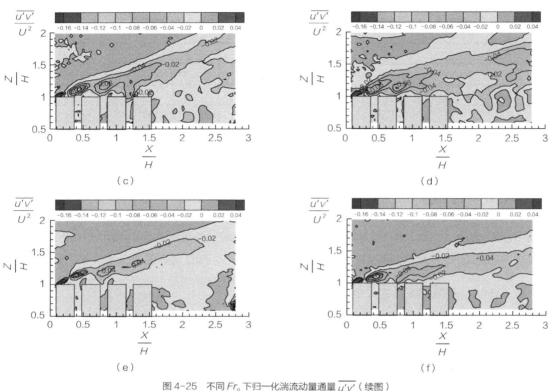

图4-25　不同 Fr_q 下归一化湍流动量通量 $\overline{u'v'}$（续图）
（c）$Fr_q = 0.32$；（d）$Fr_q = 0.34$；（e）$Fr_q = 0.39$；（f）$Fr_q = 0.53$
（图片引用自：本书参考文献［99］）

图4-26 展示了用 $\dfrac{U^3}{H}$ 归一化的二维 TKE 生产量 P，其由式（4-9）计算，其中 u 和 v 分别是时间平均的水平速度和垂直速度。为了方便起见，P 中的四个分项分别由 P_i（$i = 1,2,3,4$）表示。

$$P = -\overline{u' \cdot u'}\frac{\partial \cdot \bar{u}}{\partial \cdot x} - \overline{u' \cdot v'}\frac{\partial \cdot \bar{u}}{\partial \cdot y} - \overline{u' \cdot v'}\frac{\partial \cdot \bar{v}}{\partial \cdot x} - \overline{v' \cdot v'}\frac{\partial \cdot \bar{v}}{\partial \cdot y} = P_1 + P_2 + P_3 + P_4$$

$$(4\text{-}9)$$

所有工况中，在迎风建筑物屋顶上方有最高的 P 值。当 Fr_q 较小时，较大的归一化 P 值可以超过 2.4。除了迎风建筑物屋顶外，在热羽流的上游和下游边界附近也存在一些较高的 P 值，特别是在 $Fr_q = 0.21$ 和 0.25 工况中。这与图4-20（a、b）中所示的较大的水平速度变化相关。

为了进一步分析各个分项的贡献，图4-27～图4-32 显示了所有工况中四个产生项（P_1、P_2、P_3、P_4）的分布情况。在迎风建筑物屋顶上方区域中，四个产生项均显示较高的值。其中，与其他项相比，P_1 贡献最大，这一重要贡献得益于较大的水平速度波动及其水平变化梯度，与拐角处的边界层分离密切相关。与其他三项相比，$P_3 \left[\left(-\overline{u'v'} \right) \left(\dfrac{\partial \overline{v}}{\partial y} \right) \right]$ 的

贡献相对不显著。$P_4 \left[\left(-\overline{v'v'} \right) \left(\dfrac{\partial \overline{v}}{\partial y} \right) \right]$ 是与浮力

最相关的一个，取决于垂直速度波动及其垂直梯度。P_4 的贡献在迎风建筑物屋顶上方和热羽流区域均较为显著。

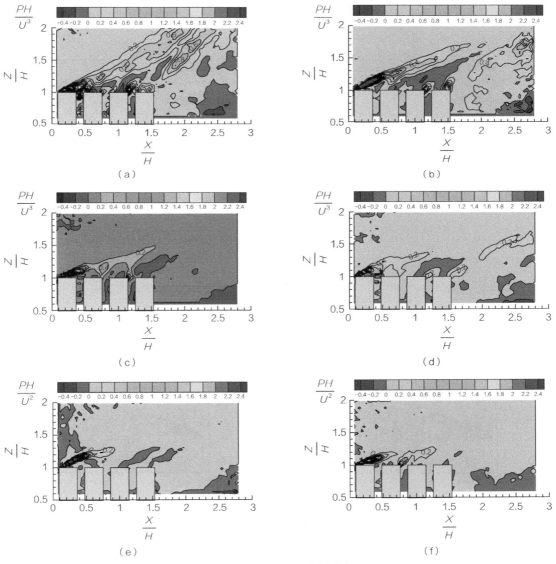

图 4-26　不同 Fr_q 下归一化的湍流产生量 P
（a）Fr_q =0.21；　（b）Fr_q =0.25；　（c）Fr_q =0.32；　（d）Fr_q =0.34；　（e）Fr_q =0.39；　（f）Fr_q =0.53
（图片引用自：本书参考文献［99］）

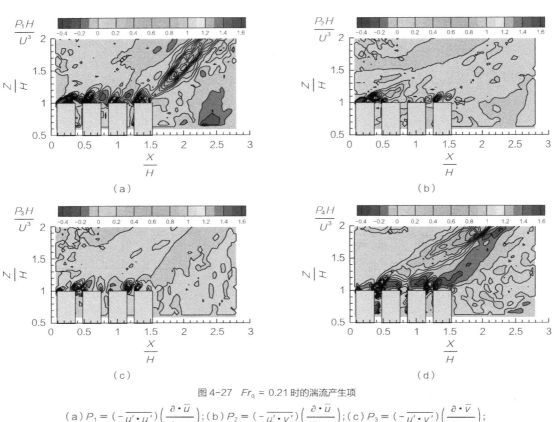

图 4-27 $Fr_q = 0.21$ 时的湍流产生项

（a）$P_1 = (-\overline{u' \cdot u'})\left(\dfrac{\partial \cdot \overline{u}}{\partial \cdot x}\right)$；（b）$P_2 = (-\overline{u' \cdot v'})\left(\dfrac{\partial \cdot \overline{u}}{\partial \cdot y}\right)$；（c）$P_3 = (-\overline{u' \cdot v'})\left(\dfrac{\partial \cdot \overline{v}}{\partial \cdot y}\right)$；

（d）$P_4 = (-\overline{v' \cdot v'})\left(\dfrac{\partial \cdot \overline{v}}{\partial \cdot y}\right)$，用 $\dfrac{U^3}{H}$ 归一化

（图片引用自：本书参考文献［99］）

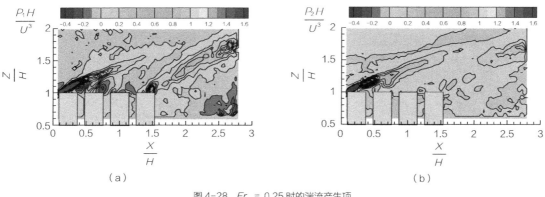

图 4-28 $Fr_q = 0.25$ 时的湍流产生项

（a）$P_1 = (-\overline{u' \cdot u'})\left(\dfrac{\partial \cdot \overline{u}}{\partial \cdot x}\right)$；（b）$P_2 = (-\overline{u' \cdot v'})\left(\dfrac{\partial \cdot \overline{u}}{\partial \cdot y}\right)$；

（图片引用自：本书参考文献［99］）

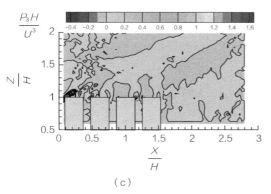

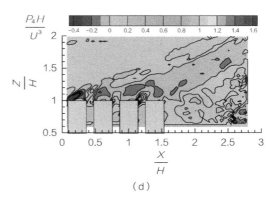

（c）　　　　　　　　　　　　　　　　　　（d）

图 4-28　Fr_q = 0.25 时的湍流产生项（续图）

（c）$P_3 = (-\overline{u' \cdot v'}) \left(\dfrac{\partial \cdot \bar{v}}{\partial \cdot y} \right)$；（d）$P_4 = (-\overline{v' \cdot v'}) \left(\dfrac{\partial \cdot \bar{v}}{\partial \cdot y} \right)$，用 $\dfrac{U^3}{H}$ 归一化

（图片引用自：本书参考文献［99］）

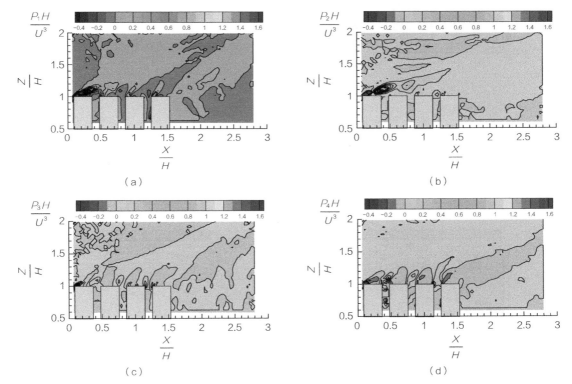

（a）　　　　　　　　　　　　　　　　　　（b）

（c）　　　　　　　　　　　　　　　　　　（d）

图 4-29　Fr_q = 0.32 时的湍流产生项

（a）$P_1 = (-\overline{u' \cdot u'}) \left(\dfrac{\partial \cdot \bar{u}}{\partial \cdot x} \right)$；（b）$P_2 = (-\overline{u' \cdot v'}) \left(\dfrac{\partial \cdot \bar{u}}{\partial \cdot y} \right)$；（c）$P_3 = (-\overline{u' \cdot v'}) \left(\dfrac{\partial \cdot \bar{v}}{\partial \cdot y} \right)$；

（d）$P_4 = (-\overline{v' \cdot v'}) \left(\dfrac{\partial \cdot \bar{v}}{\partial \cdot y} \right)$，用 $\dfrac{U^3}{H}$ 归一化

（图片引用自：本书参考文献）

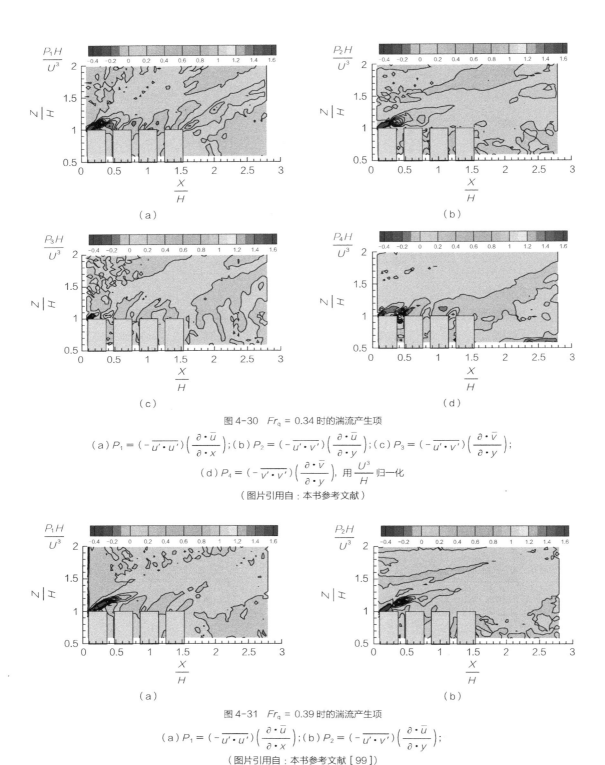

图 4-30　$Fr_q = 0.34$ 时的湍流产生项

（a）$P_1 = (-\overline{u' \cdot u'})\left(\dfrac{\partial \cdot \overline{u}}{\partial \cdot x}\right)$；（b）$P_2 = (-\overline{u' \cdot v'})\left(\dfrac{\partial \cdot \overline{u}}{\partial \cdot y}\right)$；（c）$P_3 = (-\overline{u' \cdot v'})\left(\dfrac{\partial \cdot \overline{v}}{\partial \cdot y}\right)$；

（d）$P_4 = (-\overline{v' \cdot v'})\left(\dfrac{\partial \cdot \overline{v}}{\partial \cdot y}\right)$，用 $\dfrac{U^3}{H}$ 归一化

（图片引用自：本书参考文献）

图 4-31　$Fr_q = 0.39$ 时的湍流产生项

（a）$P_1 = (-\overline{u' \cdot u'})\left(\dfrac{\partial \cdot \overline{u}}{\partial \cdot x}\right)$；（b）$P_2 = (-\overline{u' \cdot v'})\left(\dfrac{\partial \cdot \overline{u}}{\partial \cdot y}\right)$；

（图片引用自：本书参考文献 [99]）

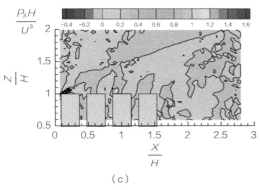

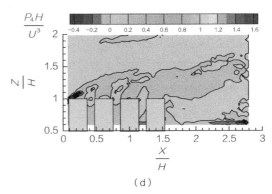

（c）　　　　　　　　　　　　　　　　　　　（d）

图 4-31　$Fr_q = 0.39$ 时的湍流产生项（续图）

$$（c）P_3 = \left(- \overline{u' \cdot v'}\right)\left(\frac{\partial \cdot \overline{v}}{\partial \cdot y}\right);（d）P_4 = \left(- \overline{v' \cdot v'}\right)\left(\frac{\partial \cdot \overline{v}}{\partial \cdot y}\right),\ 用 \frac{U^3}{H} 归一化$$

（图片引用自：本书参考文献［99］）

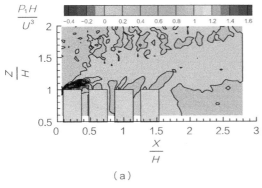

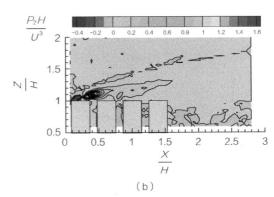

（a）　　　　　　　　　　　　　　　　　　　（b）

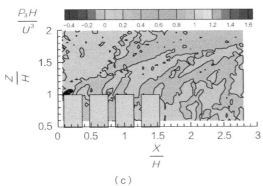

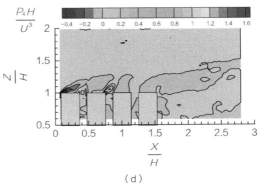

（c）　　　　　　　　　　　　　　　　　　　（d）

图 4-32　$Fr_q = 0.53$ 时的湍流产生项

$$（a）P_1 = \left(- \overline{u' \cdot u'}\right)\left(\frac{\partial \cdot \overline{u}}{\partial \cdot x}\right);（b）P_2 = \left(- \overline{u' \cdot v'}\right)\left(\frac{\partial \cdot \overline{u}}{\partial \cdot y}\right);（c）P_3 = \left(- \overline{u' \cdot v'}\right)\left(\frac{\partial \cdot \overline{v}}{\partial \cdot y}\right);$$

$$（d）P_4 = \left(- \overline{v' \cdot v'}\right)\left(\frac{\partial \cdot \overline{v}}{\partial \cdot y}\right),\ 用 \frac{U^3}{H} 归一化$$

（图片引用自：本书参考文献［99］）

图 4-33 显示了不同 Fr_q 的流线图，其上标示了热羽流上下边界、几何中心线和热羽流区域内最大速度的位置。两条刚好穿过上游迎风建筑拐角和下游末端建筑拐角的流线被认为是热羽流的上下边界，并使用虚线大致表示。在热羽流区域内（即上游和下游边界内），可以在不同高度上定位最大速度 $u_{\text{max in plumes}} = \sqrt{\overline{u}^2 + \overline{v}^2}$ 的位置，由实心圆表示，并在图 4-34 中给出了最大速度廓线。

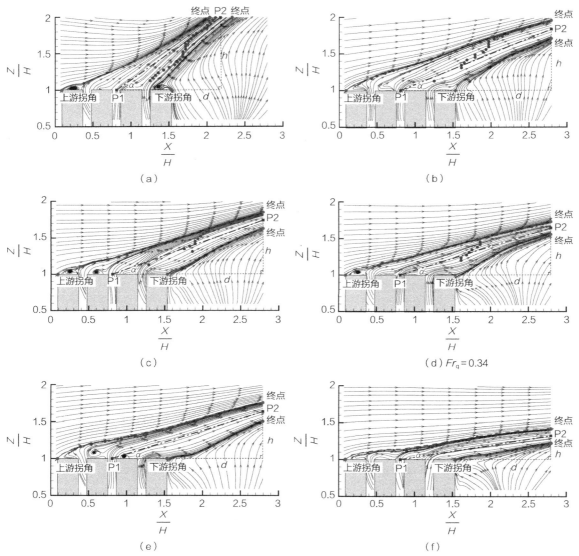

图 4-33 热羽流的几何中心线（点划线）、热羽流区域内最大速度的位置（实心圆圈）、
热羽流边界的近似位置（虚线）以及不同 Fr_q 数下的上升角 α
（a）$Fr_q = 0.21$；（b）$Fr_q = 0.25$；（c）$Fr_q = 0.32$；（d）$Fr_q = 0.34$；（e）$Fr_q = 0.39$；（f）$Fr_q = 0.53$
（图片引用自：本书参考文献［99］）

最大速度的位置反映了背景来流和热羽流之间的平衡情况。例如，在所测试的最大 Fr_q 数工况中（图 4-33 f），大部分实心圆圈点都出现在上边界。这主要是因为来流相对较强，并将其动量通过上边界传递到热羽流区域。降低 Fr_q 会使更多实心圆圈离开上边界。也就是说，较小的 Fr_q 数使热羽流内最大速度更多地存在于热羽流中心部分，而较大的 Fr_q 数使它们更多地出现在上边界。这主要是因为当 Fr_q 减小时，浮力对热羽流垂直运动的贡献变得显著。

图 4-34 绘制了不同无量纲高度处的最大速度 $u_{\text{max in plumes}}$ 廓线图。$u_{\text{max in plumes}}$ 首先随着高度升高而增加，随后因湍流混合导致浮力减弱而有所降低。在 $Fr_q = 0.53$ 工况，热羽流中 "$\dfrac{u_{\text{max in plumes}}}{U} > 1$" 的区域消失。当 Fr_q 减小时，总体上 $u_{\text{max in plumes}}$ 增加，"$\dfrac{u_{\text{max in plumes}}}{U} > 1$" 的区域逐渐扩大。当 Fr_q 范围从 0.32 变化到 0.39 时，$u_{\text{max in plumes}}$ 在大约 $1.4\,H$ 时开始超过 U；在 $Fr_q = 0.25$ 时，该临界高度大约为 $1.2\,H$。在 $Fr_q = 0.21$ 时，所有位置的 $u_{\text{max in plumes}}$ 都超过了背景来流速度 $\left[\left(\dfrac{u_{\text{max in plumes}}}{U}\right) > 1\right]$。由此可见，由浮力引起的加速效应在较小的 Fr_q 工况中更明显。

上升角度（α）反映了热羽流上升的轨迹和程度。在这里，定义热羽流的"几何中心线"以便计算上升角。建筑屋顶被认为是热羽流开始弯曲的高度，P_1 点代表第一排和最后一排建筑的中点，P_2 点代表热羽流在观察区域最终端的中点。通过连接 P_1 和 P_2，得到几何中心线，用点划线显示。基于几何中心线和水平线以及图中所示 d 和 h，可以得到热羽流上升角度（α，图 4-33），即 $\alpha = \tan^{-1}\left(\dfrac{h}{d}\right)$。

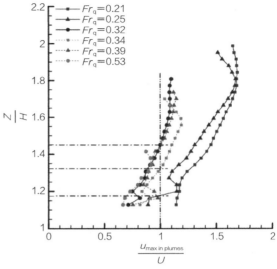

图 4-34　不同弗劳德数下热羽流区域内归一化最大速度的垂直廓线

上升角的合理范围为 0°～90°，其中，角度为 90° 代表一种极端情况，即热羽流在平静的背景环境中上升。角度为 0° 则表示另一种极端情况，即不考虑浮力作用。基于六个不同 Fr_q 工况中的上升角及两个极端理论值，拟合曲线，如图 4-35 所示，并发现式（4-10）可以很好地反映上升角度与弗劳德数的关系。

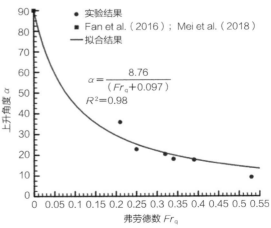

图 4-35　上升角度的测量值（实心圆圈）
及其与弗劳德数的拟合曲线
（数据来源：本书参考文献 [18]、[60]）
（图片引用自：本书参考文献 [99]）

$$\alpha = \frac{8.76}{(Fr_q + 0.097)} \quad (4\text{-}10)$$

4.3.3　高密度建筑群风热协同作用规律总结

在本小节研究中，通过水槽缩尺实验对高层紧凑型建筑群的近场热羽流特征进行了深入探讨，包括平均流场和湍流特性。此外，还分析了热羽流中的最大速度和热羽流上升角。总的来说，来流风可以抑制热羽流在迎风建筑物屋顶上的持续上升。在下游处，浮力作用变得更加突出。热羽流可以将背景来流与街道峡谷气流分离。整体热羽流上升角度可由热羽流的几何中心线来确定。基于实验结果，Fr_q 与整体上升角度 α 间的关系可描述为 $\alpha = \frac{8.76}{(Fr_q + 0.097)}$。这些结果有利于进一步探索城市污染传播与热量传输，并有利于完善城市热力通风的相关数值模型。

本章拓展阅读

Chapter5 Urban Wind/Thermal Environment and Its Influences
on Building Energy Consumption and Carbon Emission

第5章 城市风热环境与建筑能耗和碳排放

建筑领域是城市能耗和碳排放的重要组成部分。各个国家均制定了建筑领域的节能规范和标准，从而最大限度地降低建筑全生命周期内造成的碳排放。建筑运行阶段碳排放占全生命周期的80%～90%以上，而运行碳排放中供暖制冷能耗占最大部分（50%以上）。供暖制冷能耗产生的根本原因是建筑所处气候和天气环境偏离人体热舒适区间，因此需要相应的供暖制冷设备调节室内环境从而实现热舒适。降低供暖制冷能耗的方法主要有三个方面：① 最大限度地优化室外环境，从而降低供暖制冷需求；② 提高建筑围护结构性能（隔热、保温、气密性等），降低能量损失；③ 提升制冷／供暖设备系统的效率。本章主要讨论室外环境对建筑能耗的影响。

由于气候变化，全球大部分城市正在经历背景温度的升高。除了背景气候的改变，城市热岛的增加也让城市温度进一步升高，从而使建筑的制冷负荷逐渐增加，供暖负荷逐渐降低。利用气候模型估计，拉姆等人发现在香港地区全球变暖导致的制冷负荷用电增加12.5%，而研究学者发现在澳大利亚，这个比例在2.7%～4.5%。城市热岛会进一步改变城市中的供暖制冷需求，有研究通过系统综述，发现城市热岛会平均增加13%的制冷能耗，在夏季可增加20%以上的峰值用电负荷。

上述研究表明，城市热岛及气候变化对建筑能耗有巨大影响。构建气候适宜性城市和建筑有助于降低供暖制冷负荷产生的碳排放。同时，由于目前针对建筑能耗的模拟和相应的能源规划大部分是利用位于郊区的机场的气象数据作为输入进行模拟，并且采用典型气象年的方法，因此相应的建筑能耗模拟在总量和峰值上均会造成较大误差，从而导致分布式能源系统设计、能源规划等实际运行情况偏离设计最优值，增加基础设施投入成本和运行成本。

当前建筑能耗模拟中采用的气象数据文件主要有以下几类：① 位于机场的气象站的监测数据，通过长期监测，建立典型气象年数据用于建筑能耗模拟。大部分城市能获取到的公开数据均为此类数据。但是，此类数据的缺点是空间分辨率低，不能考虑城市气候和气候变化的影响。② 城市内大规模实测数据。此类数据一般是通过科研项目等方式，在城市不同地方布置气象监测站点监测实时气象数据。此类数据能更好地反映城市内建筑周边实际天气情况，并有一定的空间分辨率。但是此类数据往往难以公开获取，并且监测时间往往都较短（几个月到1～5年不等）。同样，空间分辨率虽然有所提高，但是受到布点和成本限制，仍然不能反映城市全貌。需要注意的是，测点的选取需要仔细论证，否则所测数据不能代表其附近的真实情况。③ 利用基于物理模型的中尺度数值模式（如WRF等）模拟获得。此类数据的特点是空间分辨率高，成本低，可以预测未来气候的影响。但是，由于计算资源和计算速度的限制，无法实现长时间跨度的模拟。针对不同城市的模拟也需要大量基础初始数据（建筑等城市下垫面信息）。模拟结果需要进行验证，对于未来气候的模拟，不同模型可能存在一定差异。④ 深度学习模型预测气象参数，从而提高数据的时空分辨率。深度学习模型可以基于已有站点的气象数据预测不同位置的气象参数，从而提高空间分辨率；也可以基于时间序列数据预测同一站点的未来气象数据或预测两个时间点之间的数据，从而提高时间分辨率。深度学习模型也可以和基于物理规律的参数化模型（如UWG）或数值计算模型（如WRF，Fluent等）相结合，提升模型的准确性与预测效率。该种方法的限制在于大量已有数据用于模型训练，模型需要克服过拟合问题等。经过实测数据验证的数值计算模型的输出结果可以用于深度学习模型的训练。

5.1　城市风热环境与建筑能耗

5.1.1　城市风热环境对建筑能耗的影响程度

在希腊雅典，城市热岛导致建筑冷负荷总量翻倍，而高峰用电需求则被增加了 3 倍，制冷设备的**能源转化效率**（Coefficient of Performance，以下简称 COP）也降低达 25%。上述效应除了增加制冷设备基础设施的投入、用电需求外，对能源供应系统的稳定性和安全性也造成威胁。城市热岛、能耗和碳足迹的增加也会降低室外热舒适。在存在用能花费负担的低收入家庭，室内热舒适、热安全问题将严重影响居民健康。津齐等人（Zinzi et al.）基于在意大利罗马不同城市区域 3 年的实测气象数据模拟发现城市热岛可以导致居住／办公建筑供暖能耗减少 18% ~ 21%，而制冷能耗增加 53% ~ 74%，

该城市（2015—2017 年的 3 年平均）的夏季热岛在 1.9 ~ 2.7℃之间，冬季在 1.2 ~ 1.7℃之间，夏季和冬季最高小时热岛分别达到 8℃和 5℃，城市内热岛差异在夏季比冬季明显。以往研究基于分布在城市中（伦敦）的 20 个气象站的小时分辨率气象数据（一年）模拟了城市热岛对建筑能耗的影响，他们发现热岛在城市中心增加了 27% ~ 45% 的制冷负荷、降低了 60% 以上的供暖负荷。在意大利摩德纳，热岛增加了 10% 的制冷能耗，降低了 20% 的供暖能耗。斯特里特（Street et al.）等人利用城市和郊区气象站数据针对美国波士顿进行了计算分析，发现热岛增加 3% ~ 9% 制冷负荷，降低 14% 供暖负荷。在澳大利亚墨尔本，热岛增加 10% ~ 17% 的制冷负荷、降低 5% ~ 7% 的供暖负荷。在意大利米兰，热岛降低 12% ~ 16% 的供暖负荷，增加 39% ~ 41% 的制冷负荷。其他相关的城市热岛对建筑能耗的影响以及建筑和邻域尺度微气候对建筑能耗的影响研究见表 5-1 和表 5-2。

表 5-1　基于城市尺度天气数据的受 UHI 影响冷热负荷相关研究总结

冷负荷	热负荷	研究城市／所处气候区类型 （Köppen climate classification）	天气数据类别（年）	模拟方法	参考文献
+300%（COP 同时降低了 25%）	-30%	雅典／炎热夏季地中海气候 (Csa)	1996—1997（1 年数据）	TRNSYS	[78]
+8%	NA	帕多瓦／闷热夏季、潮冷冬季 (Cfa)	2019 年夏季数据	UWG + Thermal zone model	[71]
+30%（办公建筑）；+17%（居住建筑）	-23%（办公建筑）；-20%（居住建筑）	北京／炎热潮湿夏季、干冷冬季 (Dwa)	2013-03—2014-02（1 年数据）	BEP + BEM；EnergyPlus	[93]
NA	-7.5%（办公建筑）；-10.1%（居住建筑）	天津／炎热潮湿夏季、干冷冬季 (Dwa)	2009—2018（10 年数据）	TRNSYS	[61]
增加（年用电量减少了 2% ~ 7%）	降低（年用电量减少了 2% ~ 7%）	特拉维夫市／炎热干燥夏季、温和潮湿冬季 (Csa)	典型气象年（TMY）	CAT + EenrgyPlus	[17]
增加 +10% 到 +20%（办公建筑）；增加 +30% 到 +70%（居住建筑）	该区域无热负荷	杜兰／热带 (Af)	2019-07—2019-12（6 个月数据）	UWG + TRNSYS	[50]

续表

冷负荷	热负荷	研究城市 / 所处气候区类型 (Köppen climate classification)	天气数据类别(年)	模拟方法	参考文献
增加+15%到+200%	NA	南美洲大西洋沿岸城市	典型气象年(TMY)	UWG + TRNSYS	[68]
+250%	−50%	伦敦 / 温暖夏季、凉爽冬季(Cfb)	2050年(预测的天气数据)	CCweather tool + ANN + EnergyPlus	[46]

注：‘+’和‘−’分别代表冷负荷或热负荷在有热岛的情况下增加和减少

表 5-2 基于建筑—街区尺度微气候数据的建筑冷热负荷相关研究总结

冷负荷	热负荷	研究城市 / 所处气候区类型 (Köppen Climate Classification)	天气数据类别	模拟方法	本书参考文献
所有建筑平均+5%（对于单个建筑在−5%和+14%之间变化）	NA	苏黎世 / 温暖夏季、四季分明(Cfb)	2015年热浪天气下的两个连续晴天数据	郊区测量气象数据 + ENVI-met + City Energy Analyst (CEA)	[62]
在+0.1%和+3.3%之间变化（只考虑长波辐射影响）	在−0.3%和−3.6%之间变化（只考虑长波辐射影响）	芝加哥 / 温暖潮湿夏季、寒冷冬季(Dfa)	典型气象年 TMY	CityBES + EnergyPlus	[56]
+42%（只考虑对流换热系数的变化）	−14.5%（只考虑对流换热系数的变化）	埃因霍温 / 夏热冬冷(Cfb)	2015年气象数据	CFD 和综述	[41]
NA	在−18.6%[−7.7%]到27.1%[+17.2%]之间变化：居住建筑[办公建筑]（只考虑对流换热系数的变化）	芝加哥 / 温暖潮湿夏季、寒冷冬季(Dfa)	典型气象年的1月7日数据	CFD + EnergyPlus	[81]
+4%（只考虑风速变化影响热损失的变化）	−1.3%（只考虑风速变化影响热损失的变化）	费城、迈阿密、凤凰城、旧金山、芝加哥	典型气象年	ANSYS Fluent + EnergyPlus	[51]、[52]

注：‘+’和‘−’分别代表所研究的建筑布局冷负荷或热负荷与独立一栋建筑相比是增加或减少

国外学者分析了美国五个城市热岛移除技术对建筑能耗的影响，包括直接影响（与建筑节能直接相关的技术）和间接影响（由于城市整体空气温度降低而造成的能耗改变）。他们发现相关技术引发建筑冷负荷减少产生的节能效果和供暖负荷增加产生的反节能效果与其所处的气候区和具体技术种类密切相关。

基于以上综述分析，城市所处气候区对热岛或具体建筑布局对增加建筑能耗或降低建筑能耗有重要影响。由于我国有着广袤的土地，纬度和经度均跨越很大，建筑气候分区分为：严寒地区、寒冷地区、夏热冬冷地区、夏热冬暖地区和温和地区共五个分区。因此，可以以我国为例，分析不同气候区内热岛与建筑能耗之间的关系特征。

5.1.2 城市内建筑负荷和能耗模拟分析方法

根据以往对住宅建筑能耗分项的研究统计，建筑冷热负荷占总能耗的比例可高达50%，而冷热负荷所产生的能耗受背景天气条件的影响很大。在本小节的建筑能耗计算中，我们基于现有国家标准，假设当室外空气温度高于或低于国家标准中使用的阈值时，制冷或供暖系统开始运行并消耗能量。城市热岛将通过改变供暖或制冷需求来减少或增加供暖或制冷季节的能源消耗。值得注意的是，建筑类型（例如住宅、办公或公共建筑）影响能源消耗的总量。例如，作为公共建筑类型的购物中心，由于其开放空间大、运营时间长和夏季（冬季）低（高）运行温度，其单位面积能耗显著高于其他类型建筑（Ding et al.，2013）。尽管如此，城市热岛对冷热负荷的增加和减少影响在不同类型的建筑物中的影响规律是一致的。因此，在本研究中，仅针对住宅类型建筑进行了定量建模，以反映城市热岛对建筑年平均能耗的影响规律。

该部分研究中利用 DesignBuilder 软件（DesignBuilder V3，DesignBulider Software Ltd.，UK）进行建筑能耗模拟。该软件以 EnergyPlus 为计算引擎，是用于建筑能耗模拟常用的有效工具。基于我国住宅平面特征，建立了典型的住宅建筑三维模型，并在我国五个主要建筑气候区模拟该典型建筑的能耗。典型住宅建筑的布局和几何参数（图 5-1）是根据我国现有住宅建筑的聚类分析确定的。典型建筑有 7 层，每层有两套公寓。一套公寓的总面积为 113 m^2。假设三人（一家）同住一户，符合国家统计局公布的人均住房面积。在模拟中，厕所和厨房没有加热或制冷，这在我国是典型的住宅能源使用行为。如表 5-3 所示，围护结构参数根据 5 个建筑气候区的住宅建筑能效设计标准设置（气候区 1：严寒地区，气候区 2：寒冷地区，气候区 3：夏热冬冷地区，气候区 4：夏热冬暖地区，以及气候区 5：温和地区）。2019 年的实际农村站点和城市站点所测得的全年小时分辨率天气数据用于建筑能耗模拟。

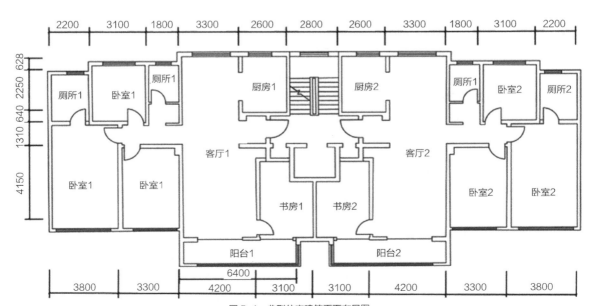

图 5-1　典型住宅建筑平面布局图
（图片引用自：本书参考文献 [27]）

表 5-3   不同建筑气候区的建筑围护结构和通风情况参数

建筑围护结构参数	严寒地区	寒冷地区	夏热冬冷地区	夏热冬暖地区	温和地区
外墙 [W/(m² · K)]	0.35	0.35	0.8	0.35	1.8
屋顶 [W/(m² · K)]	0.15	0.15	0.6	0.65	0.8
外窗 [W/(m² · K)]	2	2	3	6	3.5
窗墙比	0.25				
气密性 (ACH)	0.5	0.5	1	1	0.5
加热 / 制冷温度（℃）	18/26	18/26	18/26	16/26	18/26
加热的 COP_h	1.6	1.6	1.8	1.8	1.8
制冷的 COP_c	2.8	2.8	2.8	2.8	2.8

（数据来源：本书参考文献［27］）

在寒冷地区和严寒地区的城市采取集中供暖，我们在模拟过程中也基于集中供暖设备（锅炉）的能源转化效率进行设置。供暖季节根据当地实际供暖日期设定（表 5-4）。供暖季节和制冷季节定义如下：夏热冬冷、夏热冬暖和温和地区的供暖季为 12 月至次年 2 月，制冷季为 3 月至 11 月。室内空气温度超过制冷温度（26℃）时制冷系统运行；当室内空气温度低于供暖温度（18℃）时，供暖系统运行。

背景气候和城市热岛的特征都会影响建筑总负荷，因为在寒冷地区和严寒地区，供暖负荷占主导地位，这会放大城市热岛对建筑节能的正面效果。因此，我们可以通过敏感性分析，量化城市热岛在不同气候区中对建筑能耗的影响。例如，在一个特定城市，我们可根据实测的城市，以及农村天气数据（T_u 和 T_r）进行建筑能耗模拟作为基准案例（案例 1），其中城市和农村气温分别用 T_u 和 T_r 表示。案例 2（T_u -5℃ 和 T_r -5℃）、案例 3（T_u +5℃ 和 T_r +5℃）和案例 4（T_u +10℃ 和 T_r +10℃）旨在测试背景气候，即年平均温度的影响。因为 T_u 和 T_r 都减去或加上了相同的值，城市年平均热岛强度、日热岛强度、热岛强度的合成日变化曲线等在案例 2—4 中均相同。

同样，热岛强度特征对建筑能耗的影响可以用以下描述的案例 5—8 进行测试。我们首先将年天气数据分为两个子集，即秋季＋冬季、春季＋夏季。T_{u_h} 为秋季＋冬季（9 月至次年 2 月）的城市气温小时分辨率数据集合。T_{u_c} 为春夏季（3—8 月）的城市气温小时分辨率数据集合。案例 5 中，分别将 T_{u_h} 和 T_{u_c} 增加和减少 0.5℃，从而增加了秋冬季的热岛强度，降低了春夏季的热岛强度。案例 6 中，分别将 T_{u_h} 和 T_{u_c} 增加和减少 1℃，相比案例 5，进一步加大了秋冬季和春夏季热岛强度的差别。案例 7 中，分别将 T_{u_h} 和 T_{u_c} 减少 0.5℃ 和增加 0.5℃。案例 8 中，分别将 T_{u_h} 和 T_{u_c} 减少 1℃ 和增加 1℃。值得注意的是，以上针对案例 5—8 的操作虽然使热岛强度在春夏季和秋冬季发生较大变化，但是年平均温度和年平均热岛强度均保持不变，从而可以明确热岛强度时序变化特征对建筑能耗的影响规律。

表 5-4　严寒地区和寒冷地区各个城市集中供暖系统的实际供暖日期

建筑气候区	城市	集中供暖日期（月.日）	城市	集中供暖日期（月.日）	城市	集中供暖日期（月.日）
严寒地区	塔城市	10.10—4.10	北安市	9.6—4.30	白城市	
	鄂托克前旗	10.15—4.15	嫩江市	9.26—4.30	松原市	
	乌审旗		双鸭山市	10.5—4.5	乾安县	10.25—4.10
	乌拉特前旗		磴口县	10.5—4.15	通榆县	
	准格尔旗		吉林市	10.20—4.6	和龙市	
	翁牛特旗		永靖县		辽阳市	
	巴彦淖尔市		奈曼旗	10.20—4.10	张家口市	11.1—3.31
	鄂尔多斯市		通辽市		张北县	
	绥化市		临夏市	11.1—3.15	本溪市	11.15—3.15
	伊金霍洛旗		理塘县	11.1—4.15	—	—
寒冷地区	伊宁市	10.20—4.6	宝鸡市		安新县	
	阿拉尔市	10.25—3.25	邯郸市		嵊州市	
	沙雅县		济南市		武义县	
	庆阳市		廊坊市		故城县	
	永清县		焦作市		枣强县	
	石嘴山市惠农区		临汾市		附城镇	
	古交市		天津市		民权县	
	镇原县		潍坊市		柘城县	
	原平市	11.1—3.31	新乡市		宁陵县	11.15—3.15
	朔州市平鲁区		烟台市		夏邑县	
	孝义市		灵寿县		永城市	
	襄垣县		锦州市		获嘉县	
	长治市屯留区		正定县	11.15—3.15	延津县	
	曲阜市	11.15—3.15	新乐市		长垣市	
	鱼台县		石家庄市藁城区		台前县	
	麦盖提县		赵县		濮阳市	
	衡水市		石家庄市栾城区		合阳县	
	泗县		深泽县		和田市	11.15—4.15
	遂宁市		辛集市		济宁市	11.15—3.20
	舞钢市		广宗县		海阳市	
	泗阳县		萍乡市		莱阳市	11.16—3.31
	凤县		南通市		烟台市蓬莱区	
	莒南县		清河县		莱州市	
	费县		东莞市		徐州市	11.21—3.10
	微山县		涿州市		—	—

5.1.3 我国热岛效应对建筑能耗的影响规律

根据本书第 2.3 章节中的我国热岛时空分布数据，计算了相应城市供暖制冷负荷相关的建筑能耗。由于一年中既有供暖负荷，又有制冷负荷，我们定义了这两者之和为总负荷（L，$kW \cdot h/m^2$）。采用城市气象数据计算得到的总负荷记为 L_u，采用农村站点气象数据计算的总负荷为 L_r。这两者之差（$\Delta L = L_u - L_r$）即为热岛效应所产生的建筑负荷增加（$\Delta L > 0$）或减小（$\Delta L < 0$）的数值，定义为额外负荷。$R_{\Delta L} = \dfrac{\Delta L}{L_r}$ 定义为相对额外负荷。

结果表明城市热岛对建筑总负荷的影响在五个不同的气候区是不同的，说明热岛—建筑能耗作用关系受背景气候的影响。在严寒地区的大部分城市，城市热岛的存在降低了建筑总负荷（ΔL 或 $R_{\Delta L} < 0$）。严寒地区所有城市的相对额外负荷平均值小于零（图 5-2），这说明城市热岛在严寒地区有利于建筑节能。

在寒冷地区（区域 2），总负荷在一些城市增加，在另一些城市减少，平均总负荷大于零。在其他三个建筑气候区（区域 3-5）中，大多数城市的总负荷增加，且平均值大于零。大多数严寒地区城市总负荷的相对变化低于零（显著性检验 $p < 0.01$），在寒冷地区城市中不显著。大多数夏热冬冷地区城市（$p < 0.01$）、夏热冬暖地区城市（$p < 0.01$）和温和地区城市（$p < 0.05$）的总负荷相对变化均大于零。总负荷在同一建筑气候区域内乃至邻近城市均呈现增加和减少趋势，表明总负荷也受到热岛强度特征的影响，且即使是相邻城市，城市热岛特征仍有显著差别。具体而言，夏季较低的热岛强度和冬季较高的热岛强度有助于降低总负荷。

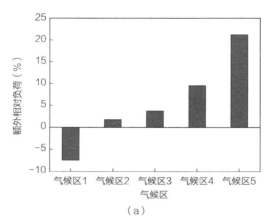

（a）

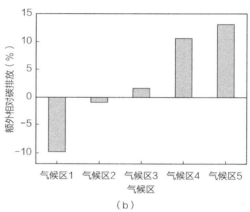

（b）

图 5-2 不同气候区内城市额外相对负荷的平均值
（a）额外相对负荷；（b）额外相对碳排放
（图片引用自：本书参考文献［27］）

城市热岛对建筑总负荷的影响取决于背景气候和热岛强度时序特征。与大多数其他严寒地区城市不同，本溪市的相对额外负荷为正（$R_{\Delta L} > 0$）。为此，我们设计了一组案例对本溪市总负荷的相对变化进行敏感性分析，从而确定其与其他城市不同的原因。不同案例设计可以帮助分析年平均背景温度和热岛强度特征两个因素。同理，在其他气候区也存在某些城市与其他大部分城市额外相对负荷正负号不一致的情况。我们也分别选取了寒冷地区、夏热冬冷地区、夏热冬暖地区、温和地区的烟台市、十堰市、梅州市和丽江市进行敏感性分析。由此获得的相对额外负荷变化情况，如图 5-3 所示。

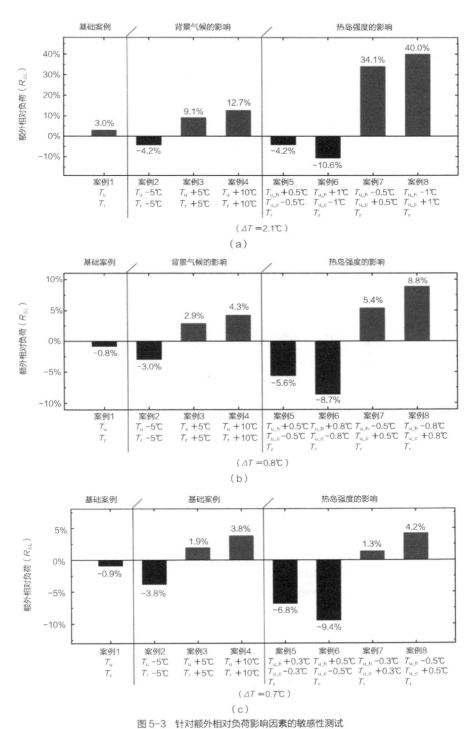

图 5-3　针对额外相对负荷影响因素的敏感性测试

（a）严寒地区的本溪市；（b）寒冷地区的烟台市；（c）夏热冬冷地区的十堰市；

（图片引用自：本书参考文献［27］）

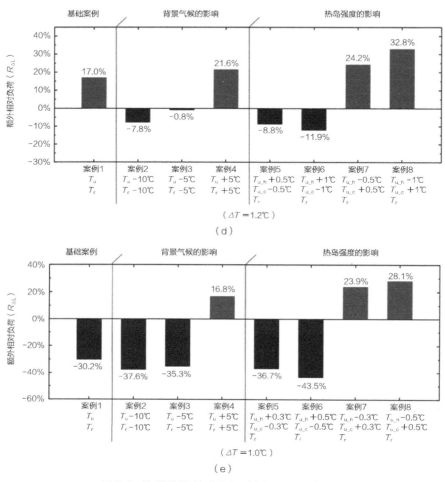

图 5-3   针对额外相对负荷影响因素的敏感性测试（续图）
（d）夏热冬暖地区的梅州市；（e）温和地区的丽江市
（图片引用自：本书参考文献 [27]）

如图 5-3（a）所示，案例 1 是本溪市的"基础案例"。案例 2—4 主要用于测试背景气候的影响。2019 年的气象数据显示，中国年平均气温最低和最高分别约为 5℃（双鸭山市）和 17℃（昆明市）。本溪市年平均气温和年平均热岛强度（ΔT）分别约为 10℃和 2.1℃。在案例 2 中，城市气温（T_u）和农村气温（T_r）均减去 5℃，可以代表我国最低的年平均气温。在所有案例中，年平均热岛强度都没有变化（即 $\Delta T = 2.1$℃）。需要注意的是，背景气候与热岛强度之间存在着复杂的相互作用。背景气候的变化可能会改变热岛强度的振幅和时间变化特征。此外，热岛强度可以被寒潮或热浪放大。为了简化研究问题并突出背景气候的影响，我们假设 T_u 和 T_r 均匀降低一定数值，来获得一组人工合成的天气数据，即新的城市和农村天气数据集分别由以下方式得到：T_u -5℃和 T_r -5℃。然后，我们通过上述人工合成的天气数据（图 5-4）模拟建筑能耗，计算获得总负荷。

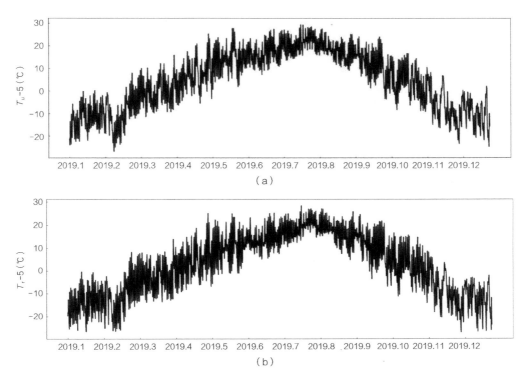

图 5-4　人工合成的本溪市小时分辨率天气数据
（a）城市站点；（b）农村站点
（图片引用自：本书参考文献 [27]）

改变了天气数据后，案例 2 中的额外相对负荷变为负值（-4.2%）。案例 2 中，城市气温和农村气温均减去 5℃，即年平均气温降低 5℃，模拟了较冷的背景气候，而且保证热岛强度时间序列与案例 1 完全相同。这表明如果本溪市位于气候较冷的地区，在同样的热岛特征下，额外相对负荷变为负值。在此情况下，城市热岛的存在（不变）会减少建筑能耗，而不是增加（案例 1）建筑能耗。同样，案例 3 和案例 4 代表更热的背景气候，额外相对负荷显著高于案例 1，表明城市热岛效应会额外增加建筑能耗。案例 2—4 的结果表明，位于不同背景气候的城市，即使是同样的热岛强度时间序列也会产生对建筑能耗不同的影响。

如案例 5—8 所示，热岛强度的时序变化特征

也显著影响建筑额外相对负荷。案例 5 中，T_{u_h} 和 T_{u_c} 分别增加和减少 0.5℃，从而增加了秋冬季的热岛强度，降低了春夏季的热岛强度。同时，保持了年平均温度和年平均热岛强度（$\Delta T = 2.1℃$）不变。结果显示，全年的加热和冷却负荷均降低（图 5-5）。如果秋季和冬季热岛强度进一步增加 1℃，春季和夏季减少 1℃，则额外负荷会更小（案例 6）。案例 7、8 表明，如果热岛强度在秋季和冬季降低，而在春季和夏季增加，则额外负荷增加。案例 5—8 表明，即使在年平均热岛强度相同，一年内热岛强度的时序变化会显著影响额外负荷。在不同气候区热岛强度变化特征对热负荷和冷负荷的分别影响也可以由图 5-5 所展示的结果表明。

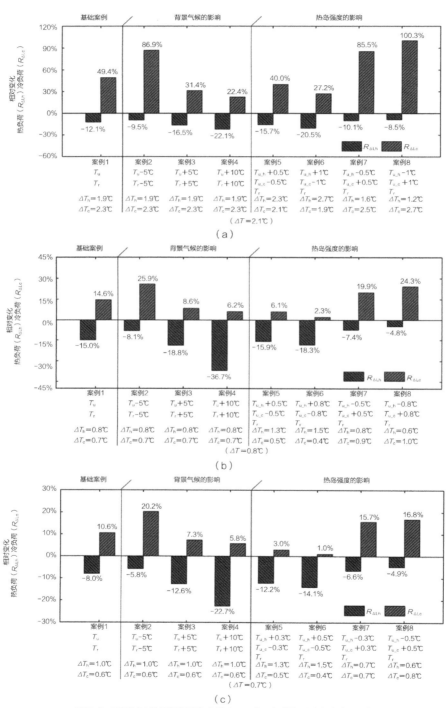

图 5-5 不同城市的额外相对热负荷（$R_{\Delta Lh}$）和额外相对冷负荷（$R_{\Delta Lc}$）
（a）严寒地区的本溪市；（b）寒冷地区的烟台市；（c）夏热冬冷地区的十堰市；
（图片引用自：本书参考文献［27］）

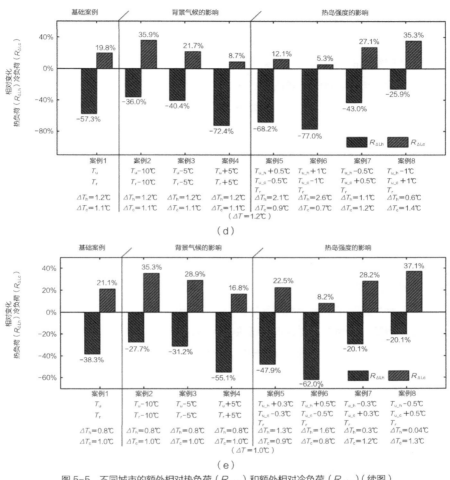

图5-5　不同城市的额外相对热负荷（$R_{\Delta Lh}$）和额外相对冷负荷（$R_{\Delta Lc}$）（续图）
(d) 夏热冬暖地区的梅州市；(e) 温和地区的丽江市
（图片引用自：本书参考文献 [27]）

目前，已经提出了绿色屋顶和白色／冷屋顶等各种措施来降低建筑尺度上的建筑能耗，以及改善室外热环境。白色屋顶可以通过减少夏季的制冷需求来降低建筑能耗；然而，它会增加冬季的供暖需求。此外，如果在城市范围内实施白色屋顶，夏季和冬季的热岛强度可能会降低，这可能会对建筑全年总负荷产生不利影响。绿色屋顶在建筑尺度上减少了夏季的冷负荷和冬季的热负荷，因为植被在夏季强烈的太阳辐射期间具有降温作用，并在冬季

通过增加保温性能来减少热损失。然而，总体上植被面积的增加可能会降低城市尺度夏季和冬季的热岛强度，从而产生与城市尺度的其他热岛缓解措施类似的结果。最有效的城市气候调节措施是可以降低夏季热岛强度，同时增加冬季热岛强度的措施。因此，在实施热岛缓解措施之前，应根据城市具体热岛强度时间序列和所处气候区情况进行详细评估。

虽然这部分研究提供的证据表明城市热岛不一

定在所有城市都需要缓解，但仍有几个局限性。为了使城市热岛强度成为唯一变量，建筑能耗模拟仅考虑典型布局和分体式空调的住宅建筑。其实建筑类型、能源形式、制冷／制热设备的能效比和居住者的实际能源使用行为都会影响建筑能耗，需要进一步更多地研究来阐明这些因素的影响。此外，太阳辐射、风力条件和相对湿度也是影响建筑能耗的变量，而且这些变量在一个城市中并不统一。本部分也未考虑城市内太阳辐射、风力条件和相对湿度的空间差异。另外，虽然全球变暖趋势下我国北方城市可能会减少冬季的供暖需求，从而降低建筑全年能耗，但是可能引发如下问题。在高纬度地区城市（如我国北方、欧洲国家等地区）原本不需要安装空调，由于温度的升高，产生了夏季制冷需求。这将引发极大的资源浪费，因为需要对建筑进行改造，以及生产更多的空调设备来满足新出现的制冷需求。如果一年中需要制冷的日期较短，空调的安装缺乏经济效益（利用率低、分摊成本过高）。如果不安装空调，建筑室内过热又会对居民产生比较严重的健康威胁。这些社会和经济因素也应该在城市风热环境的规划设计方面进行全面分析量化考虑。

综上，上述分析表明热岛强度的季节性变化对建筑能耗有很大影响。冬季较高的热岛强度和夏季较低的热岛强度有利于降低建筑能耗。我国大多数严寒地区城市的年建筑能耗均在热岛的存在下有所下降。城市热岛在寒冷季节减少供暖负荷，而在炎热的季节，由于更高的制冷需求，它增加了建筑能耗。我国大部分严寒地区城市冬季供暖负荷减少量大于夏季冷负荷增加量。因此，总能耗下降。敏感性分析表明，背景气候和城市热岛强度时序特征是决定热岛对特定城市整体有利还是不利影响的重要因素。

5.2　气候变化与建筑能耗

基于 IPCC 的报告，人类引起的全球变暖（截至 2017 年）相比于工业革命之前已经达到了大约 1℃。这里的 1℃ 是全球范围包括陆地和海洋表面空气温度 30 年阶段的平均值。因此，在某些区域的某些时刻，温升远远超过了 1℃。如果未来 30 年内人为温室气体排放可以减少到 0，那么全球平均温升在 2100 年可以控制在 1.5℃ 以内（与工业革命之前相比）。实现 1.5℃ 温升目标的温室气体减排可以通过能源转型（如太阳能、风能等可再生能源）、绿色植物碳汇、城市等基础设施低碳材料和低能耗运行、工业用能转型、碳捕集技术等，主要减碳领域包括建筑、工业和交通。在工业领域可以通过能源电气化、氢能利用、生物质能利用、产品升级、碳捕集封存和利用等方式实现零碳。交通领域也可通过电动车和氢能源汽车的转型减碳。建筑领域继续推动建筑节能和可再生能源等分布式能源利用。全球气候变化除了平均温升之外，还会产生其他影响，比如极端天气（热浪、寒潮、台风、干旱、洪水等）、海平面上升等。

为了在建筑领域实现 IPCC 的气候全球温升 1.5℃ 或 2℃ 的控制目标，降低化石能源的使用，显著提升可再生能源的利用比例是重要途径。当前技术成熟度高、来源丰富，在现有能源结构中占比最高的是太阳能和风能。太阳能及风能有能量密度低、波动较大的特点，在现有的城市中应用的重要形式是分布式能源系统，即直接面向用户，按用户的需求就地生产并供应能量，具有多种功能，可满足多重目标的中、小型能量转换利用系统。从现有的集中式功能到分布式能源的系统的转换需要建设大量的能源基础设施，如果不进行提前优化设计规划，可能会造成系统大量冗余浪费或者系统不稳定的风险。集中式供能系统（如火电站）向可再生能源系统的转变可以提供显著的减缓气候变化的益处，同时可以大量降低由于燃煤产生的空气污染。但是，在可再生能源系统发电成本降低到一定程度并且和传统能源相比具有竞争性以前，需要大量的初始投资，这限制了经济欠发达地区进行能源系统转变。同时，大量的基础设施建设投资也会产生机会成本，比如政府在消除贫困等领域的预算将可能受到限制。

建筑碳排放占全社会总碳排放的 40%，而建筑运行产生的碳排放占建筑碳排放的 80%~90%。在建筑运行碳排放中，建筑供暖和制冷负荷消耗了主要能耗（50% 左右）。由于全球变暖和极端天气现象（如热浪等）的增加，建筑供暖制冷能耗相对大小将在未来几十年的过程中面临着可预期的改变。城市区域由于建筑高度密度和建筑功能、几何尺寸、围护结构材料各异的特征，会在用能方面产生显著的时空变化特性。城市承载了全世界 50% 以上的人口，预计到 2050 年将接近 70%。同时，当前 70% 以上的能源消耗也发生在城市。因此，低碳、韧性的城市和建筑能源供应对大量人口有重要意义。在能源供应由传统能源向可再生能源转变后，能源供应也将受到气候条件的显著影响。比如云层、降雨和雾霾等天气将影响太阳能发电，风速的变化也将改变风能的供应特征。这也造就了能源供应系统的高度时空变化特征。综合来看，气候变化和当地气候条件对能源供应和能源需求均产生影响。比如，极端热浪天气会导致太阳能光伏发电系统效率降低，而建筑制冷负荷则显著升高；极端热浪天气也往往伴随着高压静稳天气背景，使风力发电供应降低。这将对能源供应系统造成严重威胁。如果由此引发电网瘫痪造成大面积停电，居民的高温热暴露风险

和死亡率也将显著上升。因此，合理的气候和天气预测对未来建筑能耗预测、能源供应规划设计将有重要意义。

气候系统是动态、复杂的系统，在不同的尺度上会展现不同的特征。影响建筑和城市能源消耗以及能源系统稳定的是城市微气候（建筑和街区尺度）与城市气候（城市尺度），城市气候除了有区别于周围农村地区的气候特征外，也受更大区域尺度和全球尺度气候的影响。城市形态和建筑设计会影响城市气候，从而间接影响建筑能耗，比如城市热岛效应和城市通风的变化影响建筑冷热负荷。当前全球气候可以通过**全球气候模型**（Global Climate Model，以下简称 GCM）基于不同的温室气体排放强度作为输入进行预测（如 RCP2.6，RCP4.5，RCP6.0，RCP8.5）。GCM 模型是一个统称，指可以模拟全球气候的模型。常见的 GCM 包括 ACCESS-CM2，AWI-CM-1-1-MR，BCC-CSM2-MR，CanESM5，CMCC-CM2-SR5，EC-Earth3，等等。GCM 的空间分辨率通常在 100~5300 km 左右。由于下垫面，尤其是城市下垫面的极度空间异性，百公里级的空间分辨率无法满足能耗和可再生能源产能的精准预测。GCM 的模拟结果通常可以通过降尺度的方式提高空间分辨率。降尺度的方法主要有两类：① 统计模型降尺度法，② 区域尺度气候模型（Regional Climate Model，RCM）。统计模型法通常可以快速计算节约成本，但是由于其不包含物理规律，很难针对不同影响参数进行敏感性测试从而总结物理规律。随着人工智能的快速发展，大量机器学习算法也应用到了气候模型的降尺度研究中。RCM 方法通过物理数学模型将 GCM 结果作为边界条件输入进行数值模拟，从而提升气候数据的空间分辨率。RCM 的空间分辨率通常为 20~50 km，但仍然无法满足更高的空间精度需

求，无法反映城市气候特征。因此，中尺度模型（如 WRF，空间分辨率可达到 100 ~ 500 m），基于能量平衡的城市气候模型（如 UWG，可根据城市下垫面信息计算城市热岛强度），计算流体力学模型（如 Fluent，空间分辨率可达到 1 m，显性模拟单栋建筑）等可以针对 RCM 或统计模型降尺度的结果进一步降尺度，实现能源供给和消耗的高空间分辨率精准预测，并可以将能源消耗过程产生的人为热作为输出反馈给中尺度模型、区域尺度和全球气候模型进行迭代，从而解析城市建筑与全球、区域和城市气候的耦合作用。

能耗与供能研究的时间分辨率通常需要达到 1 h 量级，如果研究 30 ~ 100 年的跨度，将会产生过大的计算量。为了减少计算，通常通过几十年的气象数据合成**典型气象年**（Typical Meteorological Year，TMY），即 365×24 = 8760 个气象数据点来模拟相应建筑能耗。虽然典型气象年可以较好地考虑几十年内气象参数的变化特征并可以显著减少计算量，但是典型气象年面临无法代表极端气象年的情况，比如极热年或极冷年。虽然极端气象情况出现的概率较低，但是一旦出现，会产生极大的甚至无法挽回的损失。因此，城市的韧性和安全需要考虑这些极端年份的气象。为了解决以上问题，尼克（Nik）等学者提出了新的合成气象数据的方法，将全球气候模型预测数据以 30 年为一个阶段合成三组气象数据用于建筑能耗模拟：典型气象年数据、极热年数据和极冷年数据。该方法既体现了未来气候产生的可能影响，又避免了需要模拟每年的情况，降低了计算量。

上述内容提到，GCM 模型有多种，每种模型对未来气候的预测都会有所差别，我们在考虑未来气候因素的时候，需要考虑每种模型的差异性。除了 GCM 模型差异，不同的降尺度方法（统计模型降尺度和 RCM 模型降尺度）、城市尺度气候预测方法和微气候预测等也会产生气象参数计算的差异。另外，不同的未来碳排放场景（RCP2.6 等）会显著改变气候预测结果。因此，综合考虑以上因素所合成的典型气象年、典型极冷年和典型极热年气象数据可以做到对极端情况和普遍情况更加可靠地预测。

目前进行气候韧性的城市和建筑能源系统的规划设计面临以下几个难题：① 城市中的能量流动和需求非常复杂。② 气候和天气的变化复杂，准确预测存在困难，且面临着多尺度气候特征耦合的难题。③ 未来气候不确定性较高。④ 气候预测模型的输出与能源系统预测缺乏标准通用的接口。对建筑和城市能源系统规划设计的主要步骤包括：① 通过全球气候模型获得未来气象数据，需要通过结合多个 GCM 模型模拟结果以具有代表性。要考虑气候的不确定性并具有高时空分辨率（GCM-RCM/statistical downscaling-Mesoscale/statistical downscaling/ 能量平衡模型 -microscale CFD ＋建筑能耗模拟）。② 获得天气数据文件。通过上述预测结果合成天气文件，并利用标准的数据接口，使天气数据可以在建筑能耗模拟软件中使用。③ 能源模型。需要评估气候对能源需求的影响，气候对能源供应的影响（能源产生与时空分布）。考虑复杂的城市内系统相互作用。优化能源系统的设计和运行。④ 建立评价体系和指标。建立韧性因子、气候影响因子，量化风险，提出建议补救措施，评估补救方案的可行性和有效性。

综上所述，气候变化是人类共同面对的巨大挑战。在减少温室气体排放从而使气候变化在可接受范围内需要能源系统、建筑行业和工业领域的共同努力。建筑与城市是碳排放的主要场所，提高建筑和城市可再生能源利用、降低运行能耗提高运行效率是实现减碳目标的有效措施。在这个过程中，城市与建筑的用能系统和形式面临着转变，在转变过程中面临气候不确定性的运行风险，同时如果设计不合理也会造成大量基础设施的浪费。未来气候以及不同尺度的高时空分辨率标准接口天气数据对能源生产和消耗的模拟，以及制订合理的规划设计方案至关重要。

5.3 建筑能耗与碳排放的关系特征

人类的生产生活活动一定会消耗能源，但是消耗能源并不意味着产生碳排放。如果所提供的能源是可再生能源如太阳能、风能，而不是来自化石能源的燃烧，我们认为这部分能源消耗不产生碳排放。目前相关标准的零能耗建筑、零碳建筑等也不是指完全不消耗能源，而是指消耗的能源由零碳可再生能源提供或消耗一定的化石能源，但是会通过碳捕集技术或自然碳汇（绿色植物等）进行吸收，从而实现对大气中的净碳排放为零。在本书第5.1节中，我们分析了城市风热环境对建筑冷热负荷和能耗的影响。通过能源转换效率和不同能源碳排放因子，我们可以进一步分析建筑能耗与碳排放的关系特征。

建筑冷热负荷可以通过各种不同形式的能源来提供，从而可能潜在导致碳排放。在严寒、寒冷地区，城市住宅使用集中供暖系统（燃煤锅炉或天然气锅炉），大多数农村住宅使用燃煤或木材作为能源来源。在另外三个建筑气候分区内，分体式空调是家庭取暖的主要设备。其他设备，例如电热器，也用作辅助加热工具。通过实地调查，夏热冬冷、夏热冬暖和温和地区城市的许多居民由于节俭的习惯而没有采取任何供暖措施，这个因素在该部分研究中没有考虑，因为我们假设随着生活水平的提高和居民生活习惯的改变，在未来可能会大范围地利用空调设备等进行供暖。至于制冷方式，在所有的气候区内大多数住宅建筑都使用分体式空调进行制冷。不同的设备具有不同的能效比（COP），即供暖或制冷能力与输入能量的比值。因此，除了供暖／制冷负荷外，碳排放量还取决于供暖／制冷设备的COP和能源形式。由于供暖／制冷方式和设备运行条件的复杂关系，难以准确量化每个城市的总负荷造成的实际能源消耗。为简化问题，我们首先假设分体式空调用于所有住宅建筑的制冷，其运行条件和参数与第5.1小节中总负荷计算条件相同（表5-3）。基于总负荷计算碳排放的方法可见式（5-1）和式（5-2）。表5-5中总结了不同地区电网的平均碳排放因子（截至2019年）。

表5-5 不同地区电网的平均碳排放因子

碳排放因子（$kgCO_2/kW \cdot h$）	华北电网	东北电网	华东电网	华中电网	西北电网	西南电网
η_e	0.884 3	0.776 9	0.703 5	0.525 7	0.667 1	0.527 1

基于建筑冷热负荷的电耗可以通过式（5-1）计算。

$$E = \frac{L_h}{COP_h} + \frac{L_c}{COP_c} \quad (5-1)$$

式中 L_h——加热负荷，单位为 kW·h/（m²·年）；

L_c——为制冷负荷，单位为 kW·h/（m²·年）；

COP_h——加热过程的能效比；

COP_c——制冷过程的能效比。

碳排放可进一步通过式（5-2）获得。

$$E_c = E \times \eta_e \quad (5-2)$$

η_e（$kgCO_2/kW \cdot h$）为碳排放因子。不同地区电网中的数值可见表 5-5。[①] 平均碳排放因子根据电网中不同能源来源的（燃煤、天然气、水力发电、风电、太阳能发电、核电和生物质发电等）电力供应比例计算得到。

由城市和农村地区建筑总负荷（冷负荷＋热负荷）需求所消耗的能源引起的碳排放量[E_c, $kgCO_2/$（$m^2 \cdot$ 年）]分别记为 E_{c_u} [$kgCO_2/$（$m^2 \cdot$ 年）]和 E_{c_r} [$kgCO_2/$（$m^2 \cdot$ 年）]，可由式（5-1）和式（5-2）计算得到。类似地，可以定义额外碳排放（$\Delta E_c = E_{c\_u} - E_{c\_r}$）和额外相对碳排放（$R_{\Delta Ec} = \Delta E_c / E_{c\_r}$，%）。

结果表明由于热岛效应在严寒、寒冷地区的大部分城市碳排放量大幅减少，高达 42%。在夏热冬冷、夏热冬暖和温和地区，热岛效应在大部分城市加剧了碳排放。虽然寒冷地区的城市中，热岛并没有显著降低全年建筑总负荷，但是大部分城市的碳排放却因为热岛的存在而显著降低（即相同条件下，建筑如果位于城市则比位于郊区由于供暖制冷产生的全年总碳排放低）。这主要是因为寒冷地区供暖负荷占主导，而且由于供暖是燃煤锅炉集中供暖主导（碳排放高），冬季由热岛的存在而减少的碳排放显著高于夏季制冷（空调制冷，COP 高，碳排放较低）需求造成的额外碳排放。在一些城市，额外相对负荷大于零，而额外碳排放小于零（图 5-6）的现象也可以支持上述结果。

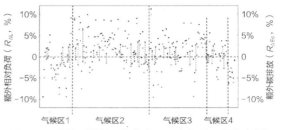

图 5-6　不同地区额外相对负荷（$R_{\Delta L}$，实心圆）和额外碳排放（$R_{\Delta Ec}$，空心圆）示意图

注：如果同一城市的 $R_{\Delta L}$ 和 $R_{\Delta Ec}$ 的符号不同，即在零的两侧（由水平虚线标记），则将实心圆和空心圆用垂直虚线连接，从而突出表示出现该现象的城市。

尽管城市总负荷相同，但由于制冷的能效比（COP_c）和加热的能效比（COP_h）的差异，式（5-1）表明冷负荷和热负荷的不同百分比可导致能源消耗总量的不同。从式（5-2）可看出能源的碳排放因子是决定实际碳排放量的另一个重要参数。如果供能系统实现零碳能源，无论建筑总负荷如何，建筑由于用电产生的碳排放量均为零。

本章拓展阅读

① 数据来源见中国气候变化信息网（China Climate Change Info-Net）官网。

Chapter6

第6章 Urban Thermal Environment and Its Influences on Human Health

热 环 境 对 人 体 健 康 的 影 响

6.1 空气温度对死亡的影响

6.1.1 温度对人体健康影响机理概述

人类是恒温动物，因此需要在身体机能的调节下，保持体温恒定，但允许在狭窄的范围内有微小波动。身体可以划分为两个区域，即"核心"和"外围"。核心包括骨骼、胸部和腹部等内部器官和组织。"外围"包括皮肤、皮下组织和四肢。人体核心体温通常在 36.1～37.8℃ 之间，在 1 天 24 小时内根据昼夜节律有所波动，来使各个相应生理过程保持最佳状态。在人的一生过程，随着身体的成长和衰老，核心温度也会有所不同。

人体核心温度靠散热和产热之间的动态平衡维持。人体与环境之间通过辐射、对流、蒸发和导热进行热交换。人体可通过肌肉的收缩、饮食产热、战栗产热、激素调节产热等增加产热量。人体在发烧、长时间运动或锻炼期间会产生一定的核心温度的偏离。

非正常的核心温度偏离会对人体温度调节机制带来挑战，从而产生致命威胁。核心温度通过反馈循环进行调节，下丘脑负责设定温度调节目标，即温度设定值。同时，下丘脑也会通过激发皮肤和内脏器官中的相关受体来增加散热来维持身体核心温度。如果温度偏离时间过长或幅度过大，会产生热相关疾病，包括中暑、痱子、热晕厥、热痉挛、热衰竭等。中暑通常表现为人体核心温度高于 40℃，属于死亡率较高的威胁生命健康的疾病。

环境过热会对循环系统、脑血管系统和呼吸系统疾病有明确风险。人群如果暴露于过热环境，心血管、脑血管和呼吸系统相关的住院率和急诊率会增加。除此之外，慢性阻塞性肺病和哮喘的症状也会因为温度的剧烈变化而加剧。环境过冷会增加呼吸系统疾病、心血管疾病的患病概率。一些研究也表明，高温会增加人群因为肾病而住院的风险。除了一些已知的肾病风险因素，慢性肾病也与反复脱水和热应激有关。在炎热条件下进行繁重体力劳动会显著加剧此风险。

高温对人的精神健康、幸福感，以及认知表现也会有显著影响。过高的环境温度会引发人的情绪障碍、焦虑、抑郁、情绪失调、自杀、攻击性行为和暴力倾向。一项关于美国城市的研究表明环境温度与谋杀和袭击案件存在线性关系。

极端热浪事件会影响人类睡眠。过高的环境温度会对睡眠时间，以及睡眠质量都会产生负面影响。即使是没有失眠症状的健康人群也会受到显著影响，而已有失眠症状的人群的失眠情况则会加剧恶化。环境温度可以影响人体的体温调节系统，而体温调节系统的周期性运作和清醒—睡眠循环息息相关。如果月平均夜间温度显著异常升高，则人群的睡眠不足问题更加突出。

夜间高温也会增加人群的全因死亡风险。虽然日最高气温通常出现在白天，但是夜间的高温可能会对身体产生更大的影响。夜间的高温使身体组织器官的休息时间被剥夺，如果接连多日高温（热浪天气），会使身体承受巨大压力。另外，城市热岛强度也展现为日间小，夜间大的特征（详见本书第2.3 节）。因此，城市热岛问题对健康的影响机理需要深入研究和突出关注与重视。关于热浪的定义，主要的核心思想是连续多天的高温，在具体的量化指标（温度的阈值、高温的持续天数）上不同文献有一定的区别。比如英国气象局和世界气象组织将热浪定义为：基于当地炎热阶段的历史记录，测量到在该地区至少连续 2 天的不同寻常的高温天气（最大值、最小值和日平均值在某一特定阈值之上）。

阈值的定义中有绝对值，比如最高温度超过35℃（或33℃，或38℃）；也有相对值，比如超过90%分位数（或92.5%分位数）的日最大温度记录。连续天数定义也有所差别，包括连续2天、3天、5天、7天、10天等。总而言之，定义热浪的两个要素包括：持续天数和高温强度。

6.1.2　空气温度—人体死亡关系曲线

获得空气温度—人体死亡关系曲线的主要方式是利用气象数据、人口死亡数据的时间序列，以及相关统计学模型进行计算。主要统计模型包括**描述性方法**（t检验）、**平滑／立方样条函数**（Smoothing/Cubic Splines）、**滑动平均**（Moving Averages）、**趋势分析**（Trend Analysis）、**多元线性回归**（Multiple Linear Regression）、**可包含虚变量**（Dummy Variables，比如温度阈值）、**分布滞后非线性模型**（Distributed Lag Non-linear Model，以下简称DLNM）、**条件逻辑和泊松回归**（Conditional Logistic and Poisson Regression）、**准泊松分布**（Quasi-Poisson Distribution）、**聚类分析**（Cluster Analysis）等。

时间序列数据，以及案例交叉设计通常在研究温度—死亡关系曲线时更加有效。大的背景趋势、季节变化、相对湿度、空气污染等都是对死亡可能产生影响的变量，在统计分析时需要考虑。温度—死亡关系通常为非线性关系。由于可公开获取且有完整规范和较好数据完整率的气象监测站点（如国家基准站）均布置在空旷郊区／农村地区（如位于城市外部的机场附近），现有的温度—死亡曲线分析数据多数采用的是农村／郊区温度数据。这些统计模型因此忽略了城市热岛的影响。然而，城市热岛显著改变温度序列，从而对人体热应力产生影响，

因此不应该忽略这些现象。

温度—死亡关系曲线通常展现为U型、V型或J型，即高温和低温都会增加死亡率，因此会出现**最佳温度**（Optimum Temperature）。高温或低温对死亡率的影响也并不局限于热浪或寒潮期间，往往会在热浪／寒潮结束后的几天内（一般为3～7天）仍会造成超额死亡，这被称为延迟效应（Lag Effect）。

在本章第6.1.3节采用的温度—过早死亡关系通过分布滞后非线性模型（Distributed Lag Non-Linear Model，即DLNM）方法量化。基于文献[①]研究，不同气候区内的温度—过早死亡相应关系如图6-1（Fan et al., 2022）所示。城市年平均相对风险（RR_u）和农村年平均相对风险（RR_r）可以分别基于城市日平均温度和农村日平均温度通过加权平均计算获得。与温度相关的城市年平均相对风险的增加ΔRR_a可以通过式（6-1）计算。

$$\Delta RR_a = RR_u - RR_r \qquad （6-1）$$

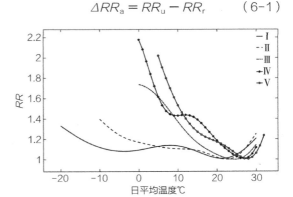

图6-1　不同建筑气候分区的温度—死亡率风险响应曲线
注：图中 I～V 分别代表温带地区、暖温带、北亚热带、中亚热带和南亚热带地区。横坐标为日平均温度，RR 代表过早死亡相对风险。
（图片引用自：本书参考文献 [27]）

进一步，一个城市的与空气温度相关的额外死亡人数（ΔM）便可以通过ΔRR_a乘以该城市的总死亡人数得到。由于城市空气温度的变化由城市热

① 见本书参考文献 [88]。

岛引发，由此造成的人口过早死亡数的增加或减少可归于城市热岛的影响。

尽管在零碳能源情景下，热岛效应将不会影响建筑运行阶段的碳排放，但是仍然可以影响居民健康。热岛效应的存在改变建筑能耗，从而影响建筑能源消耗，以及其产生的人为热排放，从而进一步改变热岛强度。其次，热岛强度的产生会改变城市温度，从而改变居民的热暴露和冷暴露，甚至会因此导致健康风险。

非最佳温度（Non-optimal Temperature）会导致造成过早死亡风险，可以通过相对风险（Relative Risk，RR）进行量化。更强的热岛效应会增加炎热季节的死亡率（高RR），但会降低寒冷季节的死亡率。不同建筑气候分区的温度—死亡率风险响应曲线如图 6-1 所示，可用于表征与温度相关的死亡率和风险。年平均相对风险（RR_a）被定义为室外温度对某个城市死亡率的年度总体影响。城市地区（RR_u）和农村地区（RR_r）的RR_a分别基于城市和农村温度时间序列计算。由热岛引起的额外年平均相对风险［ΔRR_a，式（6-1）］和额外死亡人数（ΔM，人／年）可以基于温度时间序列，以及温度—死亡率风险响应曲线计算。

6.1.3　城市热岛产生的过早死亡影响分析

根据本书第 6.1.2 节中的温度—过早死亡计算分析方法，以及第 2.3 节中的城市热岛强度小时分辨率时间序列数据，可以计算我国主要城市由于热岛产生的额外死亡数据。结果表明，在夏热冬冷地区（长江流域附近），**相对风险**（RR_u）最高。这是由于夏热冬冷地区既在夏季产生较高的高温引发死亡率风险，又在冬季产生较高的低温引发死亡率

风险。因此，综合风险均高于其他四个气候区。由于热岛效应，产生的额外风险可以用额外死亡人数 ΔM 量化表征。热岛在寒冷地区和夏热冬冷地区的大部分城市产生不利影响，即增加死亡人数。而在大多数的严寒地区、夏热冬暖和温和地区城市中，热岛会降低死亡率，比如在成都，与温度相关的死亡人数由于热岛可减少达 1740 人／年。在潍坊市热岛导致的额外死亡人数高达 547 人／年。对同一个气候区内所有可用城市的额外死亡人数数据进行平均，可以得到如图 6-2 所示的结果。该结果表明严寒、夏热冬冷、夏热冬暖和温和地区的额外死亡人数均为负，仅在寒冷地区大于零，说明现在的热岛效应，只在寒冷地区城市不利于人体健康，而在其他地区，均降低了平均死亡人数。

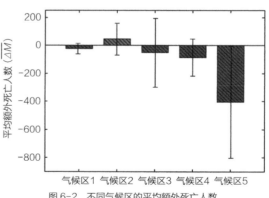

图6-2　不同气候区的平均额外死亡人数
（图片引用自：本书参考文献［27］）

由于城市范围巨大，而且大多已经建成，城市热岛的调节只能在缓慢的城市更新过程中进行，可能跨越几十年或上百年。由于全球气候变暖，在未来的气候中，额外死亡相对风险的空间分布可能会随着冬季保护效应的降低和夏季威胁效应的增加而发生变化。因此，在制订和实施与热岛相关的长期措施时，必须考虑气候变化等因素来合理制订政策。另外，由于本章节中使用的温度—死亡风险曲线来

自单一文献、时空分辨率较低且未考虑人体对气候
变化的适应性，上述诸多因素可能会造成结果的
误差。

　　城市热岛强度特征和温度—死亡风险响应
曲线是决定热岛对城市产生不利影响还是有利影
响的关键因素。目前，温度—死亡风险响应曲
线是根据特定队列中整个人群的每日死亡率计算
的。研究表明，低收入群体比高收入群体更容易
受到温度相关风险的影响。在全球气候变暖的情
况下，热岛效应还可能导致社会不平等，因为低
收入人群对气候变化和极端天气（例如寒潮或热
浪）的适应力更低。气候变化导致的高频和持久的
热浪可能导致更多的死亡，产生不同于现在的温
度—死亡风险响应曲线。在不同地区的研究也表
明，不同城市的温度—死亡风险曲线各不相同。高
纬度地区的人群通常对过热的适应能力更差，容易
在高温下产生更高的风险。因此，高时空分辨率
（1 km 空间分辨率，1 h 时间分辨率）的温度—死
亡风险关系曲线和数据对相关研究和政策制订有着
重要的意义。除此之外，人群对气候的适应性也会
使温度—死亡率响应曲线发生变化。有研究预测结
果显示相比于 1990—2090 年由于过热造成的死亡
率在全球将会增加 100% ~ 1000%。这个比例将会
在中国、印度和欧洲国家有更高的比例，因为这些
地区有更高的人口密度和人员暴露风险。但是如果
考虑人群的气候适应性，过热造成的死亡率可以降
低 20% ~ 40%。虽然完全实现气候适应并不太现
实，但是如果人群的气候适应性可以增加 2℃，那
么由于高温造成的人员死亡风险将会降低到原来的
50%。在人群气候适应性方面流行病学相关证据较
少。目前通过数据统计发现的气候适应性现象很可
能是人群的行为适应，包括增加使用空调的频率，
改变行为习惯，改善建筑设计和城市规划等。通过

城市间比较的方法可以量化气候适应性。比如，城
市 A 现在的气候与目标待研究城市 B 未来预测的气
候情况相当，则可以通过城市 A 的人群死亡率数据
与城市 B 的数据对比来量化分析气候适应性。前提
条件是城市 A 和 B 有着相似的社会经济和人口情况
特征。

　　综上，基于 2019 年的天气数据，夏热冬冷地
区年温度相关死亡风险最高，因为该地区冬季寒冷
相关死亡率和夏季高温相关死亡率都居高不下。城
市热岛可以降低大多数严寒地区、夏热冬暖地区和
温和地区城市的年温度相关死亡率。尽管城市热岛
的影响（有利或不利）在每个建筑气候分区相对一致，
但相邻城市可能有不同的趋势（即对其中一个城市
有利，却对同气候区另一个相邻城市不利）。因此，
在制订相应政策采取相关措施时应针对性地逐个进
行详细分析，以量化城市热岛对所评估城市居民的
影响。

6.2　过热对热舒适、死亡与健康的影响

6.2.1　人体适应性与人体热应力量化方法

　　人体对环境的适应，以及温度的调节通过两
种模式：行为模式和生理温度调节模式。行为模式
主要通过有意识的行为调节，包括躲在阴凉处、穿
浅色衣服等。改变工作模式、减少体力活动等也属
于通过行为模式来帮助调节体温。生理调节则包括
出汗、改变心跳和血压来调节并通过血管系统的散
热等。

人体生理特征变化调整通常可以让人体对气候变化更加适应。这些调整可能在每个季节内完成，从而使人体机能可以在不同环境条件下保持较强的能力。除此之外，人体也会对未经历过的热环境或气候产生长远的**适应**（Acclimatization），这个过程可能长达几年。长远的气候适应可能会使身体的核心温度有较低的升高，或者心率有一定的升高。身体对热/高温的适应主要包括较高的皮肤血流速度、增加出汗量、电解质浓度更低的汗液、抗电解质流失和抗脱水能力增加、降低的基础代谢率和心率、自感运动强度的降低、在同样活动强度和代谢率情况下的耗氧量的降低。生理性适应是同样温度对不同地区的健康人群产生不同健康威胁的主要原因。事实上，相比于温度本身，高温对人体健康的影响和热浪持续时间、当地气候和人群的气候适应状态更加相关。

然而人体对环境的生理适应性随着年龄发生改变。小孩和老人对高温更加敏感。相比于成年人，老人在高温下的身体反应（出汗率、心血管功能）能力降低。慢性疾病和用药也可能限制人体对气候或高温的适应能力。另外，目前相关研究仍未明确身体适应性究竟能降低多少高温造成的健康风险。因此，不能单单依靠生理适应性来应对全球气候变暖。人体的行为适应性也可以发挥重要作用。

行为适应性具体可以包括穿浅色、容易透气散热的衣物，减少体力活动，在室外凉爽地带行走或休憩（如公园、树荫等），在室内开窗通风降温，打开遮阳，打开风扇或空调系统进行降温等。在不同的文化和人群中，人们采取的行为方式通常不同。比如在杭州地区老年人群（出生于 20 世纪 50—60 年代）通常有节约的习惯，在夏季较少使用空调，而更多通过开窗通风或电扇的方式降温。一个地区人群行为习惯的改变和适应也是一个比较长期的过程。对于缺乏行为适应能力的人群，更加缺乏过热风险的应对能力。比如，年龄过大或认知失调等导致的缺少行为能力的人群，通常依靠他人来进食或饮水，因此，这些人群的脱水风险更高，而且无法通过自身的行动来改变。脱水会降低出汗率，是导致中暑甚至死亡的主要诱因。随着全球变暖和极端热浪事件在杭州地区的增加，这也给老年人群带来了更大的健康风险和挑战。行为适应性，以及生理适应性的结合，可以使身体对热环境有更大的忍耐力。

评估热应力最常见的方法包括：① 单一气象指标法，② 简单的生物气象指数，③ 针对人体能量平衡进行数值模拟输出的结果。物理环境对人体的影响除了温度外，还有太阳辐射、相对湿度、风速风向、人体的代谢水平，以及周围环境的长波辐射。通常这些数据来源是位于郊区的气象监测站，而城市中极度非均匀的下垫面特征会导致这些位于郊区的气象数据很难代表城市中不同位置居民的实际热暴露风险和热应力水平。为了反映人群实际所处位置的热暴露程度，主要有三种方法：① 基于郊区气象站点数据，输入物理模型进行计算城市相应环境下的热环境；② 数值模拟获得更高时空分辨率数据；③ 开发便携式气象数据设备，实时测量人体所处热环境信息。在评估人体热暴露过程中，也要注意到人 80% ~ 90% 在室内度过，因此也需要分析环境变化、不同环境中暴露时间对人体热应力的影响。

考虑多个环境参数的简化的生物气象指数可以快速评估人体的热暴露和热应力。许多指数经过长时间的发展完善，以及实测验证，可以较为准确地评估相应条件下的热应力情况。具体一些常见的指数可以参考表 6-1。

表 6-1　一些常见的生物气象指数

指标	缩写	式
热指数	HI	$HI = -42.379 + 2.049\,015\,23\,(T_f) + 10.143\,331\,27\,(RH) - 0.224\,755\,41\,(T_f)\,(RH) -$ $(6.837\,83 \times 10^{-3})\,(T_f^2) - (5.481\,717 \times 10^{-2})\,(RH^2) + (1.228\,74 \times 10^{-3})\,(T_f^2)\,(RH) +$ $(8.528\,2 \times 10^{-4})\,(T_f)\,(RH^2) - (1.99 \times 10^{-6})\,(T_f^2)\,(RH^2)$ 式中 T_f 是空气温度［℉］，RH 为相对湿度（表示为一个整数）
湿润指数	$Humidex$	$Humidex = T + h$ $h = 0.555\,5\,(e - 10.0)$ $e = 6.11 \times \exp\left(5.417.7530 \times \left[\left(\frac{1}{273.16}\right) - \left(\frac{1}{dewpoint}\right)\right]\right)$ T 是空气温度
净效温度	NET	$NET = 37 - \dfrac{37 - T}{0.68 - 0.001\,4\,(RH) + 1/(1.76 + 4.1\,v^{0.75})} - 0.29\,T\,[1 - 0.01\,(RH)]$ T 是空气温度［℃］，v 是风速［m/s］，RH 是相对湿度［%］
湿球温度	$WBGT$	$WBGT = 0.567 \times T_a + 0.393 \times e + 3.94$ T_a 是空气温度（℃），e 是水蒸气压力（hPa）
表观温度	AT	$AT = T_a + 0.348 \times e - 0.70 \times ws + 0.70 \times \dfrac{Q}{ws + 10} - 4.25$ $AT = T_a + 0.33 \times e - 0.70 \times ws - 4.00$ T_a 是干球温度（℃），e 是水蒸气压力（hPa），ws 是海拔 10 m 处的风速，Q 是体表单位面积吸收的净辐射
余热指数	EHI	$EHI = \dfrac{T_i + T_{i+1} + T_{i+2}}{3} - T_{95}$ T_{95} 一个气候基准期日平均气温的第 95 百分位数，采用全年所有日数计算，T_i 为日平均气温

6.2.2　对过热应对能力低的人群

越来越多的证据表明特定人群对热暴露更加脆弱。比如老人（65 岁以上）、婴儿、儿童、慢性疾病患者、残疾人、低收入群体、室外工作群体等。孕妇也是对过热应对能力较差的人群。相比于城市居民，农村居民对过热有更差的应对能力。不健康的生活方式和习惯如吸烟、非均衡饮食、缺乏锻炼和体力活动等产生的肥胖或超重也会使之面临更高的患过热相关疾病风险。

在老年人群中，由于患有基础疾病的比例升高、热调节能力降低、心血管系统更加脆弱等原因，面临热浪造成的死亡率会显著升高。

对于婴儿来说，其照料、安全和保护通常依靠成年人来完成，且他们缺乏对环境的控制能力（如开空调、开窗降温等），因此，其面对热浪的应对能力显著降低。在生理方面，婴幼儿和儿童的体温调节能力也较差，他们的基础代谢率、心率和呼吸频率都显著高于成年人水平。极端热浪天气会显著增加婴幼儿患肾病、呼吸系统疾病、电解质失衡和发烧等问题的发生概率。另外，高温也会增加儿童在学校的缺席率并损失认知表现。

6.2.3　建筑和城市的适应性措施

城市热岛与过热现象会直接增加室外活动或工作人员的健康风险，同时也会增加建筑室内（非空调环境）的不舒适小时数。不仅如此，也会增加建筑的制冷需求和用电高峰，对电网和电力供应系统产生威胁。如果由于热浪期间用电量激增而导致电网瘫痪和大停电，高密度人口的城市（高密度城市通风较差、热岛严重、人员密集影响面广）居民健康将遭受更加严重的威胁。

在建筑尺度上对全球变暖和过热的适应性措施包括：可靠高效的制冷系统、高性能围护结构（遮阳构件、隔热性能好的外墙和外窗、高反照率屋顶、绿色屋顶等），以及良好的建筑布局改善自然通风的能力等。其中绿色屋顶、高反照率屋顶的大规模应用也会在城市尺度上改变城市气候、减缓城市热岛，从而提高对全球变暖的适应性。上述措施在本书的第 1 章相关章节中已有详细分析讨论。

城市尺度上，除了大范围地应用绿色屋顶和高反照率屋顶，增加其他绿色基础设施也可以有效减缓城市过热问题，比如公园、行道树、保护原始湿地等。城市水体（如湖泊、河流和池塘等）的合理设计布局也可以优化城市热环境。同时，也可以通过优化城市的建筑布局、城市形态等来减少太阳辐射的吸收、增加长波散热能力、改善城市气流组织增加通风散热能力等，从而降低城市温度。透水铺装的应用也可通过水分蒸发达到降温的效果。然而，在利用水体、透水铺装等水分蒸发机理降温时，也要考虑城市空气中相对湿度的增加可能会增加人体热应力和不舒适度从而造成健康风险。因此，针对城市热环境改善措施，需要进行更为详细的评估，从而全面提升健康性能、降低健康风险。

城市交通也是建筑除外的另一大人为热热源，减少交通废热的排放可以有效降低城市热岛，具体措施包括鼓励公共交通出行减少交通需求、优化交通组织提升交通效率、优化城市功能布局减少交通量、采用电动车提升能源转化效率（内能／电能到机械能的转化）减少废热排放等。

建筑的生命周期为几十年到上百年，城市的生命周期是几百年到几千年。因此在建筑和城市上应用的适应性措施必须考虑到几十年到几百年尺度上的全球气候变化问题。基于政府间气候变化委员会（Intergovernmental Panel on Climate Change，IPCC）的定义，适应措施是考虑了现有和期待的气候效应之后的调整程序。这些调整程序应该包括规划、设计、改造。现在已有一些适应气候变化调整措施的实际案例，比如人群的气候适应性身体变化，增加城市里的绿色植物比例，开发应用于建成环境的新材料等。建筑和城市的适应有两种类型：自动适应（Autonomous）和规划的适应（Planned）。自动适应是对现有气候的反应，通过在已有的系统中进行改变。规划的适应是主动性的，通过提前规划设计来消除或减弱未来可能发生的气候变化对城市或建筑的影响。在考虑适应性措施时需要包含以下几个方面：① 需要对风险产生的哪些方面的影响（如建筑能耗、人体健康、空气品质等）进行减弱或规避。② 需要采取措施的城市的社会经济发展水平如何，采取措施的经济成本是否可持续。③ 可能面临的风险等级到底有多高？需要降到多少能符合预期？④ 在哪个位置采取措施能获得最高的效率和收益。

本章拓展阅读

第7章 空气污染对人体健康的影响

7.1　我国城市空气污染特征

在人口、经济快速发展和高速城市化的背景下，我国经历了显著的空气污染天气。雾霾等区域和城市尺度污染在 21 世纪初表现突出。为了提高大气环境、提升居民生活质量和幸福感，国务院在 2013 年印发了《大气污染防治行动计划》，在 2018 年进一步印发了《打赢蓝天保卫战三年行动计划》。这些措施在降低雾霾天数和空气中颗粒物浓度、气态污染物浓度方面发挥了重要作用。在本章节中，通过全国空气质量监测网络数据，我们将分析 2015—2019 年这 5 年的空气污染特征，从而为未来空气提高的改善和减排措施的评估提供支撑。

雾霾天气是空气污染物（主要是颗粒物 $PM_{2.5}$ 和 PM_{10}）在大气边界层中的浓度过高的结果，自 2005 年以来一直是威胁我国环境健康的一个严重问题。2011 年前后，中国雾霾相关的科学研究开始急剧增加，2013 年前后，雾霾的不良影响被中国公民普遍认为是一个值得主要关注的问题。中国政府将雾霾列为国家安全威胁，并发布了严格的《大气污染防治行动计划》。中央政府拨款专项资金解决这一问题，随后大量科研团队对雾霾形成的机制进行了深入研究。从此以后，人们对雾霾的形成机理有了更深入的理解。除了气象因素外（即静稳天气背景条件），颗粒物（PM）的快速积累也被认为是造成严重空气污染事件的原因。颗粒物的形成途径分为两种：① 原生颗粒物，是由各种工业、交通等人为活动和自然过程（火山爆发、沙尘暴等）直接排放到大气中形成的。② 二次生成颗粒物，是由气态污染物（主要为 SO_x 和 NO_x）经过一系列化学反应和物理过程形成的。SO_x 和 NO_x 可以通过化学反应形成硫酸盐和硝酸盐，然后聚集成更大的颗粒或附

着在已有的颗粒物上。化学和物理过程都取决于污染物浓度（PM、SO_x、NO_x、O_3、挥发性有机碳［VOC］）的时空变化特征。因此，掌握污染物浓度的变化特征对于更好地理解严重空气污染事件的机制至关重要。具有高时间（1 小时）和空间分辨率的污染物浓度数据也是暴露—响应函数的重要输入，用于更准确地预测污染物对人体健康的影响。

在本章节中，污染物浓度是根据 2014 年 9 月 1 日至 2019 年 8 月 31 日期间收集的数据计算得出的，并与《世（界）卫生组织空气质量指南》和中国《环境空气质量标准》GB 3095—2012 报告的限值进行了比较。

7.1.1　数据与方法

中国环境监测总站（CNEMC）建立了一个空气污染物浓度监测网络，作为大气污染防治战略的一部分，以获取大气污染物浓度的小时平均值，并定期向公众发布数据。[①] 根据中国环境保护标准《环境空气气态污染物（SO_2、NO_2、O_3、CO）连续自动监测系统安装验收技术规范》HJ 193—2013 和《环境空气颗粒物（PM_{10} 和 $PM_{2.5}$）连续自动监测系统安装和验收技术规范》HJ 655—2013 对 $PM_{2.5}$、PM_{10}、SO_2、NO_2、CO 和 O_3 6 种污染物进行了测量和记录。测量装置由中国国家环境监测中心运维，数据按照《环境空气质量标准》GB 3095—2012 进行校核。理想情况下，每天应该有 24 个数据点，但如果 1 天中空气污染物数据缺失超过 4 次，则丢弃当天的日平均浓度数据。此规则中有个例外是 $O_3\_8\,h$，它代表 O_3 的 8 小时移动平均，要求在 1 天中每 8 小时中至少有 6 小时有效数据。如果在

---

① 全国城市空气质量实时发布平台

任意连续的 8 小时时隙中丢失了 2 个以上的数据记录，则不会计算该时隙上的 O$_3$_8 h 数据。

本章节从 189 个城市的 939 个监测点中收集的数据用于分析 5 年期间（2014 年 9 月 1 日至 2019 年 8 月 31 日）的空气污染特征。选取的监测点均位于市区，位于农村或大面积植被地区附近的监测点被排除在外，以关注城市地区的平均污染物浓度。为便于计算年平均污染物浓度，我们将 2014 年 9 月 1 日至 2015 年 8 月 31 日期间标记为 2015 年（即 2014/2015）。同样，2015 年 9 月 1 日至 2016 年 8 月 31 日标记为 2016 年（2015/2016），2016 年 9 月 1 日至 2017 年 8 月 31 日标记为 2017 年（2016/2017），2017 年 9 月 1 日至 2018 年 8 月 31 日为 2018 年（2017/2018），2018 年 9 月 1 日至 2019 年 8 月 31 日为 2019 年（2018/2019）。每个季节有三个月份：春季（3 月、4 月、5 月）；夏季（6 月、7 月、8 月）；秋季（9 月、10 月、11 月）；和冬季（12 月、次年 1 月、2 月）。

我国 94% 的人口居住在黑河—腾冲线以东，仅占国土面积的 43%。东部地区有三大城市群（京津冀、长三角和珠三角[①]），在这三个城市群中人口尤其集中。由于京津冀空气污染严重，中央政府联合 28 个城市共同采取措施减排。这 28 个城市包括 2 个直辖市（北京市和天津市）、河北省 8 个市、山西省 4 个市、山东省 7 个市、河南省 7 个市。包含这 28 个城市的区域被称为 "2 + 26" 城市区域，在以下分析中被视为一个区域。东北平原（NECP）位于严寒地区，消耗大量煤炭供暖。煤炭是冬季供暖期 PM$_{2.5}$ 和 SO$_2$ 的主要来源。因此，东北平原被列为一个区域以供进一步分析。四川盆地（SCB）毗邻青藏高原，处于盆地内。四川盆地内不同城市的空气污染特征相似，因此被视为一个区域。因为经度相近，"2 + 26" 城市区域、长三角、珠三角、东北平原在数据分析中采用 UTC + 8 时间（北京时间），而四川盆地由于经度差异实际时间存在 1 小时时差。因此，四川盆地中的时间标签减去 1，以便与其他四个区域的污染物浓度昼夜变化特征曲线进行比较。上述五个单独的区域（"2 + 26" 城市区域、长三角、珠三角、东北平原和四川盆地）详细信息，见表 7-1，表中人口数据来自 2019 年中国统计年鉴。

表 7-1　研究区域和监测点的详细信息汇总

区域	相关省份／直辖市	城市	城市数量	站点数量	人口（百万）／人口密度（人 /km²）
"2 + 26" 城市区域	京津冀及周边城市	北京、天津、石家庄、唐山、邯郸、保定、廊坊、沧州、衡水、邢台、太原、阳泉、长治、济南、淄博、济宁、德州、聊城、滨州、菏泽、郑州、开封、安阳、焦作	24	135	178/3234
长三角	上海市、江苏省、浙江省	上海、杭州、宁波、温州、绍兴、湖州、嘉兴、台州、舟山、金华、衢州、丽水、临安、[②]富阳、[③]义乌、南京、苏州、南通、连云港、徐州、扬州、无锡、常州、镇江、泰州、淮安、盐城、宿迁、吴江、[④]昆山、常熟、张家港、太仓、句容、江阴、宜兴、金坛、[⑤]溧阳、海门[⑥]	39	159	162/2712

① 本章采用简称代指相应的城市群。
② 2017 年，撤销县级临安市，设立杭州市临安区。
③ 2014 年，撤销县级富阳市，设立杭州市富阳区。
④ 2012 年，撤销县级吴江市，设立苏州市吴江区。
⑤ 2015 年，撤销县级金坛市，设立常州市金坛区。
⑥ 2020 年，撤销县级海门市，设立南通市海门区。

续表

区域	相关省份 / 直辖市	城市	城市数量	站点数量	人口（百万）/ 人口 密度（人 /km²）
珠三角	广东省	广州、佛山、肇庆、深圳、东莞、惠州、珠海、 中山、江门	9	56	62/2440
东北平原	黑龙江省、吉 林省、辽宁省	哈尔滨、齐齐哈尔、牡丹江、大庆、长春、吉林、 沈阳、大连、营口、丹东、盘锦、葫芦岛、鞍山、 抚顺、本溪、锦州、瓦房店	17	106	108/3030
四川盆地	四川省、 重庆市	重庆、泸州、绵阳、南充、宜宾、自贡、成都、 德阳	8	53	74/2547
上述地区之外的 其他区域（OR）	—	—	92	430	

（数据来源：本书参考文献 [25]）

区域和城市平均值分别表示该特定区域和城市的所有可用监测点计算的平均值。农村地区的一些监测点用于监测本底背景浓度。因为城市和农村站点之间的差异通常很大，可能会影响平均结果，距离市中心超过 20 km 的站点被归类为农村站点，不包括在平均值或空间变化的计算中。市区内大面积植被区（例如大型公园）的监测点也被排除在分析之外。下面将展示具体的数据处理算法和公式。

1. 不达标率

不达标率 P_{nt} 表示未达到《世（界）卫生组织空气质量指南》（以下简称 WHO AQG）或中国《环境空气质量标准》GB 3095—2012（以下简称 CAAQS）设定标准的天数的百分比，表示为式（7-1）所示：

$$P_{nt} = \frac{N_{nt,d}}{N_d} \times 100 \ (\%) \qquad (7-1)$$

式中 $N_{nt,d}$——某类污染物日均浓度不满足标准的天数；

N_d——计算的总天数（一年中的有效天数）。

2. 城市平均小时数据和区域内的日变化数据

城市平均小时数据是通过对该城市所有监测点（位于农村地区的监测点除外）的浓度进行平均得出的。第 k 个城市第 j 天第 i 小时的小时数据的城市均值（$c_{h,i,j,k}$）如式（7-2）所示：

$$c_{h,i,j,k} = \frac{\sum\limits_{city} c_{h,s,i,j,k}}{N_s} \qquad (7-2)$$

式中 $c_{h,s,i,j,k}$——每个可用站点的小时平均数据；

$\sum\limits_{city} c_{h,s,i,j,k}$——城市 k 中所有可用站点的总和；

N_s——该城市可用站点的数量。

一个城市的平均日变化曲线可通过下式（7-3）计算：

$$c_{i,k} = \frac{\sum\limits_{j=1}^{N_j} c_{h,i,j,k}}{N_j} \qquad (7-3)$$

式中 $c_{i,k}(i = 0-23)$——时间 i 的平均浓度，变化范围在城市 k 的 00：00 和 23：00 之间；

N_j——用于计算平均值的天数，理想情况下，$N_j = 365$ 用于计算年平均昼夜变化情况。

一个区域所有城市的平均日变化曲线可通过下式（7-4）计算：

$$c_{i,region} = \frac{\sum\limits_{k=1}^{N_k} c_{i,k}}{N_k} \qquad (7-4)$$

式中 $c_{i,\text{region}}$ ($i=0\sim23$)——特定区域（"2 + 26"城市区域、长三角、珠三角、东北平原或四川盆地）00：00 至 23：00 之间特定时间的平均浓度；

$c_{i,k}$——该区域第 k 个城市的第 i 小时的平均浓度；

N_k——是该地区所有城市的数量。

3. 日平均、月平均和年平均数据

一个城市的日均数据（24 小时平均浓度）按以下式（7-5）计算：

$$c_d = \frac{\sum\limits_{\text{day}} c_h}{N_h} \qquad (7\text{-}5)$$

式中 $\sum\limits_{\text{day}} c_h$——特定日期城市中所有可用小时数据的总和；

N_h——同一天可用小时数据点的数量理想情况下，$N_h = 24$ 并且是在当天有超过 20 h 的有效数据可用时计算得到（$N_h > 20$）。

同样，月均值（c_m）和年均值（c_a）分别定义为式（7-6）和式（7-7）：

$$c_m = \frac{\sum\limits_{\text{month}} c_d}{N_{d,m}} \qquad (7\text{-}6)$$

$$c_a = \frac{\sum\limits_{\text{year}} c_d}{N_{d,a}} \qquad (7\text{-}7)$$

式中 c_d——日均值；

$\sum\limits_{\text{month}} c_d$——某月该城市所有可用日均值；

$\sum\limits_{\text{year}} c_d$——某年该城市所有可用日均值的总和；

$N_{d,m}$——该月该城市可用日均值的数量；

$N_{d,a}$——该年该城市可用日均值的数量。

4. 时间变化与空间变化之比

平均昼夜变化曲线的标准差（$std_{t,k}$）用于量化第 k 个城市的时间变化强度，如式（7-8）所示：

$$std_{t,k} = \sqrt{\frac{1}{24}\sum_{i=0}^{23}(c_{i,k} - \overline{c_{t,k}})^2} \qquad (7\text{-}8)$$

式中 $\overline{c_{t,k}} = \dfrac{1}{24}\sum\limits_{i=0}^{23} c_{i,k}$——是年平均昼夜变化周期中的平均值。

对于拥有三个以上监测站点的城市，单个站点数据的标准差（$std_{s,k}$）计算如下式（7-9）所示，以表示第 k 个城市的空间变化：

$$std_{s,k} = \sqrt{\frac{1}{N_s}\sum_{p=1}^{N_s}(c_{p,k} - \overline{c_{s,k}})^2} \qquad (7\text{-}9)$$

式中 $c_{p,k}$——城市站点 p 的年均数据；

$\overline{c_{s,k}} = \dfrac{1}{N_s}\sum\limits_{p=1}^{N_s} c_{p,k}$——所有站点年均数据的平均值，在数学上，$\overline{c_{s,k}} = \overline{c_{t,k}} = c_a$；

N_s——是城市 k 的站点数。

时间变化和空间变化之比（$R_{t/s,k}$）用于量化城市 k 的时间变化是否大于空间变化，如式（7-10）所示：

$$R_{t/s,k} = \frac{std_{t,k}}{std_{s,k}} \qquad (7\text{-}10)$$

7.1.2 不达标率和年平均污染物特征

分别基于 CAAQS Ⅱ 级和 WHO AQG 标准，通过式（7-1）计算不达标率，结果如图 7-1（a）（b）所示。CAAQS Ⅱ 级和 WHO AQG 中各种污染物的相关限值列于表 7-2。

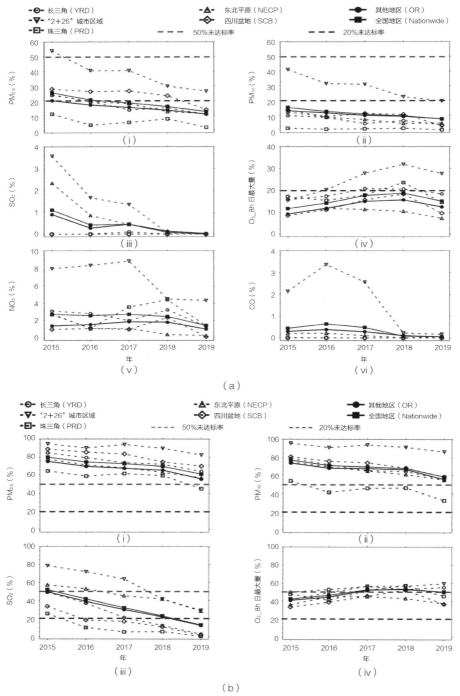

图 7-1 基于不同标准的不达标率（P_{NT}）结果
（a）CAAQS；（b）WHO AQG
（图片引用自：本书参考文献［25］）

表 7-2　CAAQS Ⅱ级和 WHO AQG 中用于不达标率计算的限值

污染物种类	不达标率计算所需数据类型	CAAQS Ⅱ级中的限值	WHO AQG 中的限值
$PM_{2.5}$ （$\mu g/m^3$）	24 小时平均	75	25
	年平均	35	10
PM_{10} （$\mu g/m^3$）	24 小时平均	150	50
	年平均	70	20
SO_2 （$\mu g/m^3$）	24 小时平均	150	20
	年平均	60	NA（不适用）
O_3 （$\mu g/m^3$）	日最大 8 小时平均	160	100
	年平均	NA	NA
NO_2 （$\mu g/m^3$）	24 小时平均	80	NA
	年平均	40	40
CO （mg/m^3）	24 小时平均	4	NA
	年平均	NA	NA

（数据来源：本书参考文献 [25]）

图 7-1 中的浅色和深色虚线分别代表 50%（一年中一半天数达标）和 20%（一年 80% 天数达标）不达标率。由于 WHO AQG 中未给出 NO_2 和 CO 的日均浓度限值，因此未计算这两种污染物的不达标率（未包含在图 7-1 b 中）。如图 7-1（a）所示，2015 年除"2 + 26"城市区域 $PM_{2.5}$（图 7-1 a-i）外，各区域各项污染物超标率均在 50% 以下。各区域 $PM_{2.5}$、PM_{10}、SO_2 超标率呈明显下降趋势，空气质量总体向好。然而，O_3 的未达标率略有上升（图 7-1 a-iv、图 7-2 b-iv），尤其是"2 + 26"城市区域，成为 2019 年唯一高于 20% 未达标曲线的区域（图 7-1 a-iv）。"2 + 26"城市区域出现 O_3 明显增加的趋势可能是由于该地区 $PM_{2.5}$ 减少，导致氢氧自由基减少，从而增加 O_3 产量。

采用 WHO AQG 限值时（图 7-1 b），$PM_{2.5}$ 和 PM_{10} 的超标率均远高于 50%，珠三角区域除外（约为 30% ~ 45%）。SO_2 超标率显著下降（图 7-1 a-iii、图 7-1 b-iii），是 2019 年中国所有区域在 WHO AQG 限值下唯一低于 50% 超标率的污染物（图 7-1 b-iii）。但是，"2 + 26"城市区域和东北平原（NECP）由于冬季燃煤取暖，SO_2 超标率仍保持在 20% 以上。煤炭仍然是我国大气边界层内 SO_2 的主要来源。

考虑到 WHO AQG，$PM_{2.5}$、PM_{10} 和 O_3 仍然是需要进一步减少的主要污染物。"2 + 26"城市区域和东北平原（NECP）也需要降低 SO_2 的不达标率。SO_2 和 NO_2 是 $PM_{2.5}$ 的主要前体物，大气中的化学反应可以将这些气体污染物转化为硫酸盐和硝酸盐形式的颗粒污染物，从而导致 SO_2 和 NO_2 气体的减少。因此，$PM_{2.5}$ 和 PM_{10} 化学成分的时空变化特征可为更好地控制颗粒污染物提供重要信息。

图 7-2 显示了 2015 年至 2019 年各种污染物的年平均浓度。在图 7-2 中，浅色和深色虚线分别表示 CAAQS Ⅱ级和 WHO AQG 中特定污染物的限值。目前，这些标准中对 O_3 和 CO 的年均值没有

限制。如图 7-2 所示，全国 PM$_{2.5}$、PM$_{10}$、SO$_2$、CO 明显下降，O$_3$ 上升，NO$_2$ 变化不大。尽管 PM$_{2.5}$ 浓度明显下降，但除珠三角区域外，仍高于 CAAQS Ⅱ 级限值。此外，中国的 PM$_{2.5}$ 浓度远高于欧美，在欧美国家大概约为 10～20μg/m^3。目前，所有区域在颗粒物浓度方面均未满足 WHO AQG 的要求。虽然 SO$_2$ 已远低于 CAAQS Ⅱ 级限值，但是，进一步控制 SO$_2$ 排放将有助于通过限制二次颗粒物的形成来减少 PM$_{2.5}$（Wu et al.，2019）。

CO 浓度下降的趋势可部分归因于政府推动电动汽车使用的政策、汽车排放标准的升级及单双号牌照限行的实施（即部分汽车在某些日子不准行驶），因为交通是 CO 的主要来源。虽然交通也是 NO$_2$ 的重要来源，但 NO$_2$ 的减少不如 CO 显著（图 7-2 e、图 7-2 f），因为其他来源（例如，工业、家庭供暖燃烧的煤炭）也对 NO$_2$ 浓度有贡献。此外，VOC 和 NO$_x$ 之间的光化学反应会产生 O$_3$，同时这也会影响 NO$_2$ 的浓度。

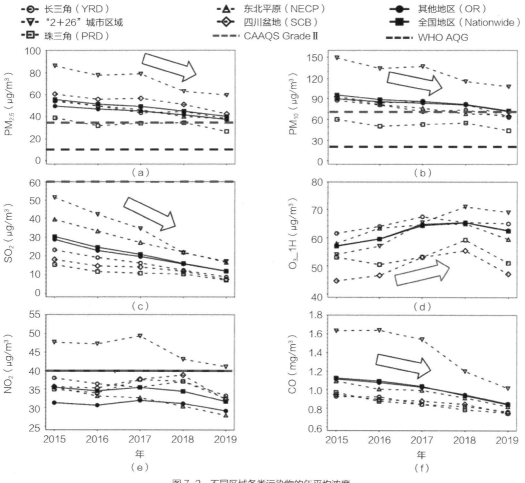

图 7-2　不同区域各类污染物的年平均浓度
（a）PM$_{2.5}$；（b）PM$_{10}$；（c）SO$_2$；（d）O$_3$；（e）NO$_2$；（f）CO；
（图片引用自：本书参考文献 [25]）

大部分污染物浓度呈现下降趋势。相比之下，O_3 则呈现出相反的趋势，大部分城市的 O_3 浓度增加，尤其是"2 + 26"城市区域。根据西卡尔等人的研究，全球大气中臭氧浓度正以每年 0.16 ppb 的速度增加（相当于 25℃下每年 0.314μg/m³）。基于最小二乘线性拟合，O_3 在"2 + 26"城市区域，长三角、珠三角、东北平原和四川盆地每年的增长率分别为 4.371（$R^2 = 0.870$）、0.827（$R^2 = 0.373$）、0.471（$R^2 = 0.045$）、0.459（$R^2 = 0.053$）和 1.365（$R^2 = 0.222$）μg/m³。"2 + 26"城市区域呈显著增长趋势，是全球增速（0.314）的近 14 倍。

如前所述，本章节分析的污染物浓度是基于城市地区的测量值，未考虑农村地区的数值。预计城市地区的污染物浓度会高于农村地区。类似于城市热岛效应，这种现象被称为城市污染效应。污染物浓度还取决于微环境特征，例如交通流量、建筑面积比例，以及与主要道路的距离，其影响需要在后续研究中深入分析。此外，由于室内外相互作用（Tong et al.，2016），高浓度的环境空气污染物会增加居民在室外和室内的暴露风险。室内外环境之间的动态相互作用取决于相对污染物浓度。当室外污染物浓度较高时，建筑能耗可能会增加，以通过使用更多的空气净化设备来维持较高的室内空气质量。如果由于居住者的活动（例如做饭、家具释放 VOC）导致室内环境中的污染物浓度较高，则建筑物实际上是导致室外空气污染的源头。

7.1.3　时间变化特征

大气边界层的高度和人类活动显示出日变化特征，这会影响污染物浓度并在一天内产生峰值和谷值。白天在某个位置测量的数据容易受到背景风和强排放源的影响。因此，"2 + 26"城市区域的平均昼夜浓度是根据式（7-4）计算的，结果，如图 7-3 所示。

图 7-3 中的日变化曲线是"2 + 26"城市区域所有可用站点的空间平均和一年中特定时间 365 天的时间平均。平均的日变化曲线在不同年份表现出相同的趋势。日变化周期中有明显的最大值和最小值。从 2015 年到 2019 年，污染物（O_3 除外）的年平均浓度下降，这也反映在所有时间的平均日变化曲线中（图 7-3）。不同年份的平均日变化曲线没有交叉，表明除总体污染物排放强度降低外，日循环排放特征不随时间变化。由于各个城市的交通早高峰，NO_2 和 CO 在大约上午 8：00—9：00 之间出现最大值（图 7-3 a～c），而 $PM_{2.5}$、PM_{10} 和 SO_2 在大约 1 小时后达到峰值（即上午 9：00—10：00，图 7-3 e、f），这表明这些污染物的高排放发生在高峰通勤时间之后。这里的污染物峰值 1 h 的时间差与中国大城市大多数城市的平均通勤时间为 30 至 60 min 的研究结果吻合。由于日出后边界层高度增加，有利于污染物的扩散，各类污染物（O_3 除外）浓度在早高峰后下降，下午达到最低值。O_3 浓度不降反升，表明了边界层增长引起的 O_3 浓度降低小于光化学反应引起的 O_3 浓度升高。当边界层高度开始下降并且边界层对流减弱时，污染物浓度再次增加。NO_2 的平均日变化曲线（图 7-3 e）中可观察到比其他污染物更大程度的降低趋势，这可能是因为光化学过程消耗大量的 NO_2 来产生 O_3（图 7-3 d）。NO_2 的峰值浓度（上午 8：00，图 7-3 e）并不显著高于其夜间浓度（上午 0：00—7：00，图 7-3 e），而 CO 的峰值则显著高于其夜间浓度（图 7-3 f）。其他污染源和汇（光化学反应）对 NO_2 浓度变化也很重要。

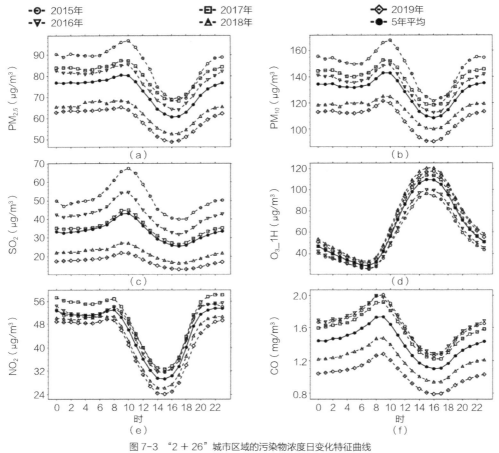

图 7-3 "2 + 26" 城市区域的污染物浓度日变化特征曲线
（a）$PM_{2.5}$；（b）PM_{10}；（c）SO_2；（d）O_3；（e）NO_2；（f）CO
（图片引用自：本书参考文献［25］）

　　其他区域的结果类似。对于给定区域，不同年份的平均日变化曲线呈现出相同的趋势（类似于图 7-3）。因此，对所有 5 年的日变化曲线进行进一步平均，以获得每个区域的区域平均日变化曲线（即 5 年平均值）。为了显示区域差异，不同区域不同污染物的 5 年平均日变化曲线在图 7-4 中绘制在一起。

　　上图结果表明，NO_2（图 7-4 e）和 CO（图 7-4 f）在上午 8：00—9：00 左右达到最大值，所有五个分析区域中比 $PM_{2.5}$（图 7-4 a）、PM_{10}（图 7-4 b）和 SO_2 早 1 小时（图 7-4 c）。与

其他区域相比，珠三角 $PM_{2.5}$（图 7-4 a）和 PM_{10}（图 7-4 b）的日变化并不明显。珠三角 PM 的平均浓度每小时几乎相同，表明 PM 受边界层高度日变化的影响不显著。长三角、珠三角、东北平原和四川盆地 NO_2（图 7-4 e）和 CO（图 7-4 f）的日平均分布有两个最大值和两个最小值，表明早高峰和晚高峰交通是造成 NO_2 和 CO 日变化的主要原因之一。图 7-4（c）显示 "2 + 26" 城市区域和东北平原的 SO_2 浓度显著高于长三角、珠三角和四川盆地。这归因于 "2 + 26" 城市区域和东北平原的过度燃煤（冬季需要大量供暖），这是 SO_2 的主要来源。

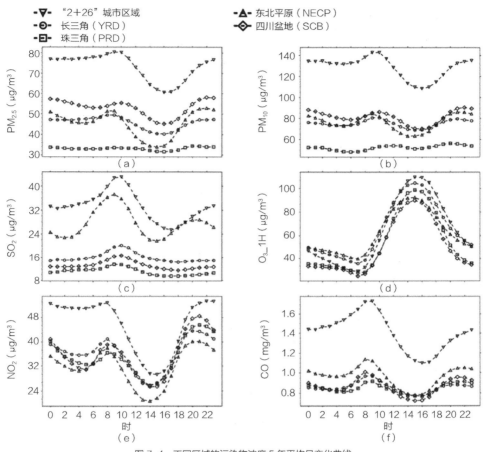

图 7-4　不同区域的污染物浓度 5 年平均日变化曲线
（a）PM₂.₅；（b）PM₁₀；（c）SO₂；（d）O₃；（e）NO₂；（f）CO
（图片引用自：本书参考文献［25］）

图 7-5 绘制了不同季节 SO₂ 变化特征，进一步验证了建筑供暖负荷和由此产生的燃煤是造成上述两个区域 SO₂ 浓度较高的原因。

寒冷地区和严寒地区的城市采取集中供暖，我们也基于集中供暖期进行计算特定季节的平均值。冬季"2 + 26"城市区域和东北平原的 SO₂ 浓度明显高于长三角、珠三角和四川盆地（图 7-5 d）。在夏季（图 7-5 b），所有五个区域的 SO₂ 浓度几乎相同，"2 + 26"城市区域略高于其他四个区域。春秋两季，"2 + 26"城市区域和东北平原 SO₂ 浓

度居高不下，因为部分城市在特定天数内有一定的供热负荷而产生燃煤排放。

这些结果表明污染物浓度显示出明显的日变化。污染物浓度也可能随星期几（即工作日、周末）而变化。为了验证这个假设，我们对所有地区 5 年中一周中的特定一天进行了平均。例如，将 2015 年至 2019 年每周一的日均浓度取平均值，得到某类污染物的周一平均浓度。图 7-6 显示了不同地区的结果。

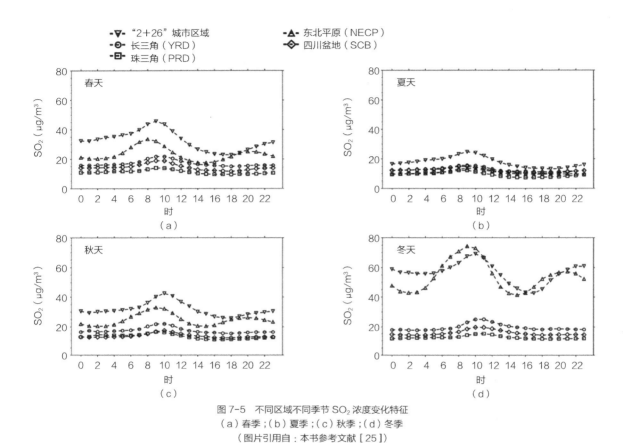

图 7-5　不同区域不同季节 SO₂ 浓度变化特征
（a）春季；（b）夏季；（c）秋季；（d）冬季
（图片引用自：本书参考文献 [25]）

如图 7-6 所示，一周中的几天之间没有显著的变化规律。这表明一天是工作日还是周末不影响日平均污染物排放量（污染物排放强度不受工作日和非工作日的影响）。

污染物浓度的月平均数据，如图 7-7 所示。

图 7-7 中的污染物除 O₃ 外均呈凹形廓线，O₃ 呈凸形廓线。O₃ 变化的特征因地区而异。在"2＋26"城市区域（图 7-7 a-iv），O₃ 大致呈线性增加或减少并在 6 月达到峰值，而在珠三角则没有观察到规律性（图 7-7 c-iv）。在长三角（图 7-7 b-iv）和四川盆地（图 7-7 e-iv）的 O₃ 月变化廓线中观察到局部极小值。"梅雨"是长三角的一种天气现象，期间持续近一个月的降雨，太阳辐射显著减少。

梅雨在长三角地区出现在 6 月中旬至 7 月中旬，四川盆地的雨季出现在 6 月至 9 月。长三角的梅雨时间和华南地区的雨季时间与图 7-7（b-iv）和图 7-7（e-iv）中的局部极小值重合，这表明雨季减少了太阳辐射和 O₃ 形成。月平均 NO₂ 浓度在 2 月份也显示出异常下降（图 7-7 a ~ e-v），图中标注为"春节低谷"，这与中国春节假期相吻合。春节是中国最重要的传统节日，许多工厂停工。因此，春节期间 NO₂ 浓度的低谷可能是工业排放暂时减少造成的结果。

为了比较不同地区的月度变化规律，我们对 2015—2019 年的月度变化曲线进行平均，得到 5 年的平均月变化（图 7-8）。

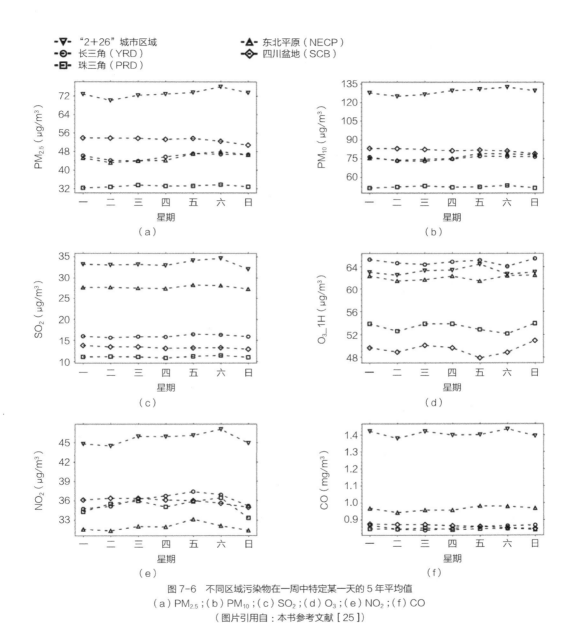

图 7-6　不同区域污染物在一周中特定某一天的 5 年平均值
（a）PM$_{2.5}$；（b）PM$_{10}$；（c）SO$_2$；（d）O$_3$；（e）NO$_2$；（f）CO
（图片引用自：本书参考文献［25］）

如图 7-8 所示，除 O$_3$ 外，所有污染物的浓度均在 5—8 月间出现最小值。PM$_{2.5}$（图 7-8 a）和 PM$_{10}$（图 7-8 b）在不同区域表现出相似的趋势。至于 SO$_2$（图 7-8 c），东北平原在 1 月、2 月、3 月、11 月和 12 月的平均浓度与"2＋26"城市区域的平均浓度相似，但更接近于 4 月至 10 月的长

三角。以燃煤为基础的集中生活供暖很可能是东北平原 SO$_2$ 水平高于非集中供暖区域（长三角、珠三角、四川盆地）的原因。"2＋26"城市区域 SO$_2$ 浓度即使在非供暖期也明显高于非集中供暖区域。这表明"2＋26"城市区域 SO$_2$ 的高排放是家庭燃煤取暖以外的其他来源造成的。O$_3$ 浓度变化曲线

（图 7-8 d）在很大程度上受不同地区天气的影响（例如，长时间的雨季）。"2＋26"城市区域的 O_3 曲线出现尖锐的峰值，而珠三角则没有观察到规律的分布。图 7-8 显示了所有研究区域 NO_2 曲线上均存在

春节低谷（图 7-8 e）。东北平原、长三角、珠三角和四川盆地 CO 浓度相近，远低于"2＋26"城市区域。

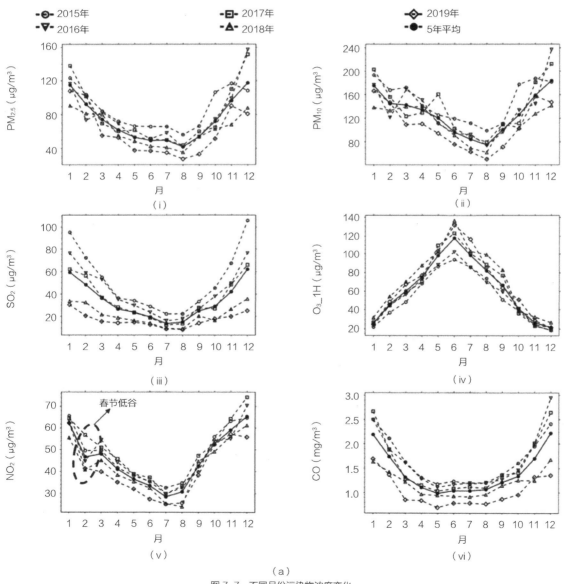

图 7-7　不同月份污染物浓度变化
（a）"2＋26"城市区域；
（图片引用自：本书参考文献 [25]）

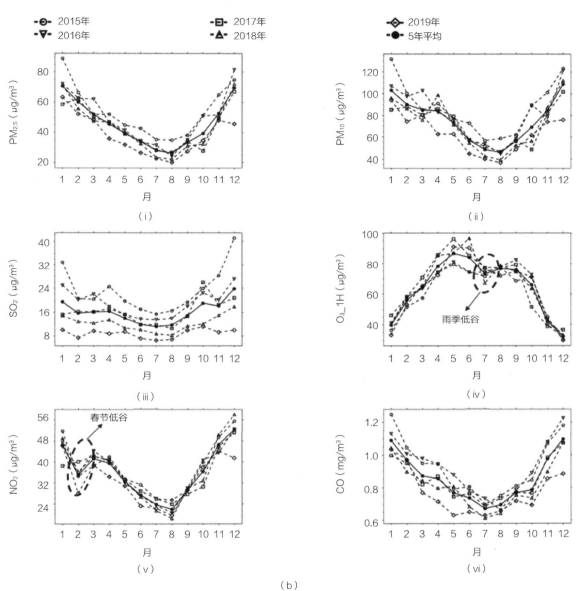

图 7-7　不同月份污染物浓度变化（续图）
（b）长三角；
（图片引用自：本书参考文献［25］）

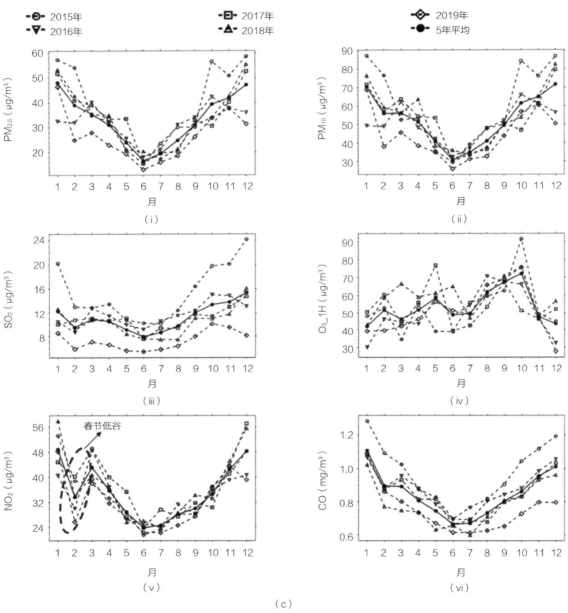

图 7-7　不同月份污染物浓度变化（续图）

（c）珠三角；

（图片引用自：本书参考文献［25］）

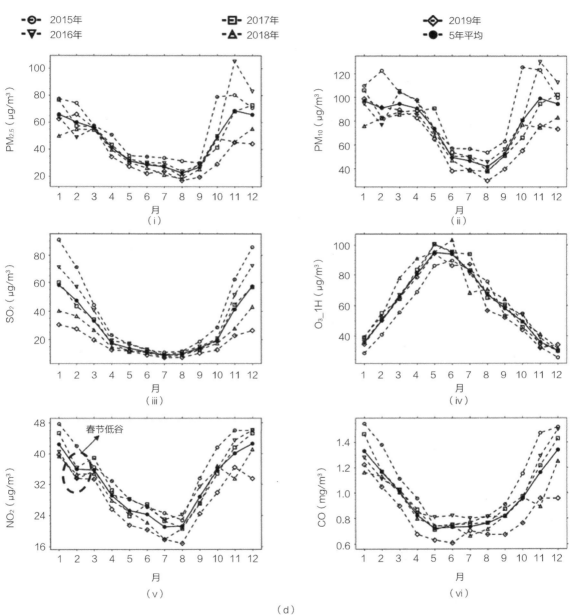

图 7-7 不同月份污染物浓度变化（续图）
（d）东北平原；
（图片引用自：本书参考文献 [25]）

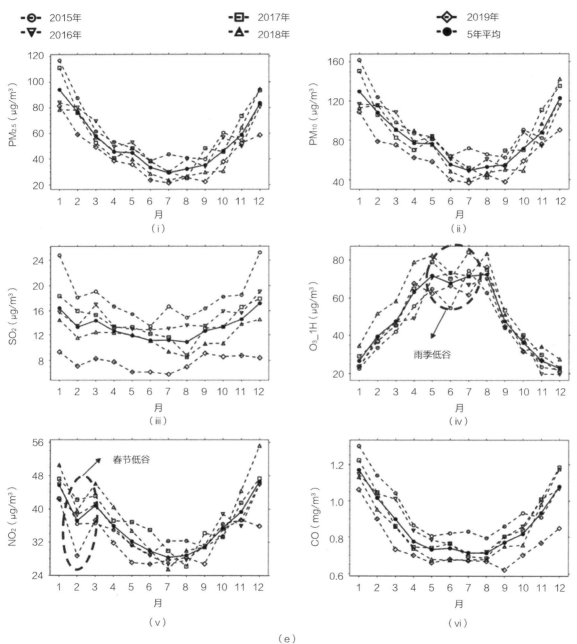

（e）

图 7-7　不同月份污染物浓度变化（续图）

（e）四川盆地

（图片引用自：本书参考文献［25］）

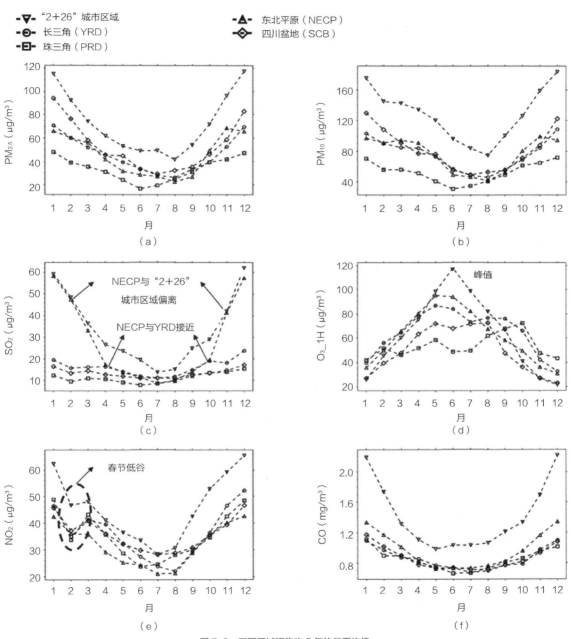

图 7-8　不同区域污染物 5 年的月平均值
（a）PM$_{2.5}$；（b）PM$_{10}$；（c）SO$_2$；（d）O$_3$；（e）NO$_2$；（f）CO
（图片引用自：本书参考文献［25］）

7.1.4　时间变化与空间变化的比较

在分析时间变化时（本书第 7.1.3 节），我们对来自各个监测点的数据进行了平均，这降低了空间分辨率。为了分析时间和空间变化的相对重要性，我们定义了参数时空变化比 $R_{t/s,k}$（式 7-10），该参数在不同地区和城市的分布规律如图 7-9 所示。

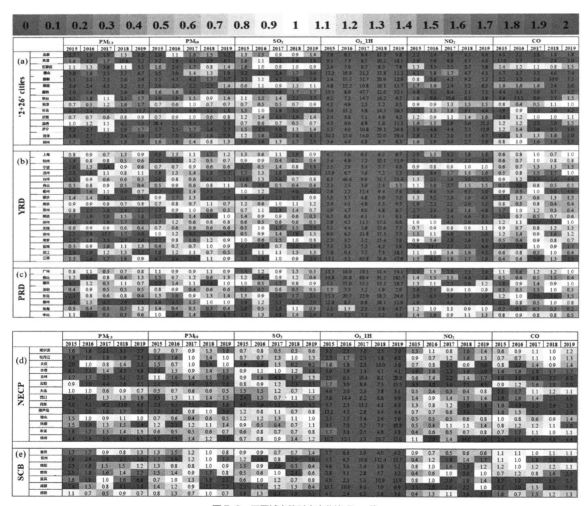

图 7-9　不同城市的时空变化比 $R_{t/s,k}$ 值
（a）"2+26" 城市区域；（b）长三角；（c）珠三角；（d）东北平原；（e）四川盆地
（图片引用自：本书参考文献 [27]）

在图 7-9 中，是通过年度平均的数据计算的。由于污染物浓度的特征受季节影响（例如冬季较高），因此也使用季节平均值数据进行了计算。使用季节性平均数据获得的结果与图 7-9 中显示的结果没有实质性差异，因此没有进一步分析。时空变化比 $R_{t/s,k}$ 的值因污染物类型和城市而异。在 "2+26" 城市区域（图 7-9 a）中，大多数城市的所有六种污染物都显示为深色，这表明时间变化远大于空间变化。

因此，"2 ＋ 26" 城市区域的污染受大气边界层高度的影响比受本地来源的影响更大，并倾向于在区域范围内发展。相比之下，珠三角（图 7-9 c）在大多数城市显示为浅色（O_3 和 NO_2 除外）。与时间变化相比，珠三角的空间变化很大，这表明本地来源对其周围环境的影响相对较大。O_3 在所有区域都显示为深色，因为它受到日变化较大的太阳辐射的强烈影响。O_3 的 $R_{t/s,k}$ 值明显偏高的现象支持在高精度空气监测站获得的测量值可用于低成本 O_3 传感器的在线校准，而无需将传感器移动到监测站位置。这个特征对于低成本开展 O_3 的高空间分辨率测量非常有用。NO_2 也表现出与 O_3 相似的特征，在大多数区域（东北平原除外）具有深色值，因为 NO_2 是光化学反应过程中 O_3 形成的主要前体。在东北平原，许多城市的 NO_2 显示为浅色，这表明东北平原的测量受局地 NO_2 排放的强烈影响。在 "2 ＋ 26" 城市区域、东北平原和四川盆地，CO 以深色为主，而在长三角和珠三角，CO 以浅色为主。

7.1.5　主要结论

本小节基于 189 个城市的 939 个监测点的数据，分析了 2015—2019 年我国城市空气污染特征。详细分析讨论了 "2 ＋ 26" 城市区域、长三角、珠三角、东北平原、四川盆地五个重点区域，主要结论总结如下：

（1）$PM_{2.5}$、PM_{10}、SO_2 和 CO 的年平均浓度正逐年下降，而 O_3 的年平均浓度正在增加，特别是在 "2 ＋ 26" 城市区域（每年增加 4.371 $\mu g/m^3$，$R^2 = 0.870$），比全球平均增长率（每年 0.314 $\mu g/m^3$）高出近 14 倍。NO_2 的年平均浓度在研究区域没有显著变化。

（2）截至 2019 年，$PM_{2.5}$ 和 PM_{10} 仍远高于（至少 2 倍）WHO AQG 年平均浓度限值。在使用 CAAQS Ⅱ 级限值评价 $PM_{2.5}$ 年平均浓度时，只有珠三角符合标准要求。除 "2 ＋ 26" 城市区域外，所有区域均满足 WHO AQG 的 NO_2 限值。"2 ＋ 26" 城市区域 NO_2 浓度虽然高于限值，但超标幅度不大。五个区域的 SO_2 年平均浓度均远低于 CAAQS Ⅱ 级限值。

（3）受早高峰交通影响，NO_2 和 CO 在平均日间曲线中在 8：00—9：00 达到最大值，比 PM 和 SO_2 的峰值提前约 1 h。这表明平均通勤时间约为 1 h 小时。珠三角地区的 PM 没有明显的日变化。

（4）由于冬季供暖负荷燃煤，东北平原和 "2 ＋ 26" 城市区域 SO_2 浓度明显高于珠三角、长三角和四川盆地。冬季供暖期（1—3 月，11 月、12 月）东北平原的 SO_2 浓度与 "2 ＋ 26" 城市区域相似，非供暖期（4—10 月）则接近长三角地区。

（5）在每年的 2 月份，受春节假期工业活动减少的影响，NO_2 月均浓度出现局部极小值。同样，梅雨（6 月中旬至 7 月中旬）和雨季（6—9 月）分别导致长三角和四川盆地 O_3 出现局部极小值。

（6）在五个研究区域中，O_3 的时间变化远大于其空间变化。"2 ＋ 26" 城市区域所有污染物的时间变化均明显大于空间变化，而珠三角污染物（O_3 和 NO_2 除外）则相反，空间变化较大。

上述这些发现对于本书第 7.2 节暴露—死亡率反映研究和进一步研究空气污染事件的机制非常重要。

7.2　污染物浓度对人体健康的影响

空气污染物对人体健康的影响已通过多种研究

方法证实，包括动物实验、污染物暴露和死亡率或疾病发生率关系统计学模型、人体各类指标的监测等方法。颗粒污染物和常见气态污染物对人体产生的健康效应不同，通常颗粒污染物可产生更严重的负面影响。污染物浓度与人体健康效应／死亡率等之间的定量关系也可以通过死亡数据等时间序列和统计学模型获得，方法与第 6.1.2 节中温度—死亡率曲线计算方法类似。

颗粒污染物（PM）通常是多种物质的混合，包括碳氢化合物、无机盐和重金属元素等。颗粒污染物可通过多种途径产生（人为活动和自然现象），比如汽车尾气、家庭供暖所需的燃料燃烧、工业过程、农业（比如氨的使用）、沙漠扬尘、火山爆发等。颗粒污染物的组成成分不同，对人体的毒性有所差别；而颗粒污染物的尺寸则影响的是在人体内的沉积部位。与颗粒物浓度有显著关系的疾病包括：慢性阻塞性肺病（Chronic Obstructive Pulmonary Disease，COPD），急性下呼吸道疾病（Acute Lower Respiratory Illness，ALRI），脑血管疾病（Cerebrovascular Disease，CEV），缺血性心脏病（Ischaemic Heart Disease，IHD）和肺癌（Lung Cancer，LC）等。高浓度的 O_3 也与 COPD 有关。

空气污染物的暴露风险分为长期暴露风险（Long Term Exposure）和短期暴露风险（Short Term Exposure）。暴露风险中污染物的暴露值通常通过污染物监测站点长期监测数据或卫星图片反演数据。卫星反演数据通常通过气溶胶光学厚度（Aerosol Optical Depth，AOD）的方法来反演计算颗粒物浓度。然而，这类数据往往具有时间或空间分辨率较低的限制，而空气污染物浓度在城市，

以及人员生活环境中有着非常显著的时空变化特征，所以上述方法很难精确反映不同人员的暴露情况。因此，大量研究针对人员暴露高时空分辨率特征开展了深入的测量。主要方法包括问卷调研法、固定传感器法和移动传感器法。固定传感器法通常把传感器安装在人员最常活动的区域，比如建筑卧室、厨房、车内、办公室内等，从而反映某类人员的暴露量。移动传感器法则通过便携式传感器让被试人员随身携带的方法，更加灵活地确定人员的污染物暴露值。

随着我国经济和能源结构的转型，以及降低空气污染的严格措施的深入实施，空气质量有了较大的提高。同时，居民生活水平的提高和健康意识的增强，净化器与新风系统的使用有所增加，可以有效降低室内颗粒物浓度，从而减少暴露风险。另外，建筑性能的增加（气密性增加），可以减少室外空气污染物通过渗透方式进入室内，也有效降低了颗粒物浓度。然而，当污染源位于室内时，比如装修材料和日常生活释放的甲醛、VOC，烹饪和燃料燃烧过程产生的颗粒物等会由于气密性的提升而难以扩散，此时良好的通风（包括开窗方式的自然通风、新风系统的机械通风、厨房油烟机等）可以有效提高室内空气品质，从而减少污染物暴露风险。

本章拓展阅读

本书参考文献

［1］ Adrian R.J, Westerweel J. Particle Image Velocimetry [M]. Cambridge: Cambridge University Press, 2011.

［2］ Al-Arabi M, El-Riedy M. K. Natural Convection Heat Transfer from Isothermal Horizontal Plates of Different Shapes[J]. International Journal of Heat and Mass Transfer, 1976, 19(12): 1399-1404.

［3］ Allegrini J, Dorer V, Carmeliet J. Wind Tunnel Measurements of Buoyant Flows in Street Canyons[J]. Building and Environment, 2013a, 59: 315-326.

［4］ Allegrini J, Kämpf J. H, Dorer V, et al. Modelling the Urban Microclimate and Its Influence on Building Energy Demands of an Urban Neighbourhood[R]. EPFL Solar Energy and Building Physics Laboratory (LESO-PB), 2013b.

［5］ Allegrini J, Dorer V, Ca`rmeliet J. Coupled CFD, Radiation and Building Energy Model for Studying Heat Fluxes in an Urban Environment with Generic Building Configurations[J]. Sustainable Cities and Society, 2015a, 19: 385-394.

［6］ Allegrini J, Dorer V, Carmeliet J. Influence of Morphologies on the Microclimate in Urban Neighbourhoods[J]. Journal of Wind Engineering and Industrial Aerodynamics, 2015b, 144: 108-117.

［7］ Allegrini J, Carmeliet J. Coupled CFD and Building Energy Simulations for Studying the Impacts of Building Height Topology and Buoyancy on Local Urban Microclimates[J]. Urban Climate, 2017, 21: 278-305.

［8］ Allegrini J, Carmeliet J. Simulations of Local Heat Islands in Zürich with Coupled CFD and Building Energy Models[J]. Urban climate, 2018, 24: 340-359.

［9］ Aghamolaei R, Fallahpour M, Mirzaei P.A. Tempo-spatial Thermal Comfort Analysis of Urban Heat Island with Coupling of CFD and Building Energy Simulation[J]. Energy and Buildings, 2021, 251: 111317.

［10］ Bergman T.L. Fundamentals of Heat and Mass Transfer[M]. New York: John Wiley & Sons, 2011.

［11］ Bouyer J, Inard C, Musy M. Microclimatic Coupling as a Solution to Improve Building Energy Simulation in an Urban Context[J]. Energy and Buildings, 2011, 43(7): 1549-1559.

［12］ Brozovsky J, Radivojevic J, Simonsen A. Assessing the Impact of Urban Microclimate on Building Energy Demand by Coupling CFD and Building Performance Simulation[J]. Journal of Building Engineering, 2022, 55: 104681.

［13］ Cui P.Y, Li Z, Tao W. Q. Buoyancy Flows and Pollutant Dispersion Through Different Scale Urban Areas: CFD Simulations and Wind-tunnel Measurements[J]. Building and Environment, 2016, 104: 76-91.

［14］ Chambers B, Lee T. Y. T. A Numerical Study of Local and Average Natural Convection Nusselt Numbers for Simultaneous Convection above and below a Uniformly Heated Horizontal Thin Plate[Z]. 1997.

［15］ Christen A, Bernhofer C, Parlow E, et al. Partitioning of Turbulent Fluxes over Different Urban Surfaces[C]//Fifth International Conference on Urban Climate. University of Łódź, 2003, 1: 285.

［16］ Civerolo et al. A Modification to the NOAH LSM to Simulate Heat Mitigation Strategies in the New York City Metrop Olitan Area[J]. Journal of Applied Meteorology and Climatclogy, 2009(48): 200-216.

［17］ Erell E, Zhou B. The Effect of Increasing Surface

Cover Vegetation on Urban Microclimate and Energy Demand for Building Heating and Cooling[J]. Building and Environment, 2022, 213: 108867.

[18] Fan Y, Li Y, Hang J, et al. Natural Convection Flows along a 16-storey High-rise Building[J]. Building and Environment, 2016a, 107: 215-225.

[19] Fan Y, Li Y, Bejan A, et al. Horizontal Extent of the Urban Heat Dome Flow[J]. Scientific Reports, 2017, 7(1): 11681.

[20] Fan Y, Hunt J, Yin S, et al. Mean Shear Flow in Recirculating Turbulent Urban Convection and the Plume-puff Eddy Structure below Stably Stratified Inversion Layers[J]. Theoretical and Applied Climatology, 2018a, 135: 1485-1499.

[21] Fan Y, Li Y, Yin S. Interaction of Multiple Urban Heat Island Circulations under Idealised Settings[J]. Building and Environment, 2018b, 134: 10-20.

[22] Fan Y, Li Y, Yin S. Non-uniform Ground-level Wind Patterns in a Heat Dome over a Uniformly Heated Non-circular city[J]. International Journal of Heat and Mass Transfer, 2018c, 124: 233-246.

[23] Fan Y, Li Y, Wang Q, et al. TIV and PIV based Natural Convection Study over a Square Flat Plate under Stable Stratification[J]. International Journal of Heat and Mass Transfer, 2019b, 140: 660-670.

[24] Fan Y, Wang Q, Yin S, et al. Effect of City Shape on Urban Wind Patterns and Convective Heat Transfer in Calm and Stable Background Conditions[J]. Building and Environment, 2019c, 162: 106288.

[25] Fan Y, Ding X, Hang J, et al. Characteristics of Urban Air Pollution in Different Regions of China between 2015 and 2019[J]. Building and Environment, 2020, 180: 107048.

[26] Fan Y, Ding X, Wu J, et al. High Spatial-resolution Classification of Urban Surfaces Using a Deep Learning Method[J]. Building and Environment, 2021, 200: 107949.

[27] Fan Y, Wang Z, Li Y, et al. Urban Heat Island Reduces Annual Building Energy Consumption and Temperature Related Mortality in Severe Cold Region of China[J]. Urban Climate, 2022, 45: 101262.

[28] Fan Y, Zhang Y, Wang S, Wang X, Lu J, Ge J. A Numerical Rotating Water Tank Can Reproduce the Coriolis Effect on the Urban Heat Dome Flow[J]. Building and Environment , 2023, 229.

[29] Fujii T, Imura H. Natural-convection Heat Transfer from a Plate with Arbitrary Inclination[J]. International Journal of Heat and Mass Transfer, 1972, 15(4): 755-767.

[30] GiovannoniJ. M. A Laboratory Analysis of Free Convection Enhanced by a Heat Island in a Calm and Stratified Environment[J]. Boundary-Layer Meteorology, 1987, 41(1-4): 9-26.

[31] Goldstein R.J, Sparrow E. M, Jones D. C. Natural Convection Mass Transfer Adjacent to Horizontal Plates[J]. International Journal of Heat and Mass Transfer, 1973, 16(5): 1025-1035.

[32] Goldstein R.J, Lau K. S. Laminar Natural Convection from a Horizontal Plate and the Influence of Plate-edge Extensions[J]. Journal of Fluid Mechanics, 1983, 129: 55-75.

[33] Gobakis K, Kolokotsa D. Coupling Building Energy Simulation Software With Microclimatic Simulation for the Evaluation of the Impact of Urban Outdoor Conditions on the Energy Consumption and Indoor Environmental Quality[J]. Energy and Buildings, 2017, 157: 101-115.

[34] Gracik S, Heidarinejad M, Liu J, et al. Effect of Urban Neighborhoods on the Performance of Building Cooling Systems[J]. Building and Environment, 2015, 90: 15-29.

[35] Hadavi M, Pasdarshahri H. Impacts of Urban Buildings on Microclimate and Cooling Systems Efficiency: Coupled CFD and BES Simulations[J]. Sustainable Cities and Society, 2021a, 67: 102740.

[36] Hadavi M, Pasdarshahri H. Investigating Effects of Urban Configuration and Density on Urban Climate and Building Systems Energy Consumption[J]. Journal

of Building Engineering, 2021b, 44: 102710.

[37] Hassan K. E, Mohamed S. A. Natural Convection from Isothermal Flat Surfaces[J]. International Journal of Heat and Mass Transfer, 1970, 13(12): 1873–1886.

[38] Hidalgo J, Pigeon G, Masson V. Urban-breeze Circulation during the CAPITOUL Experiment: Observational Data Analysis Approach[J]. Meteorology and Atmospheric Physics, 2008, 102(3-4): 223–241.

[39] Huang K. T, Li Y.J. Impact of Street Canyon Typology on Building's Peak Cooling Energy Demand: A Parametric Analysis Using Orthogonal Experiment[J]. Energy and Buildings, 2017, 154: 448–464.

[40] Ichihara K, Cohen J. P. New York City Property Values: What is the Impact of Green Roofs on Rental Pricing?[J]. Letters in Spatial and Resource Sciences, 2011, 4: 21–30.

[41] Iousef S, Montazeri H, Blocken B, et al. Impact of Exterior Convective Heat Transfer Coefficient Models on the Energy Demand Prediction of Buildings with Different Geometry[J]. Building Simulation, 2019,12: 797–816.

[42] Jiang Y, Luo Y, Zhao Z, et al. Changes in Wind Speed over China during 1956–2004[J]. Theoretical and Applied Climatology, 2010, 99: 421–430.

[43] Kalkstein L. S, Sheridan S. C. The Impact of Heat Island Reduction Strategies on Health-debilitating Oppressive Air Masses in Urban Areas[J]. Prepared for US EPA Heat Island Reduction Initiative, 2003.

[44] Kitamura K, Kimura F. Fluid Flow and Heat Transfer of Natural Convection over Upward-facing, Horizontal Heated Circular Disks[J]. Heat Transfer—Asian Research: Co-sponsored by the Society of Chemical Engineers of Japan and the Heat Transfer Division of ASME, 2008, 37(6): 339–351.

[45] Kitamura K, Mitsuishi A, Suzuki T, et al. Fluid Flow and Heat Transfer of Natural Convection Adjacent to Upward-facing, Rectangular Plates of Arbitrary Aspect Ratios[J]. International Journal of Heat and Mass Transfer, 2015, 89: 320–332.

[46] Kolokotroni M, Ren X, Davies M, et al. London's Urban Heat Island: Impact on Current and Future Energy Consumption in Office Buildings[J]. Energy and buildings, 2012, 47: 302–311.

[47] Lai S, Zhao Y, Fan Y, et al. Characteristics of Daytime Land Surface Temperature in Wind Corridor: A Case Study of a Hot Summer and Warm Winter City[J]. Journal of Building Engineering, 2021, 44: 103370.

[48] Lewandowski W. M, Kubski P, Bieszk H. Heat Transfer from Polygonal Horizontal Isothermal Surfaces[J]. International Journal of Heat and Mass Transfer, 1994, 37(5): 855–864.

[49] Lewandowski W. M, Radziemska E, Buzuk M, et al. Free Convection Heat Transfer and Fluid Flow above Horizontal Rectangular Plates[J]. Applied Energy, 2000, 66(2): 177–197.

[50] Litardo J, Palme M, Borbor-Córdova M, et al. Urban Heat Island Intensity and Buildings' Energy Needs in Duran, Ecuador: Simulation Studies and Proposal of Mitigation Strategies[J]. Sustainable Cities and Society, 2020, 62: 102387.

[51] Liu J, Heidarinejad M, Gracik S, et al. The Impact of Exterior Surface Convective Heat Transfer Coefficients on the Building Energy Consumption in Urban Neighborhoods with Different Plan Area Densities[J]. Energy and Buildings, 2015, 86: 449–463.

[52] Liu J, Heidarinejad M, Guo M, et al. Numerical Evaluation of the Local Weather Data Impacts on Cooling Energy Use of Buildings in An Urban Area[J]. Procedia Engineering, 2015, 121: 381–388.

[53] Liu J, Heidarinejad M, Nikkho S.K, et al. Quantifying Impacts of Urban Microclimate on a Building Energy Consumption—A Case Study[J]. Sustainability, 2019, 11(18): 4921.

[54] Lu J, Arya S. P, Snyder W. H, et al. A Laboratory Study of the Urban Heat Island in a Calm and Stably Stratified Environment. Part I: Temperature

Field[J]. Journal of Applied Meteorology and Climatology, 1997b, 36(10): 1377-1391.

[55] Lloyd J, Moran W. Natural Convection Adjacent to Horizontal Surface of Various Planforms[J]. Journal of Heat Transfer, 1974, 96: 443-446.

[56] Luo X, Hong T, Tang Y.H. Modeling Thermal Interactions between Buildings in an Urban Context[J]. Energies, 2020, 13(9): 2382.

[57] Macdonald R.W. Modelling the Mean Velocity Profile in the Urban Canopy layer[J]. Boundary-Layer Meteorology, 2000, 97: 25-45.

[58] Manso M, Teotónio I, Silva C. M, et al. Green Roof and Green Wall Benefits and Costs: A Review of the Quantitative Evidence[J]. Renewable and Sustainable Energy Reviews, 2021, 135: 110111.

[59] Martorell I, Herrero J, Grau F. X. Natural Convection from Narrow Horizontal Plates at Moderate Rayleigh Numbers[J]. International Journal of Heat and Mass Transfer, 2003, 46(13): 2389-2402.

[60] Mei S. J, Hu J. T, Liu D, et al. Thermal Buoyancy Driven Canyon Airflows Inside the Compact Urban Blocks Saturated with Very Weak Synoptic Wind: Plume Merging Mechanism[J]. Building and Environment, 2018, 131: 32-43.

[61] Meng F, Guo J, Ren G, et al. Impact of Urban Heat Island on the Variation of Heating Loads in Residential and Office Buildings in Tianjin[J]. Energy and Buildings, 2020, 226: 110357.

[62] Millstein D, Menon S. Regional Climate Consequences of Large-scale Cool Roof and Photovoltaic Array Deployment[J]. Environmental Research Letters, 2011, 6(3): 034001.

[63] Mosteiro-Romero M, Maiullari D, Pijpers-van Esch M, et al. An Integrated Microclimate-energy Demand Simulation Method for the Assessment of Urban Districts[J]. Frontiers in Built Environment, 2020, 6: 553946.

[64] Natanian J, Maiullari D, Yezioro A, et al. Synergetic Urban Microclimate and Energy Simulation Parametric

Workflow[C]//Journal of Physics: Conference Series. IOP Publishing, 2019, 1343(1): 012006.

[65] Ohba M. Experimental Studies for Effects of Separated Flow on Gaseous Diffusion Around Two Model Buildings[J]. Trans. AIJ: J. Arch. Plan. Environ. Eng, 1989, 406: 21-30.

[66] Oke T.R, Spronken-Smith R.A, Jáuregui E, et al. The Energy Balance of Central Mexico City during the Dry Season[J]. Atmospheric Environment, 1999, 33(24-25): 3919-3930.

[67] Oke T. R, Mills G, Christen A, et al. Urban Climates[M]. Cambridge: Cambridge University Press, 2017.

[68] Palme M, Inostroza L, Villacreses G, et al. From Urban Climate to Energy Consumption. Enhancing Building Performance Simulation by Including the Urban Heat Island Effect[J]. Energy and Buildings, 2017, 145: 107-120.

[69] Radziemska E, Lewandowski W. M. Free Convective Heat Transfer Structures as a Function of the Width of Isothermal Horizontal Rectangular Plates[J]. Heat Transfer Engineering, 2005, 26(4): 42-50.

[70] Ramírez-Aguilar E. A, Lucas Souza C. L. Urban Form and Population Density: Influences on Urban Heat Island Intensities in Bogotá, Colombia[J]. Urban Climate, 2019, 29: 100497.

[71] Romano P, Prataviera E, Carnieletto L, et al. Assessment of the Urban Heat Island Impact on Building Energy Performance at District Level with the Eureca Platform[J]. Climate, 2021, 9(3): 48.

[72] Rosenfeld A. H, Akbari H, Bretz S, et al. Mitigation of Urban Heat Islands: Materials, Utility Programs, Updates[J]. Energy and Buildings, 1995, 22(3): 255-265.

[73] Rosenfeld A. H, Akbari H, Romm J. J, et al. Cool Communities: Strategies for Heat Island Mitigation and Smog Reduction[J]. Energy and Buildings, 1998, 28(1): 51-62.

[74] Perini K, Rosasco P. Cost-benefit Analysis for Green

Façades and Living Wall Systems[J]. Building and Environment, 2013, 70: 110-121.

[75] Prasad A.K, Adrian R.J, Landreth C.C, et al. Effect of Resolution on the Speed and Accuracy of Particle Image Velocimetry Interrogation[J]. Experiments in Fluids, 1992, 13: 105-116.

[76] Sailor D.J. Simulated Urban Climate Response to Modifications in Surface Albedo and Vegetative Cover[J]. Journal of Applied Meteorology and Climatology, 1995, 34(7): 1694-1704.

[77] Sailor D.J, Elley T.B, Gibson M. Exploring the Building Energy Impacts of Green Roof Design Decisions-A Modeling Study of Buildings in Four Distinct Climates[J]. Journal of Building Physics, 2012, 35(4): 372-391.

[78] Santamouris M, Papanikolaou N, Livada I, et al. On the Impact of Urban Climate on the Energy Consumption of Buildings[J]. Solar Energy, 2001, 70(3): 201-216.

[79] Santamouris M. Cooling the Cities——A Review of Reflective and Green Roof Mitigation Technologies to Fight Heat Island and Improve Comfort in Urban Environments[J]. Solar Energy, 2014, 103: 682-703.

[80] Santamouris M. The Impact and Influence of Mitigation Technologies on Heat-Related Mortality in Overheated Cities[J]. Urban Overheating: Heat Mitigation and the Impact on Health, 2022: 155-169.

[81] Shen P, Dai M, Xu P, et al. Building Heating and Cooling Load under Different Neighbourhood Forms: Assessing the Effect of External Convective Heat transfer[J]. Energy, 2019, 173: 75-91.

[82] Shen P, Wang Z. How Neighborhood form Influences Building Energy Use in Winter Design Condition: Case Study of Chicago Using CFD Coupled Simulation[J]. Journal of Cleaner Production, 2020, 261: 121094.

[83] Skelhorn C.P, Levermore G, Lindley S.J. Impacts on Cooling Energy Consumption Due to the UHI and Vegetation Changes in Manchester, UK[J]. Energy and Buildings, 2016, 122: 150-159.

[84] Taha H. Meso-urban Meteorological and Photochemical Modeling of Heat Island Mitigation[J]. Atmospheric Environment, 2008a, 42(38): 8795-8809.

[85] Taha H. Urban Surface Modification as a Potential Ozone Air-quality Improvement Strategy in California: A Mesoscale Modelling Study[J]. Boundary-layer Meteorology, 2008b, 127(2): 219-239.

[86] Tan W, Li C, Wang K, et al. Dispersion of Carbon Dioxide Plume in Street Canyons[J]. Process Safety and Environmental Protection, 2018, 116: 235-242.

[87] Toparlar Y, Blocken B, Maiheu B, et al. Impact of Urban Microclimate on Summertime Building Cooling Demand: A Parametric Analysis for Antwerp, Belgium[J]. Applied Energy, 2018, 228: 852-872.

[88] Wang C, Zhang Z, Zhou M, et al. Different Response of Human mortality to Extreme Temperatures (MoET) between Rural and Urban Areas: AMulti-scale Study Across China[J]. Health & place, 2018, 50: 119-129.

[89] Wang S, Wang Z, Zhang Y, et al. Characteristics of Urban Heat Island in China and Its Influences on Building Energy Consumption[J]. Applied Sciences, 2022, 12(15): 7678.

[90] Wharton S, Simpson M, Osuna J.L, et al. Role of Surface Energy Exchange for Simulating Wind Turbine Inflow: A Case Study in the Southern Great Plains, USA[J]. Atmosphere, 2014, 6(1): 21-49.

[91] Willert C, Wereley S. T, Kompenhans J. Particle Image Velocimetry: A Practical Guide[J]. Berlin: Springer, 2007.

[92] Wong N.H, He Y, Nguyen N.S, et al. An Integrated Multiscale Urban Microclimate Model for the Urban Thermal Environment[J]. Urban Climate, 2021, 35: 100730.

[93] Xu X, González J. E, Shen S, et al. Impacts of Urbanization and Air Pollution on Building Energy Demands—Beijing Case Study[J]. Applied Energy, 2018, 225: 98-109.

[94] Yang X, Zhao L, Bruse M, et al. An Integrated Simulation Method for Building Energy Performance

Assessment in Urban Environments[J]. Energy and Buildings, 2012, 54: 243-251.

[95] Yang X, Li Y. The Impact of Building Density and Building Height Heterogeneity on Average Urban Albedo and Street Surface Temperature[J]. Building and Environment, 2015, 90: 146-156.

[96] Yang X, Li Y, Luo Z, et al. The Urban Cool Island Phenomenon in a High-rise High-density Cty and Its Mechanisms[J]. International Journal of Climatology, 2017, 37(2): 890-904.

[97] Yi Y. K, Feng N. Dynamic Integration between Building Energy Simulation (BES) and Computational Fluid Dynamics (CFD) Simulation for Building Exterior Surface[C]//Building Simulation. Berlin, Heidelberg: Springer, 2013, 6: 297-308.

[98] Yin S, Li Y, Fan Y, et al. Unsteady Large-scale Flow Patterns and Dynamic Vortex Movement in Near-field Triple Buoyant Plumes[J]. Building and Environment, 2018, 142: 288-300.

[99] Yin S, Fan Y, Li Y, et al. Experimental Study of Thermal Plumes Generated by a Cluster of High-rise Compact Buildings under Moderate Background Wind Conditions[J]. Building and Environment, 2020, 181: 107076.

[100] Yousef W, Tarasuk J, McKeen W. Free Convection Heat Transfer from Upward-facing Isothermal Horizontal Surfaces[J]. Journal of Heat Transfer-transactions of the Asme, 1982,104: 493-500.

[101] Zhang R, Mirzaei P.A, Jones B. Development of a Dynamic External CFD and BES Coupling Framework for Application of Urban Neighbourhoods Energy Modelling[J]. Building and Environment, 2018, 146: 37-49.

[102] Zhang R, Mirzaei P.A. Fast and Dynamic Urban Neighbourhood Energy Simulation Using CFDf-CFDc-BES Coupling Method[J]. Sustainable Cities and Society, 2021a, 66: 102545.

[103] Zhang R, Mirzaei P.A. Virtual Dynamic Coupling of Computational Fluid Dynamics-building Energy Simulation-artificial Intelligence: Case Study of Urban Neighbourhood Effect on Buildings' Energy Demand[J]. Building and Environment, 2021b, 195: 107728.

[104] Zhang Y, Wang X, Fan Y, et al. Urban Heat Dome Flow Deflected by the Coriolis Force[J]. Urban Climate, 2023, 49: 101449.

[105] Zhou Y, Shepherd J. M. Atlanta's Urban Heat Island Under Extreme Heat Conditions and Potential Mitigation Strategies[J]. Natural Hazards, 2010, 52: 639-668.